高职高专立体化教材　计算机系列

数据结构(第3版)(微课版)

李　筠　姜学军　主　编

苑擎飑　虞　闯　李　芳　副主编

清华大学出版社

北　京

内 容 简 介

本书是高职高专立体化教材，可供计算机类相关专业教学使用。

本书内容共分 9 章，系统地介绍了各种类型的数据结构，从应用角度详细介绍了不同结构的实现和排序及查找技术，并针对线性表、栈、队列、串、数组、二叉树、树、图等从物理角度讲解了每种结构的不同存储特点，以及相应操作的实现，并对结构特点进行应用上的分析。

本书理论与实际相结合，配有相关的例题、习题、实验，使抽象的内容更易理解。

本书各章均配有单元测试及参考答案，用于检测知识点的学习情况。各章实验涵盖了不同数据结构的练习，且所有的实验内容均通过调试。每章还有各种类型的练习题。

图书在版编目(CIP)数据

数据结构：微课版/李筠，姜学军主编. —3 版. —北京：清华大学出版社，2021.7（2024.7重印）

高职高专立体化教材　计算机系列

ISBN 978-7-302-58704-0

Ⅰ. ①数…　Ⅱ. ①李…　②姜…　Ⅲ. ①数据结构—高等职业教育—教材　Ⅳ. ①TP311.12

中国版本图书馆 CIP 数据核字(2021)第 141311 号

责任编辑：石　伟
封面设计：刘孝琼
责任校对：周剑云
责任印制：刘海龙

出版发行：清华大学出版社
　　　　　网　　　址：https://www.tup.com.cn，https://www.wqxuetang.com
　　　　　地　　　址：北京清华大学学研大厦 A 座　　　邮　　编：100084
　　　　　社 总 机：010-83470000　　　　　邮　　购：010-62786544
　　　　　投稿与读者服务：010-62776969, c-service@tup.tsinghua.edu.cn
　　　　　质量反馈：010-62772015, zhiliang@tup.tsinghua.edu.cn
　　　　　课件下载：https://www.tup.com.cn, 010-62791865

印 装 者：三河市铭诚印务有限公司
经　　销：全国新华书店
开　　本：185mm×260mm　　印　　张：22.25　　　字　　数：541 千字
版　　次：2008 年 8 月第 1 版　　2021 年 8 月第 3 版　　印　　次：2024 年 7 月第 4 次印刷
定　　价：59.00 元

产品编号：089308-01

前　　言

在许多程序设计领域，数据结构的选择是一个基本的考虑因素。许多大型系统的构造经验表明，系统实现的困难程度和系统构造的质量都依赖于是否选择了最优的数据结构。

"数据结构"是一门研究如何存储和组织数据以及如何操作数据的课程。"数据结构"是高校计算机及相关专业重要的专业基础课程，是架构软件类课程的核心，该课程的学习对于从事程序设计工作有着重要的作用。

数据结构是研究数据的组织、数据的存储和数据的运算的，内容包括数据的逻辑结构、存储结构及相应的各种操作算法。从逻辑角度看，基本的数据结构分为四类，分别为集合、线性结构、树和图；从计算机存储的角度看，基本的数据存储可分为顺序结构和非顺序结构(或称链式结构)。对每一种逻辑结构，可以根据实际需要采用顺序、链式存储结构将数据存放到存储单元中，也可以采用上述两种存储结构相结合的方式。当数据的逻辑结构和存储结构确定后，就可以根据数据的某些操作要求编写算法，然后写出程序，实现对数据的操作。

本书内容共 9 章，包括绪论、线性表、栈和队列、串、数组、树与二叉树、图、查找表、排序，算法描述语言为类 C 语言。编写时对每一种数据结构的展开顺序如下：逻辑结构、存储结构、算法的实现、应用。这个顺序可以让学习者明确逻辑结构，通过不同存储结构上实现的算法效率的比较，认识算法最佳的物理结构，最后学会数据结构在实际问题上的应用。

学习数据结构，要学会问题求解方法、程序设计方法及一些典型的数据结构算法；学会分析数据对象的特征，掌握数据组织的方法和在计算机中的表示方法，为数据选择适当的逻辑结构、存储结构以及相应的处理算法；初步掌握算法的时间、空间复杂度的分析技巧，培养良好的程序设计风格以及获得进行复杂程序设计的技能。本书列举了一些实例进行算法分析，以将抽象的内容展现出来。

本书第三版的整体目录结构基本不变，内容的修改力求更加通俗易懂，编写和组织上更加合理。书中增加了单元测试部分，测试题目用于检验单元知识点的学习情况，学习者可以通过测试找到学习中的薄弱点。教学资源中配有单元测试的参考答案，部分习题的解答，考试样卷等，这些都会给学习者提供更大的方便。本书内容配有讲解视频，可以通过电子链接在开课学期观看。

本书参考学时为 60 学时，其中含 48 学时的理论，12 学时的实验。

本书作者多年从事计算机程序设计、数据结构以及计算机软件课程教学工作和计算机软件开发工作，有实践和教学经验。主编是沈阳理工大学李筠、姜学军，副主编是苑擎飚、李芳、虞闯，参编有周越、王红、杨松、王艳梅、房明、王展红、马永轩、徐志勇、张文波、姚旭东、宋凯等。

由于作者水平有限，书中难免存在错误之处，欢迎读者提出宝贵意见。

编　者

目　录

数据结构慕课入口

第1章 绪 论

本章要点：

- 数据结构的概念和基本术语。
- 数据的逻辑结构和存储结构。
- 算法的描述与算法分析。

数据结构是计算机及相关专业最重要的专业基础课，是架构软件类课程的核心，该课程的学习对于从事计算机程序设计有着重要的作用。本课程研究数据的组织、数据的存储和数据的操作问题，课程的内容分四个方面：线性结构、树型结构、图和集合。每一种数据结构的学习都包括以下四个方面：逻辑结构、存储结构、操作算法以及该数据结构的应用。在不同的存储结构上，操作算法的效率可能不同。通过对算法效率的比较与评判，认识数据结构的特性和使用方法，最终指导程序设计。

1.1 数据结构简介

世界上第一台电子计算机出现于20世纪40年代。在发展初期，计算机的应用范围是数值计算，所处理的数据都是整型、实型、布尔型等简单数据，以此为加工对象的程序设计称为数值型程序设计。随着电子技术的发展，计算机逐渐深入到商业、制造业等人类社会各个领域，从而广泛地应用于数据处理和过程控制。与此相应，计算机能处理的数据也不再是简单的数值，而是字符串、图形、图像和语音等复杂数据。这些复杂数据不仅量大，而且具有一定的结构。例如，一幅图像是一个由数值组成的矩阵，一个图形是由几何坐标组成的表，语言编译过程中所使用的栈、符号表和语法树，操作系统用到的队列、磁盘目录树等，都是具有一定结构的数据。数据结构所研究的就是这些有结构的数据，即研究数据对象的特征以及数据的组织和处理方式。程序设计中，针对不同逻辑结构的数据应选择适当的存储结构和相应的操作算法。

从提出一个实际问题到计算机解出答案一般需要下列步骤。

(1) 从实际问题中抽象出一个数学模型。

(2) 设计解析此数学模型的算法。

(3) 编出程序，进行测试和调整，直到得出结果。

寻求数学模型的实质是分析问题，从中提出操作的对象，并找出这些操作对象之间特有的关系，然后用数学语言加以描述。例如，在分析了一个物理现象之后，可以得出解决问题的一组代数方程或微分方程。然而有很多问题无法用数学方程进行描述。现在我们来看具体的问题。

【例1.1】 学生档案管理问题。

很多学校都有成千上万的学生，在计算机中怎样管理这些有各自不同情况的学生的信息？学生档案中反映的是与每个学生有关的一些数据，如学号、姓名、性别、出生年月、家庭住址、系名、班级等信息，如表 1.1 所示。

表 1.1　学生基本信息表

学　号	姓　名	性　别	出生年月	班　级	系　名	家庭住址
00121101	张强	男	81/02/24	001211	信息工程	沈阳昆泰 142#12 号
00121102	王非	女	81/01/02	001211	信息工程	上海徐家汇 12 号
00122101	侯莹	女	82/07/15	001221	信息工程	沈阳全园小区 4 号
00103104	李昊	男	83/08/25	001031	机械	沈阳滑翔小区 8 号
…						

学生信息以表的形式存入计算机后，对学生信息的处理工作就转化为对表的处理。例如，查询学生信息处理为在表中查询基本信息，对新入学的学生处理为在表中增加一行基本信息，对学生退学处理为删除表中相应的行，对学生基本信息修改处理为对表中相应行的修改。因此由计算机实现学籍管理问题抽象出的描述模型就是：

(1)　建立包含每个学生基本信息的若干个表。

(2)　对该表进行查询、插入、删除、修改等操作(也称运算)。

这一类是文档管理的数学模型，在这类数学模型中，每行元素之间是一种线性关系，这类数学模型是一种线性表数据结构。

【例 1.2】菜单管理问题。

菜单技术是目前人机界面中最常用的技术。菜单就形式来说，就是在计算机显示屏幕上列出可选功能供用户选择，并根据用户选择的菜单条目执行相应的功能。要实现菜单的自动管理，应怎样存放菜单呢？

系统中只有一个主菜单，主菜单中可以有多个子菜单选择项，而每个菜单选择项可以是一个可执行程序，也可能是一个菜单选项。一个具体的菜单结构如图 1.1 所示。

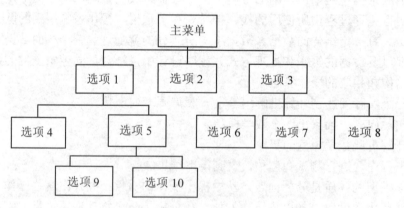

图 1.1　菜单结构

从这个例子可以看出，菜单结构问题中所描述的模型是：

● 建立具有层次结构的菜单。

● 对菜单的选择(若菜单项是最低层就执行程序)操作。

这类模型是具有层次结构的数据模型，是一种树结构，像每个家庭中的家谱、单位的

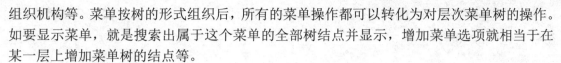
组织机构等。菜单按树的形式组织后，所有的菜单操作都可以转化为对层次菜单树的操作。如要显示菜单，就是搜索出属于这个菜单的全部树结点并显示，增加菜单选项就相当于在某一层上增加菜单树的结点等。

【例1.3】排课问题。

每名学生在入学后都要学习一系列的课程，有的课程需要另一门课程作为先行课。下面以软件专业为例，列出一个课程的先行课程表，如表1.2所示。在12门课程中有基础课和专业课。排课时怎样排才合理呢？当然排一门课程必须等到其先行课全部排完后。这是一种特殊的排序问题。

表1.2 课程关系表

课程编号	课程名称	先 行 课
C_1	程序设计基础	
C_2	离散数学	C_1
C_3	数据结构	C_1, C_2
C_4	汇编语言	C_1
C_5	语言设计和分析	C_3, C_4
C_6	计算机原理	C_{11}
C_7	编译原理	C_3, C_5
C_8	操作系统	C_3, C_6
C_9	高等数学	
C_{10}	线性代数	C_9
C_{11}	普通物理	C_9
C_{12}	数值分析	C_1, C_9, C_{10}

图1.2中所描述的数据模型是表1.2所列出的课程关系的图示，是一种被称为"图"的数据结构。

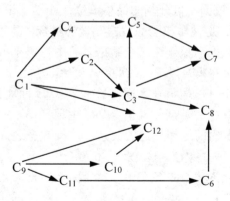

图1.2 课程关系图

综合上述三例可见，描述问题的数学模型是如学生信息表、菜单树(或家谱树或博弈中的某一个棋局等)、课程关系图(或交通图或煤气管网图或电信光缆图等)之类的数据结构组成，可以将自然界中的数据归纳为某一种数据类型存储在计算机中进行运算，完成数据处理过程。

1.2 基本术语

数据(Data)：是对客观事物采用计算机能够识别、存储和处理的形式所进行的描述。数据就是计算机化的信息，是计算机中符号化的特定表示形式。

数据的概念经历了与计算机发展相类似的发展过程。计算机一问世，数据作为程序的处理对象随之产生。早期的计算机主要应用于数值计算，数据量小且结构简单，数据仅有进行算术运算与逻辑运算的需求，数据只包括整型、实型、布尔型，那时程序工作者把主要精力放在程序设计的技巧上，而并不重视如何在计算机上组织数据。

随着计算机软硬件的发展与应用领域的不断扩大，计算机应用领域非数值运算处理所占的比例越来越大，数据的概念被引申了。数据包含数值、字符、声音、图像等一切可以输入计算机中的符号集合，多种信息通过编码而被归于数据的范畴，大量复杂的非数值数据要处理，数据的组织显得越来越重要。数据库、人工智能的研究推动了计算机技术的发展，人们越来越重视运用科学工具来探索数据和程序的内部关系以及它们之间的关系，采用新的观点来设计计算机体系，使计算技术发展为一门学科。

数据的概念不再是狭义的，数据已由纯粹的数值概念发展到图像、字符、声音等各种符号。例如对 C 源程序，数据概念不仅是源程序所处理的数据，相对于编译程序来说，C 编译程序相对于源程序是一个处理程序，它加工的数据是字符流的源程序(.c)，输出的结果是目标程序(.obj)，对于链接程序来说，它加工的数据是目标程序(.obj)，输出的结果是可执行程序(.exe)。而对于 C 编译程序，由于它在操作系统控制下接受操作系统的调度，因此相对于操作系统来说它又是数据。

数据元素(Data Element)：是数据的基本单位，是数据集合的个体，在计算机中通常作为一个整体进行考虑和处理。一个数据元素可由若干个数据项组成。此时的数据元素通常称为**记录(Record)**。如表 1.1 所示学生基本信息中的数据，每一个学生的记录就是一个数据元素。

数据项(Data Item)：是数据不可分割的最小单位，如学生记录中的姓名、学号等。

数据对象(Data Object)：是性质相同的数据元素的集合，是数据的一个子集。例如，{2, 4, 6, 8, 10}是整数的一个数据对象。在这个数据对象中每一个数据元素都是性质相同的整数，是有限个整数数据元素的集合，是整数的一个子集。

数据结构(Data Structure)：是相互之间存在一种或多种关系的数据元素的集合。例如表 1.1 所示学生基本信息中的数据元素集合是学生记录集，而数据元素集合上的关系就是它们在学生基本信息表中的前驱和后继的关系，这种数据之间的关系是一对一的，是线性的。数据元素相互之间的关系称为结构(Structure)。

例 1.2 中描述的数据元素集合是各菜单项集合，而数据元素之间的关系就是菜单项之间的层次关系，即上层菜单与下层菜单之间的关系。这种数据元素相互之间的关系也是一种结构，是层次结构或称树状结构。

数据结构的形式定义为：

$$Data\_Structure = (D, S)$$

其中，D 是数据元素的有限集；S 是 D 上关系的有限集。

根据数据元素之间关系的不同特性，通常有下列 4 类基本的数据结构，如图 1.3 所示。

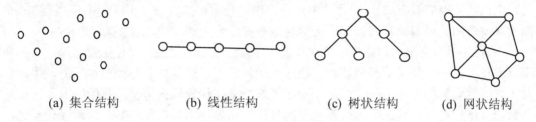

(a) 集合结构　　　　(b) 线性结构　　　　(c) 树状结构　　　　(d) 网状结构

图 1.3　基本的数据结构

- 集合结构：结构中的数据元素除了同属于一个集合的关系外，无任何其他关系。
- 线性结构：结构中的数据元素存在着一对一的线性关系。
- 树状结构：结构中的数据元素存在着一对多的层次关系。
- 图状结构或网状结构：结构中的数据元素之间存在多对多的任意关系。

有时也称树状结构和图状结构为非线性结构。

【例 1.4】有一个课题小组，小组中有一位教师，教师可以带 1~3 名研究生，每名研究生可以带 1~2 名本科生。设计课题小组的数据结构。

设课题小组的数据结构为：Group = (P, R)

其中，P 表示数据对象；R 表示数据对象中数据元素的关系。

P、R 的描述如下：

P = {T, G_1, ..., G_n, S_{11}, ..., S_{nm}}　($1 \leq n \leq 3$, $1 \leq m \leq 2$)

R = {R_1, R_2}

R_1 = {<T, G_i> | $1 \leq i \leq n$, $1 \leq n \leq 3$}

R_2 = {<G_i, S_{ij}> | $1 \leq i \leq n$, $1 \leq j \leq m$, $1 \leq n \leq 3$, $1 \leq m \leq 2$}

其中，T 表示教师；G 表示研究生；S 表示大学生。

Group 定义的数据结构是对操作对象的一种数学描述，其中"关系"是描述数据元素之间的逻辑关系，因此称为数据的逻辑结构。与逻辑结构相对应的是数据的物理结构。数据的物理结构又称为数据的存储结构，是指数据的逻辑结构在计算机中的映像，即数据结构在计算机中的存储形式。由于数据结构包括数据元素集及数据元素之间的关系，所以数据的存储结构也应该包含这两部分内容，即包括数据元素的映像和元素间关系的映像两部分。数据元素之间的关系在计算机中有两种不同的表示方法，即顺序映像和非顺序映像，并由此得到两种不同的存储结构，即顺序存储结构和链式存储结构。顺序存储结构的特点是借助于元素在连续空间的存储器中的相对位置来表示数据元素之间的逻辑关系。非顺序映像的特点是借助于指示元素存储地址的指针(Pointer)来表示数据元素之间的逻辑关系。

任何一个程序都涉及数据的存储结构。因为对于逻辑结构上的同一种运算，其具体的实现方法依存储结构的不同而变化。所以，当描述问题的模型确定之后，首要问题就是确定其存储结构。

数据类型(Data Type)：是一个值的集合和定义在这个值集上的一组操作。例如 C 语言中的整型及定义在其上的一组操作(加、减、乘、除等)。数据类型是一组性质相同的值集合以及定义在这个值集合上的一组操作的总称。数据类型中定义了两个集合，即类型的取值范围和该类型可允许使用的一组运算。例如高级语言中的整型、实型、字符型就是已经实现的数据结构的实例。从这个意义上讲，数据类型是高级语言中允许的变量种类，是程序语言中已经实现的数据结构(即程序中允许出现的数据形式)。在 C 语言中，整型类型(int)可能的取值范围是-32768 ~ +32767，可用的运算符集合为加、减、乘、除、取模(+、-、*、/、%)。从硬件的角度来看，它们的实现涉及"字""字节""位""位运算"等；从用户的观点来看，并不需要了解整数在计算机内是如何表示、运算细节是如何实现的，用户只需要了解整数运算的外部运算特性，而不必了解整数在计算机内部位运算的细节，就可运用高级语言进行程序设计。引入数据类型的目的，从硬件的角度是将其作为解释计算机内存中信息含义的一种手段，对使用数据类型的用户来说则实现了信息隐蔽，将一切用户不必关心的细节封装在数据类型中。如两整数求和问题，用户只需注重其数学求和的抽象特性，而不必关心加法运算涉及的内部位运算实现。

按"值"的不同特性，高级程序语言中的数据类型可分为两大类：一类是非结构的原子类型。原子类型的值是不可分解的，如 C 语言中的标准类型(整型、实型和字符型)及指针；另一类是结构类型，结构类型的值是由若干成分按某种结构组成的，因此是可以分解的，并且它的成分既可以是非结构的，也可以是结构的。例如数组、结构体类型的值由若干分量组成，每个分量可以是整数，也可以是数组等。

抽象数据类型(Abstract Data Type，ADT)：抽象的本质是抽取反映问题的本质点、忽视非本质的细节，这正是计算机研究的本质。计算机中使用的是二进制数，汇编语言中则可给出各种数据的十进制表示，如 98.65、9.6E3 等，它们是二进制数据的抽象；用户在编程时可以直接使用，不必考虑实现细节。在高级语言中，则给出更高一级的数据抽象，出现了数据类型，如整型、实型、字符型等。到抽象数据类型出现，可以进一步定义更高级的数据抽象，如各种表、队、栈、树、图、窗口、管理器等，这种数据抽象的层次为用户提供了更有利的手段，使得用户可以从抽象的概念出发，从整体考虑，然后自顶向下、逐步展开，最后得到所需结果。可以这样看，高级语言中提供了整型、实型、字符型、记录、文件、指针等多种数据类型，可以利用这些类型构造出像栈、队列、树、图等复杂的抽象数据类型。

抽象数据类型是基于一类逻辑关系的数据类型以及定义在这个类型之上的一组操作。抽象数据类型的定义取决于客观存在的一组逻辑特性，而与其在计算机内如何表示和实现无关，即不论其内部结构如何变化，只要它的数学特性不变，都不影响其外部使用。从某种意义上讲，抽象数据类型和数据类型实质上是一个概念。整数类型就是一个简单的抽象数据类型实例。"抽象"的意义在于数学特性的抽象。一个抽象数据类型定义了一个数据对象，数据对象中各元素间的结构关系，以及一组处理数据的操作。抽象数据类型通常是指由用户定义用以表示应用问题的数据模型，通常由基本的数据类型组成，并包括一组相关的操作。

抽象数据类型包括定义和实现两方面，其中定义是独立于实现的。定义仅给出一个抽象数据类型的逻辑特性，不必考虑如何在计算机中实现。抽象数据类型的特征是使用与实现分离，实现封装和信息隐蔽，也就是说，在抽象数据类型设计时，类型的定义与其实现分离。另外，抽象数据类型的含义更广，不仅限于各种不同的计算机处理器中已定义并实现的数据类型，还包括设计软件系统时用户自己定义的复杂数据类型。所定义的数据类型的抽象层次越高，含有该抽象数据类型的软件复用程度就越高。抽象数据类型定义需要包含哪些信息，并根据功能确定公共界面的服务，用户可以使用公共界面中的服务对该抽象数据类型进行操作。从用户的角度来看，只要了解抽象数据类型的规格说明，就可以利用其公共界面中的服务来使用这个类型，不必关心其物理实现，从而集中考虑如何解决实际问题。

抽象数据类型是近年来计算机科学中提出的最重要的概念之一，它集中体现了程序设计中一些最基本的原则：分解、抽象和信息隐藏。可以形式上定义抽象数据类型为(D,R,P)，其中 D,R 为数据结构，P 为数据操作。所以抽象数据类型是定义了一组操作的数据结构。

抽象数据类型的概念不仅包含数学模型，同时还包含这个模型上的运算。过程反映程序设计的两级抽象，过程调用完成做什么，过程定义规范如何做。抽象数据类型不仅发展了数据抽象的概念，而且将数据抽象和过程抽象结合起来。一个抽象数据类型确定了一个模型，但将模型的实现细节隐藏起来；它定义了一组运算，但将运算的实现过程隐藏起来。数学模型→抽象数据类型→数据结构恰好反映了信息结构转换的 3 个重要阶段。以抽象数据类型的概念来指导问题求解的过程，可以用图 1.4 来表示。

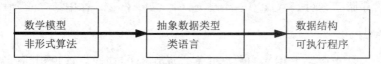

图 1.4　以抽象数据类型求解的过程

数学模型在机器内的表示方法，常常是借助于语言中已有的初等类型和构造组合类型的手段(例如记录、数组等)来完成；其次还要根据选择的表示方法，建立一组过程来实现这个模型上的一组运算。选用的表示方法不同，实现运算的过程也就不同。有了这些基础，抽象数据类型就可以和初等类型处于相同的地位了。这种抽象数据类型的一个实体就是一个数据结构。基于目前的计算机系统和现有的高级语言，在研究数据结构时，不仅要研究体现抽象数据类型的内在模型(逻辑结构)和这个模型上定义的操作(运算)的实现，更要仔细研究这个实体在目前系统中的存储结构，因为不同的存储结构决定了不同的实现算法和不同的算法开销。

ADT 的定义采用下述格式：

```
ADT<ADT 名>
{
    数据对象：<数据对象的定义>
    数据关系：<结构关系的定义>
    基本操作：<基本操作的定义>
} ADT<ADT 名>
```

其中，数据对象和结构关系的定义采用数学符号和自然语言描述，而基本操作的定义格式为 C 语言基本函数的定义形式：

```
函数类型  函数名([参数列表])
[类型定义列表]
{
    函数体
}
```

参数表中的参数有两种：第一种参数只为操作提供待处理数据，又称值参；第二种参数既能为操作提供待处理数据，也能返回操作结果，又称变量参数。操作前提描述了操作执行之前数据结构和参数应满足的条件，操作结果描述操作执行之后，数据结构的变化状况和应返回的结果。抽象数据类型可用现有计算机语言中已有的数据类型，即固有数据类型来表示和实现。

用标准 C 语言表示和实现抽象数据类型描述时，主要包括以下两个方面。

- 通过结构体将 int、float 等固有类型组合到一起，构成一个结构类型，用 typedef 为该类型或该类型指针重新起一个名字。
- 用 C 语言函数实现各操作。

1.3 数据的存储结构

从 1.2 节可以知道，数据的存储结构有两类：一类是顺序存储结构，另一类是链式存储结构。数据的存储结构可采取其中的一种方式，也可采用二者相结合的方式。

1. 顺序存储结构

顺序存储结构是指逻辑上相邻的数据元素，其结点的物理位置也相邻，数据元素之间的关系由结点的邻接关系体现。计算机的内存单元是一维结构，这种存储结构很方便实现。

比如在本章例 1.1 的题目中给出了学生基本信息的逻辑结构，这个结构是线性的，各个学生记录前后是物理相邻的。利用顺序存储结构存储学生基本数据时，可以这样来进行：为学生基本信息表分配一块连续的内存单元。设内存地址单元从 1200 开始，表中的第 1 个数据元素就可从 1200 单元开始存放，若一个学生记录需占用 20 个单元，则第 1 个元素就占用了 1200~1219 这连续的 20 个单元，从 1220 开始存放第 2 个元素，从 1240 开始存放第 3 个元素，依次类推，直至将表中的元素存放完，如图 1.5 所示。

1200	00121101	张强	男	…	沈阳昆泰142#12号
1220	00121102	王非	女		上海徐家汇12号
1240	00122101	侯莹	女		沈阳全园小区4号
1260	00103104	李昊	男		沈阳滑翔小区8号
	…				

图 1.5 顺序结构数据的存放形式

顺序存储结构有下列特点。

(1) 存储单元中只存放数据元素本身的信息，无附加内容。

(2) 只要知道第 1 个数据元素的地址，就可以通过计算直接确定结构中第 i 个元素的地址，从而直接存取第 i 个数据元素。

(3) 由于可根据公式直接确定第 i 个结点的地址而直接存取第 i 个元素，所以数据元素的存取操作速度较快。

(4) 插入、删除数据元素时，由于需要保持数据元素之间的逻辑关系，必须移动大量

高职高专立体化教材 计算机系列

元素，因此实现起来较慢。关于这一点，将在第 2 章介绍线性表时详细说明。

(5) 顺序存储结构有两种方式分配空间，一种是静态结构，另一种是动态结构。当用静态结构时，存储空间一旦分配完毕，其大小就难以改变。因此，当表中元素个数难以估计时，分配的空间大小也就难以确定。预分配的空间太大会造成浪费，空间太小，又可能发生存放不下的溢出现象。

2. 链式存储结构

在链式存储结构中，逻辑上相邻的数据元素，其结点的物理位置不一定相邻，因此结点之间是否邻接并不能反映数据元素的逻辑顺序。在这种情况下，存储结构要反映数据元素在逻辑结构中的关系，只有在结点中增加信息来指明与其他结点之间的这种关系，这个增加的信息就是指针。前一个结点的指针指向后一个结点，多个结点的指针一起形成一个链，因此称这种存储结构为链式存储结构。链式存储结构既可用于实现线性数据结构，也可用于实现非线性数据结构。对于非线性数据结构来说，每个数据元素在逻辑上可能与多个数据元素相邻，而计算机内存的一维地址结构限制了每一个结点只能与前、后各一个结点相邻，结点的相邻反映不出一个元素与多个元素的相邻关系，所以非线性逻辑结构只能用链式存储结构来实现。树、图等就是这种非线性数据结构。在链式存储结构的每个结点中，存储的内容可分为两部分：一部分用于存放数据元素本身的信息，称作信息域；另一部分用于存放指针，称作指针域。比如本章例 1.1 题目中的学生基本信息表用链式存储结构实现时，如图 1.6 所示。

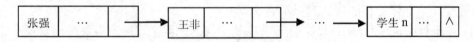

图 1.6 学生基本信息表的链式存储结构

图 1.6 中的箭头表示结点中的指针域，指针域的值是所指结点的首地址，通过画箭头来表示。如果一个结点的指针域指向另一个结点，表示这两个结点的数据元素在逻辑结构中是相邻的。

链式存储结构的特点主要有以下几方面。

(1) 结点中除存放数据元素本身的信息外，还需存放附加的指针。

(2) 不能直接确定第 i 个结点的存储位置。要存取第 i 个结点的信息，必须从第 1 个结点开始查找，沿指针顺序取出第 i-1 个结点的指针域，再取出第 i 个结点的信息，存取速度较慢。

(3) 链式存储结构的一个主要优点是插入、删除元素时不必移动其他元素，速度较快。因此当数据元素个数变动较大、插入删除操作频繁时可用链式存储结构来实现。

(4) 链式存储是一种动态存储结构，当元素数量增加时可随时申请所需的空间，删除时无用的空间可归还给系统，故空间利用率较高，也不存在预分配空间的问题。

一般来说，一种数据结构既可用顺序存储结构实现，也可用链式存储结构实现。究竟用哪种存储结构，应根据具体情况来选择。选择时的主要依据有两个：一个是考虑数据结构上要执行的主要操作速度，另一个是对数据元素数目的估计。若执行的主要操作是插入或删除，则最好用链式存储结构，否则应该用顺序存储结构；若预先可以估计出元素的个数，则可以采用顺序存储结构，否则宜用链式存储结构。

1.4 算法及算法分析

1.4.1 算法

在某一类型的数据结构上，要涉及数据元素的运算，算法联系着数据在计算过程中的组织方式，通过对算法的研究，可以很好地理解数据结构的定义和作用。

1. 算法的定义

算法(Algorithm)是规则的有限集合，是为解决特定问题而规定的一系列操作。算法是为完成某一特定任务的有限命令的集合。

2. 算法的特性

(1) 输入(Input)：算法可以有零个或多个数据输入。

(2) 输出(Output)：算法至少有一个数据输出。

(3) 明确性(Definiteness)：每个命令必须要明确，不能模棱两可。

(4) 有限性(Finiteness)：算法必须经过有限的步骤后停止。

(5) 可行性(Effectiveness)：通过算法得出一定的结果。

3. 算法设计的要求

通常设计一个好的算法应达到以下目标。

(1) 正确性(Correctness)：算法应当满足具体问题的要求。目前多数是用自然语言描述需求，它至少应包括对于输入、输出和处理等的明确描述。

(2) 可读性(Readability)：算法主要是为了便于人们交流，其次是为了便于实现机器运行，因此算法易懂有益于加强对算法的理解，不易看懂的算法容易隐藏较多错误从而难以调试和修改。

(3) 稳健性(Robustness)：当输入数据时，算法也能适当地反映或进行处理，而不会出现错误的结果。即使出现错误操作，算法也可以给出错误信息并中止程序运行。

(4) 高效率低存储量：高效率是指算法在机器上执行的时间与对同一问题编出的其他算法相比执行的时间短。类似地，同一问题用的存储空间越小，则越是好的算法。但在实际问题中，有些时候高效与低存储量是矛盾的，即有时低存储是以花费时间为代价的，在实际问题中要针对不同情况灵活对待。

4. 算法描述

著名的计算机科学家沃思给出了一个著名的公式：算法+数据结构=程序。沃思的公式表明，数据结构和算法是程序的两大要素，二者相辅相成，缺一不可。算法可用自然语言、框图或高级程序设计语言进行描述。自然语言简单但容易产生歧义，框图直观但不擅长表达数据的组织结构，而高级程序语言则较为准确，又比较严谨。

本书中的算法用类 C 语言来描述，如果将算法变成在计算机上运行的程序，它必须是严格按照语法规定，用相应的语言来编写，例如 C 语言。而一个用于人们阅读的算法，却可以用一种大家都看得懂的语言代码来编写，语法规范并不严格，甚至可以掺杂其他编程语言的语法。如与 C 语言相似的，就称为类 C 语言，因此，本书采用类 C 语言代码来表示算法，它是标准 C 语言的扩充。个别处使用了对标准 C 语言的一种简单化表示。

1) 预定义常量

本书中用到了一些常量符号，如 TRUE、FALSE、MAXSIZE 等，约定用宏定义预先定义如下：

```
#define MAXSIZE    1000
#define TRUE       1
#define FALSE      0
#define ERROR      0
#define OK         1
#define SUCCESS    1
#define FAIL       0
#define OVERFLOW   0
#define NULL       0
```

2) 类型定义说明

typedef 用来表述具体数据结构类型的定义：

```
typedef enum {fail=0,success=1} bool;
```

如线性表可定义成：

```
typedef struct
{
    Elemtype data[MAXSIZE];
    int len;
} Liner_List;
```

则 Liner_List 就可以定义一个顺序存储结构的线性表，这将在第 2 章讲解。

数据元素的类型可表示为 Elemtype，我们在使用时可自行定义成 C 语言所提供的基本数据类型或自行定义的数据类型。

3) 基本操作算法描述

本书中所有的算法都以如下的函数形式表示，其中的结构类型使用前面已有的定义：

```
数据类型 函数名([形式参数定义及说明])    /*函数头*/
{
    内部数据说明;
    执行语句组;
}
```

函数的定义主要由函数名和函数体组成，函数体用大括号{}括起来。这里函数中用方括号括起来的部分如"[形式参数定义及说明]"为可选项，函数名之后的圆括号不可省略。函数的操作结果可由形参或函数类型传递，形式参数是函数的参数，分为值参数和变参数。值参数只实现单向传递给函数；变参数是将值传递给函数，函数执行完后再将结果传给主调函数。执行语句可由 C 语言中各种类型的语句组成，两个语句之间用分号";"分隔。可将函数执行的结果通过 return 语句返回给调用它的函数。" /*函数头*/ "为注释部分，这是一种习惯写法，可按实际情况取舍。

4) 赋值语句

类C语言中赋值用 "=" 号。

① 简单赋值:

变量名1 = 变量名2 或 表达式;

② 成组赋值:

```
(变量名1, …, 变量名n) = (表达式1, …, 表达式n);
结构名1 = 结构名2;
变量名[] = 表达式;
变量名[起始下标..终止下标] = 变量名[起始下标..终止下标];
结构名 = {表达式1, 表达式2, …, 表达式n};
变量名[n] = {值1, 值2, …, 值k};
```

③ 串联赋值:

变量名1 = 变量名2 = … = 表达式;

5) 分支语句

① 形式1:

```
if(条件表达式) 语句;
```

② 形式2:

```
if(条件表达式) 语句1;
else 语句2;
```

③ 形式3:

```
swith(表达式)
{
    case 值1: 语句1; break;
    case 值2: 语句2; break;
    …
    case 值n: 语句n; break;

    [default: 语句n+1;]
}
```

switch 语句是先计算表达式的值, 然后用其值与判断值相比较, 若它们相一致, 就执行相应 case 下的语句组; 若不一致, 则执行 default 下的语句组; 执行 break 语句则跳出 switch 语句体。

使用这种语句时, 重要的是要善于使用 switch 来简化多重条件和嵌套条件, 使多分支结构清晰。

switch 条件选择的另一种形式如下:

```
swith
{
    case 条件1: 语句1; break;
    case 条件2: 语句2; break;
```

高职高专立体化教材 计算机系列

```
...
case 条件 n: 语句 n; break;
[default: 语句 n+1;]
}
```

方括号括起来的部分如"[default: 语句 n+1;]"为可选项。

6) 循环语句

① 形式 1:

`for(赋值表达式; 条件表达式; 修改表达式) 循环体语句;`

首先计算赋值表达式的值，然后求条件表达式的值，若结果非零(即为真)则执行循环体语句，最后对修改表达式做运算(主要是修改循环变量)，如此循环，直到条件表达式的值为零(即不成立，为假)时为止。

② 形式 2:

`while(条件表达式) 语句;`

while 循环首先计算条件表达式的值，若条件表达式的值非零(即条件成立)，则执行循环体语句，然后再次计算条件表达式的值，重复执行，直到条件表达式的值为零(即为假)时退出循环，执行该循环之后的语句。

③ 形式 3:

```
do 循环体语句;
while(条件表达式);
```

该循环语句首先执行循环体语句，然后计算条件表达式的值，若条件表达式成立，则再次执行循环体，再计算条件表达式的值，直到条件表达式的值为零，即条件不成立时结束循环。

两种 while 语句的区别在于第一种先判断再执行，第二种先执行一次，然后再判断条件表达式。

7) 逻辑运算符

与运算符为&&，或运算符为||，取反运算符为!。运算规则如图 1.7 所示。

A&&B	B 0	1
0	0	0
1	0	1

A‖B	B 0	1
0	0	1
1	1	1

A	!A
0	1
1	0

图 1.7 逻辑运算规则

8) 结束语句

① return <表达式>或 return: 用于函数结束。

② break 语句: 可用于循环语句中循环过程结束或跳出的情况; 例如 switch 语句中结束或跳出的情况。

③ continue 语句：可用在循环语句中结束本次循环过程，进入下一次循环过程。

④ exit 语句：表示出现异常情况时，控制退出函数。

9） 注释形式

注释形式如下：

```
/*字符串*/
```

注释句的作用是增强算法的可阅读性，在算法描述中要求在函数首部加上对算法功能的必要注释和描述。加注释说明时，对涉及的参量可做必要的说明，对变量的类型要有相应的定义或解释，这实际上是程序设计中的一个素质要求。

10） 一些基本函数

① max：用于求一个或几个表达式中的最大值。

② min：用于求一个或几个表达式中的最小值。

③ abs：用于求表达式的绝对值。

④ eof：用于判断文件是否结束。

⑤ eoln：用于判断文本行是否结束。

上面对算法中使用的类 C 语言形式进行了说明。在具体写算法时，只描述一种思路或算法的基本流程，而不能像 C 语言一样描述得很细致。例如，算法中使用的某些变量可以不在类型说明中定义，但是为描述清晰，可在语句后面加注释。下面用一个例题具体说明。

【例 1.5】用 C 语言和类 C 语言描述一个简单的冒泡排序过程，以示区别。

如果用 C 语言写一个冒泡排序的函数，可以描述如下：

```
void Bubblesort(int a[], int n)          /*对数组 a 的 1..n 个数据元素排序*/
{
    int i, j, temp;                      /*数据变量定义*/
    for (i=n; i>1; --i)
        for (j=1; j<i; ++j)
            if (a[j] > a[j+1])           /*如果 a[j]>a[j+1]则交换数据元素*/
            {
                temp = a[j];
                a[j] = a[j+1];
                a[j+1] = temp;
            }
}
```

如果用类 C 语言描述一个冒泡排序的算法，可以描述如下：

```
void Bubblesort(int a[], int n)      /*对数组 a 的排序算法*/
{
    for (i=n; i>1; --i)              /*i、j 是循环变量*/
        for (j=1; j<i; ++j)
            if a[j] > a[j+1]  /*写法不严格按编译要求，a[j] > a[j+1]可不写括号*/
                a[j]←→a[j+1];          /* a[j]>a[j+1]交换数据元素 */
}
```

1.4.2 算法分析

一种数据结构的优劣由实现其各种运算的算法具体体现,对数据结构的分析实质上就是对实现运算算法的分析,除了要验证算法是否能正确解决问题之外,还需要对算法的效率做性能评价。在计算机程序设计中,算法分析是十分重要的。通常对于一个实际问题的解决,可以提出若干个算法,那么如何从这些可行的算法中找出最有效的算法呢?如果有了一个解决实际问题的算法,如何来评价它的好坏?通过算法分析可以对这些问题给出衡量的标准。因此算法分析是每个程序设计人员都应该掌握的技术。

评价算法的标准很多,评价一个算法主要看这个算法所占用机器资源的多少,而这些资源中时间代价与空间代价是两个主要的方面,通常是以算法执行所需的机器时间和所占用的存储空间来判断一个算法的优劣。

对算法效率的衡量分为两个方面,即算法的时间复杂度和算法的空间复杂度。

1) 算法的时间复杂度

在算法中,对所研究的问题是基本运算的操作称原操作,用随着问题规模增加的函数来表征,以此作为时间量度。

而对于算法分析,主要关心的是算法中语句总的执行次数 $T(n)$ 是关于问题规模 n 的函数,进而分析 $T(n)$ 随 n 的变化情况并确定 $T(n)$ 的数量级(Order of Magnitude)。在这里用"O"表示数量级,这样就可以给出算法的时间复杂度概念。所谓算法的时间复杂度,就是算法的时间量度,记作:

$$T(n) = O(f(n))$$

它表示随问题规模 n 的增大,算法的执行时间的增长率与 $f(n)$ 的增长率相同,称作算法的渐进时间复杂度,简称时间复杂度。

看算法在机器上执行的时间,通常的做法是从算法中选取一种对于研究的问题来说是基本运算的原操作,以该基本操作要执行的次数(或称语句的频度)作为算法的时间量度。

例如两个 N×N 矩阵的算法中,乘法运算是"矩阵相乘问题"的基本操作。整个算法的执行时间与基本操作(乘法)重复执行的次数与 n^3 成正比,记作:

$$T(n) = O(n^3)$$

具体的程序代码如下:

```
for(i=1; i<=n; i++)
    for(j=1; j<=n; j++)
    {
        c[i][j] = 0;
        for(k=1; k<=n; k++)
            c[i][j] = c[i][j] + a[i][k]*b[k][j];
    }
```

2) 算法的空间复杂度

关于算法的存储空间需求,类似于算法的时间复杂度。用空间复杂度作为算法所需存储空间的量度,记作:

$$S(n) = O(f(n))$$

其中，n 为问题的规模。一般情况下，一个程序在机器上执行时，除了需要存储本身所用的指令、常数、变量和输入数据以外，还需要一些对数据进行操作的辅助存储空间。其中对于输入数据所占的具体存储量只取决于问题本身，与算法无关，这样只需要分析算法在实现时所需要的辅助空间单元个数就可以了。若算法执行时所需要的辅助空间相对于输入数据量而言是个常数，则称这个算法为原地工作，辅助空间为 O(1)。

算法的执行时间的耗费和所占存储空间的耗费两者是矛盾的，难以兼得，即算法执行时间上的节省一定是以增加存储空间为代价的，反之亦然。不过，就一般情况而言，常常以算法执行时间作为算法优劣的主要衡量指标。

1.5 数据结构课程的地位

1. 数据结构与其他课程的关系

数据结构与其他课程的关系如图 1.8 所示。

图 1.8   数据结构与其他课程的关系

"数据结构"作为一门独立课程，在国外于 1968 年开始设立，我国从 20 世纪 80 年代初才开始正式开设"数据结构"课程。"数据结构"课程较系统地介绍了软件设计中常用的数据结构以及相应的存储结构和算法，并系统地介绍了常用的查找和排序技术，对各种结构与技术进行分析和比较，内容非常丰富。

数据结构涉及多方面的知识，如计算机硬件范畴的存储装置和存取方法，软件范畴中的文件系统、数据的动态管理、信息检索，数学范畴的集合、逻辑的知识，还有一些综合性的知识，如数据类型、程序设计方法、数据表示、数据运算、数据存取等，它是计算机专业的一门重要的专业技术基础课程。"数据结构"的内容将为操作系统、数据库原理、编译原理等后续课程的学习打下良好的基础。"数据结构"课程不仅讲授数据信息在计算机中的组织和表示方法，同时也培养学生高效地解决复杂问题程序设计的能力，因此"数据结构"是数学、计算机硬件与计算机软件三者之间的一门核心课程，是计算机专业提高软件设计水平的一门关键性课程。

数据结构的发展趋势包括两个方面：一方面是面向专门领域中特殊问题的数据结构的研究和发展，如图形数据结构、知识数据结构、空间数据结构；另一方面是从抽象数据类型的角度出发，用面向对象的观点来讨论数据结构，这已成为发展趋势。

2. 数据结构课程学习的特点

数据结构课程的教学目标是要求学生学会分析数据对象的特征，掌握数据的组织方法和在计算机中的表示方法，以便为应用所涉及数据的逻辑结构，选择最合适的存储结构及合适的高效算法，初步掌握算法时间、空间分析的技巧，培养良好的程序设计技能。

如果把计算机存储器看作是存储数据的仓库，如何将数据合理地组织、存储在计算机中，并能快速处理数据就是要解决的问题。例如一个存放图书的仓库，如图 1.9 所示，存放时可以采用两种方法：第一种方法是随机存放，找到书架的空位置就放，这样放置方便快捷。第二种方法是按书名的拼音字母顺序存放，先要查找到书名的拼音字母顺序所在的位置，然后存放。取书时，采用第一种方法要按所有书架从头到尾的顺序逐一查找，直到查找成功。如果书的数量大时，这种查找速度会很慢。利用第

图 1.9   存储图书的书架

二种方法查找书时，先将书名的拼音字母与 a..z 的中间字母 m 进行比较，确定查找的字母在前半区 a..m 间，还是后半区 n..z 间，然后继续折半比较确定查找位置，这种方法每比较一次将查找的区域缩短一半。通过两种存书和取书过程的不同方法，很容易评判出它们的存书和取书的操作效率，最后选择一种最佳方法。

学习数据结构要学习合理组织数据，选择适合的存储结构，用最佳的效率实现数据的操作；正确分析数据的逻辑结构、选择合理的存储结构、实现操作算法；并对不同的存储结构上，操作算法的效率进行比较与评判，认识数据结构的特性和使用方法，最终指导程序设计。

算法是数据结构学习的难点，通过算法的设计与实现的学习过程进行复杂程序设计的训练。在这个过程中，技能培养的重要程度不亚于知识传授。学生不仅要理解授课内容，还应培养应用知识解答复杂问题的能力，形成良好的算法设计思想、方法技巧与风格，进行构造性思维，强化程序抽象能力和数据抽象能力。

从某种意义上说，数据结构是程序设计的后继课程。因此，学习数据结构时，仅从书本上学习是不够的，必须经过大量的实践，在实践中体会构造性思维方法，掌握数据组织与程序设计的技术。本书中配有很多习题和例题，通过实践，可以循序渐进地掌握理论知识，学会利用数据结构知识的方法与技巧。

单 元 测 试

1. 单选题 数据结构是研究存在关系的数据，在自然界的数据中，数据的关系包括_____。

    A. 一对一关系　　　　　　　　　　　B. 一对多关系

    C. 多对多关系　　　　　　　　　　　D. 以上全包括

2. 单选题 在排课表示的图 1.2 结构中，每个结点表示一门课，每门课可能有的先修课和后继课间的关系的选项为_____。

    A. 只有一个前驱和多个后继　　　　　B. 有多个前驱和多个后继

    C. 多个前驱和一个后继　　　　　　　D. 有一个前驱和一个后继

3. **单选题** 利用顺序存储结构存储时，存储单元的地址是连续的，利用链式存储方式存储时，存储单元地址_____。

　　A. 连续　　　　　　　　　　　　B. 不连续

　　C. 不一定连续　　　　　　　　　D. 上述说法都不对

4. **单选题** 下列说法中，不正确的选项是_____。

　　A. 数据元素是数据的基本单位

　　B. 数据项是数据中不可分割的最小可标识单位

　　C. 数据对象可由若干个相同类型的数据元素构成

　　D. 数据项可由若干个数据元素构成

5. **单选题** 数据在计算机中的物理结构是连续的空间存储，且数据元素的物理结构与逻辑结构的位置顺序一致，这种结构是_____。

　　A. 非顺序存储结构　　　　　　　B. 逻辑结构

　　C. 顺序存储结构　　　　　　　　D. 链式存储结构

6. **判断题** 抽象数据类型可以从三方面描述：数据关系、数据对象、数据操作。(　　)

7. **判断题** 数据结构的链式存储中，指针是用于表示数据间的关系的。(　　)

8. **填空题** 数据结构是存在一种或多种关系的_____集合。

9. **填空题** 按关系划分，数据结构分四种，分别是_____、_____、_____和_____。

10. **填空题** 算法是解决问题的_____，算法的效率从两个方面评价，即算法的_____和_____。

11. **填空题** 数据结构在存储时，不仅要存储_____，而且要存储_____。

12. **填空题** 数据结构被形式地定义为(D, R)，其中 D 是_____的有限集合，R 是 D 上的_____的有限集合。

习　　题

1. 简述数据结构、逻辑结构、存储(物理)结构、数据类型、抽象数据类型的定义。

2. 说明数据结构如何分类？有几种形式？

3. 简述算法的定义与特性。

4. 简述算法的时间复杂度。

5. 简述线性结构与非线性结构。

6. 简述逻辑结构与物理结构的区别和联系。

7. 设有数据结构(D, R)，其中：

D = {d1, d2, d3, d4}, R = {r}, r = {(d1, d2), (d2, d3), (d3, d4)}

试按图论中图的画法，画出逻辑结构图。

8. 分析以下程序段的时间复杂度。

(1)

```
i = i + 1;
while (i <= n)
   i = i * 2;
```

(2)

```
fact(int i)
{
    if (n <= 1)
        return(1);
    else
        return (n*fact(n-1));
}
```

第 2 章　线　性　表

本章要点：

- 线性表的逻辑结构及抽象数据类型。
- 线性表在顺序存储结构上的表示及实现。
- 线性表在链式存储结构上的表示及实现。
- 线性表的两种存储结构上的特点。
- 线性表的应用。

线性结构的特点是：除第一个元素和最后一个元素外，每个数据元素有唯一的前驱和唯一的后继。第一个元素(又称首元素)没有前驱，最后一个元素(又称尾元素)没有后继。线性结构是数据关系中最简单的结构，线性表是一种线性结构。本章将介绍线性表的逻辑结构、线性表两种物理结构的实现和线性表的应用。

2.1　线性表的逻辑结构

线性表(Linear List)是有 $n(n \geqslant 0)$ 个数据元素的有限线性序列。如图 2.1 所示，线性表 a_1, a_2, ..., a_n 中，每个元素前后都相邻另一个元素(第一个元素 a_1 无前邻元素，最后一个元素 a_n 无后邻元素)。每一个数据元素是同种数据类型的，可以是字母、数值、结构体等数据类型。

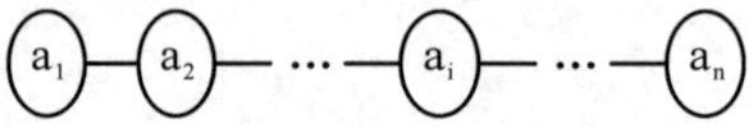

图 2.1　线性表的逻辑结构

例如，(A, B, ..., Z)可以表示一个线性表，表中的数据元素是英文字母。在字母表示的线性表中，每个数据元素间都是有序排列的，如字母 B 的前驱元素是 A，字母 B 的后继元素是 C。此线性表中数据元素的个数为 26，所以线性表的长度为 26。如果将这个线性表用 C 语言表示，数据类型为 char。线性表的数据类型还可以定义为整型或其他数据类型，如以整型为数据元素的线性表(1, 2, 3, 4, 5, 6)，数据元素是整型(int)，线性表的长度为 6。

有 n 个数据元素的线性表是一种数据结构。其中数据元素可以是简单数据类型，也可以是复杂的数据类型。例如表 1.1 所示学生基本信息表，数据元素(Data Elements)由若干数据项(Data Item)组成，描述学生的一些属性，包括学号、出生年月、家庭住址、系名等。

综上所述，线性表是由 $n(n \geqslant 0)$ 个类型相同的数据元素 a_1, a_2, ..., a_n 组成的有限序列，记作 $(a_1, a_2, ..., a_{i-1}, a_i, a_{i+1}, ..., a_n)$。

数据元素 $a_i(1 \leqslant i \leqslant n)$ 只是一个抽象符号，其含义在不同情况下可以不同，它既可以是整型、字符型等简单数据类型，也可以是结构体、共用体等复杂的数据类型，但同一线性表中的数据元素必须用于同一数据对象。此外，线性表令相邻数据元素之间存在着序偶关系，即对于非空的线性表 $(a_1, a_2, ..., a_{i-1}, a_i, a_{i+1}, ..., a_n)$，数据元素 a_{i-1} 领先于 a_i，称 a_{i-1} 是 a_i 的前驱，a_i 是 a_{i-1} 的后继(除了首元素 a_1 外，每个元素 a_i 有且仅有唯一的前驱结点 a_{i-1}，除了尾元素 a_n 外，每个元素 a_i 有且仅有唯一的后继结点 a_{i+1})，记作 $<a_{i-1}, a_i>$，称为序偶。数据元素 a_i 在线性表中的排序序号是 i，称为元素 a_i 的位置。线性表中元素的个数 n 被定义为线性表的长度，$n=0$ 时称为空表。

线性表的抽象数据类型定义如下：

```
ADT Linear_List {
    数据对象: D = {aᵢ | aᵢ ∈ elemset    i = 1..n (n≥0)}
    数据关系: R = {<aᵢ₋₁, aᵢ>| aᵢ₋₁, aᵢ ∈ D    i = 2..n (n≥)}
    基本操作如下。
    InitList(L): 初始化线性表 L，为 L 开辟空间并将 L 置为空表。
    DestroyList(L): 线性表 L 已存在，将 L 空间释放。
    ClearList(L): 线性表 L 已存在，将表 L 置为空表。
    EmptyList(L): 线性表 L 已存在，判断 L 是否为空表，如果 L 为空表则返回真，否则返回假。
    LengthList (L): 线性表 L 已存在，求 L 表的长度，即返回表中的元素个数。
    Locate(L,e): 线性表 L 已存在，e 与线性表中的数据元素兼容，如果 L 中存在 e 元素，则返
    回元素 e 所在位置，如果 L 中不存在元素 e，则返回 0。
    Getelem(L,i): 线性表 L 存在，i 为整数，i 值合法，即 1<i<ListLength(L)。返回线性
    表 L 中第 i 个元素的值，否则提示出错。
    InsertList(L,i,e): 线性表 L 已存在，e 的数据类型同线性表中的数据元素，且
    1<i<ListLength(L)+1，在 L 中第 i 个位置前插入新的数据元素 e，插入完成后表 L 的长度
    加 1。
    DeleteList(L,i,e): 线性表 L 已存在且非空，i 为整数，如果 1≤i≤ListLength(L)，
    删除线性表中的第 i 个数据元素，并用 e 返回其值，函数值返回真，线性表的长度减 1；
    否则函数值返回假。
    Priorelem(L,e): 线性表 L 已存在，e 与线性表中数据元素同型，操作结果: 求 e 元素的
    前驱，并用 e 返回其前驱值，e 存在前驱则函数返回真值，否则返回假值。
    Nextelem(L,e): 线性表 L 已存在，e 与线性表中数据元素同型，求 e 元素的后继，并用 e
    返回其后继值，e 存在后继则函数返回真值，否则返回假值。
    Traverse(L): 线性表 L 已存在且非空，对 L 表中的各个元素进行遍历。
} ADT Linear_List
```

在实际问题中对线性表的运算可能很多，除以上 12 种操作外，线性表还有一些复杂的运算。例如将两个或两个以上的线性表合并成一个线性表；把一个线性表分拆成两个或两个以上的线性表；进行多种条件的合并、分拆、复制和排序等运算。可利用基本运算的组合来实现复合运算。由于线性表应用的广泛性，线性表中的数据元素可能有多种类型。

线性表的抽象数据类型定义中给出的各种操作是定义在线性表的逻辑结构上的，用户只需了解各种操作的功能，而无须知道它们的具体实现。操作的具体实现与线性表采用的存储结构有关。不同的操作组合和相同的数据结构可以构成不同的抽象数据类型。

根据实际需要在抽象数据类型中定义必要的操作，而复杂操作可由基本操作来实现。

例如，定义抽象数据类型 Linear_List_1 如下：

```
ADT Linear_List_1 {
    数据对象: D = {aᵢ | aᵢ ∈ integerset    i = 1..n (n≥0)}
    数据关系: R = {<aᵢ₋₁,aᵢ> | aᵢ₋₁, aᵢ ∈ D    i = 2..n (n≥0)}
    基本操作如下。
    INIT(L): 初始化空表 L。
```

```
        LENGTH(L): 求线性表 L 的长度。
        GETELEM(L,i): 取线性表 L 的第 i 个元素。
        LOCATE(L,e): 定位 e 在 L 表中的位置。
        INSERT(L,i,e): 在线性表 L 的第 i 个元素前插入 e。
        DELETE(L,i,e): 删除线性表 L 中第 i 个元素。
} ADT liner_List_1
```

可以看出抽象数据类型 Linear_List_1 和 Linear_List 的不同之处，仅在于操作不同，而数据元素和数据关系均相同。在实际应用中可以根据具体情况定义相应的基本操作，其他操作可以用基本操作的运算来完成。

下面的例题是一个用基本操作实现两线性表合并的算法。

【例 2.1】假设两个线性表 A 和 B 分别用 La、Lb 表示，其数据类型为 Linear_List。现要求将 A 和 B 合并为一个线性表。

算法分析：A 和 B 的逻辑结构是线性的，利用 Linear_List 数据类型的基本操作把 A 与 B 合并为一个线性表，可以采用两种方法。一种方法为将 B 表加入到 A 表后面，实现两个表合并，合并结果在 A 表中；另一种方法为将 A 和 B 合并到新表 C 中。下面采用第一种方法来实现。

例如：La = (12, 5, 8, 11)，Lb = (22, 6, 8, 9)，合并后 La = (12, 5, 8, 11, 22, 6, 8, 9)。

算法如下：

```
void union(Linear_List *La, Linear_List Lb)        /*将表 Lb 合并到表 La 的尾部*/
{
    int i=LengthList(La), j=1;   /* i 和 j 分别指示 La、Lb 表对应操作的数据元素 */
    while(j <= LengthList(Lb))
    {
        InsertList(La, ++i, Getelem(Lb, j));   /* Lb 中元素 j 插入到 La 的尾部*/
        j++;
    }
}
```

如果例 2.1 题目中的 A 和 B 分别表示两个集合，则合并算法要改变一点，即应该将两个集合中重复的元素保留一个。

例如，La = (12, 5, 8, 11)和 Lb = (22, 6, 8, 9)合并后，La = (12, 5, 8, 11, 22, 6, 9)。

算法如下：

```
void union(Linear_List *La, Linear_List Lb)   /*将表示集合的 Lb 合并到 La 中*/
{
    int i=LengthList(La), j=1;   /*i、j 分别指示 La、Lb 表对应操作的数据元素*/
    while(j <= LengthList(Lb))
    {
        e = Getelem(Lb, j++);          /*将 Lb 中的元素取出给 e */
        if Locate(La,e)==0             /*在 La 表中查找元素，如果找不到 e */
            InsertList(La, ++i,e);     /*Lb 中元素 j 插入到 La 的尾部*/
    }
}
```

如果例 2.1 题目中的 A 和 B 表示两个集合，类型定义为 Linear_List，分别用 La 和 Lb

表示。要求将 A、B 合并为一个有序集合 C，用 Lc 表示，且 C=A∪B。

算法分析：把 La 与 Lb 从第一个元素开始依次取出比较，若不相等，则小者加入到 Lc 中，且小者所在线性表继续取出下一个元素；若相等，将 La(或 Lb)中的数据元素加入 Lc 中后，两个线性表均取出下一个元素，继续比较两个线性表中的元素，直到一个表合并完成。然后将另一个没有合并完成的表并入 Lc 中，算法完成。

例如，La = (3, 5, 8, 11)，Lb = (2, 6, 8, 9, 11, 15, 20)，则 Lc = (2, 3, 5, 6, 8, 9, 11, 15, 20)。

归并算法如下：

```
void Merge_list(Linear_List La, Linear_List Lb, Linear_List *Lc)
{    /*将表示集合的有序线性表 La、Lb 按序合并，结果存储在线性表 Lc 中*/
    int i=1, j=1, k=0; /*i、j、k 分别指示 La、Lb、Lc 这 3 个表对应操作的数据元素*/
    while(i<=LengthList(La) && j<=LengthList(Lb))
        if(Getelem(La,i) < Getelem(Lb,j))
        {
            InsertList(Lc,++k,Getelem(La,i)); /*La 中 i 存储到 Lc 中的 k 位置*/
            i++;
        }
        else if(Getelem(la,i)) > Getelem(lb,j)) /*Lb 中元素 j 存储到 Lc 中*/
            InsertList(Lc, ++k, Getelem(Lb, j++));
        else
        {
            InsertList(lc, ++k, Getelem(la, i)); /*相等*/
            i++; j++;
        }
    while(i <= LengthList(La))                    /*将 La 中的剩余元素存储到 Lc 中*/
        InsertList(Lc, ++k, Getelem(La, i++));

    while(j <= LengthList(Lb))                    /*将 Lb 中的剩余元素存储到 Lc 中*/
        InsertList(Lc, ++k, Getelem(Lb, j++));
}
```

注意：在上述算法中，如果线性表表示的不是集合，那么就不需要单独考虑相等的情况，上面算法中的第一个循环语句修改如下：

```
while(i<=LengthList(La) && j<=LengthList(Lb))
    if(Getelem(La,i) <= Getelem(Lb,j))
    {
        InsertList(Lc, ++k, Getelem(La, i)); /*La 中 i 存储到 Lc 中的 k 位置*/
        i++;
    } else {
        InsertList(Lc, ++k, Getelem(Lb, j)); /*Lb 中元素 j 存储到 Lc 中*/
        j++;
    }
```

从例 2.1 中可以看出，线性表抽象数据类型中可以包含一些基本操作，有的复杂操作可以通过基本操作来实现。还有的线性表中的数据元素可以有多种形式，对于不同形式的数据，其同种操作的实现方法也有所不同。

上述归并算法是利用基本操作完成的，那么每一种基本操作如何实现？这要涉及存储结构，只有确定了存储结构才能实现基本算法。线性表主要有两种基本的存储结构：顺序存储结构和链式存储结构，下面分别介绍。

2.2 线性表的顺序存储结构

线性表的顺序存储是用一组地址连续的存储单元依次存放线性表中的各个元素，使线性表中在逻辑结构上相邻的元素，在物理存储单元中也是相邻的，通过数据元素物理存储的相邻关系来反映数据元素之间逻辑上的相邻关系。采用顺序存储结构的线性表通常称为顺序表。

设线性表中有 n 个元素，每个数据元素需占用相同的存储单元(设为 k 个)，第一个元素的存储地址作为存放元素的起始位置，也称为基地址。图 2.2 给出了线性表的顺序存储结构示意。

物理地址	下标序号	数据元素
$Loc(a_1)$	1	a_1
$Loc(a_2)$	2	a_2
⋮	⋮	⋮
$Loc(a_i)$	i	a_i
⋮	⋮	⋮
$Loc(a_n)$	n	a_n

图 2.2 线性表的顺序存储结构

从图 2.2 中可以看出，在顺序表中，元素 a_i 的存储地址是该结点在表中的逻辑位置 i 的线性函数，只要知道线性表中第一个元素的存储地址(基地址)和表中每个数据元素所占存储单元 k 的大小，就可以计算出线性表中任意一个数据元素的存储地址，从而实现对顺序表中数据元素的随机存取。假设线性表中第一个元素 a_1 的存储位置为 $Loc(a_1)$，第 i 个元素 a_i 的存储位置为 $Loc(a_i)$，则两元素之间满足关系：

$$Loc(a_i) = Loc(a_1) + (i-1) \times k$$

顺序存储结构可以借助于高级程序设计语言中的一维数组来表示，一维数组的下标与元素在线性表中的序号相对应。

线性表在顺序存储结构上用 C 语言可以描述成一个结构体，包括一个一维数组和一个描述线性表长度的量。

线性表的定义如下：

```
#define MAXSIZE 100          /* 线性表的最大长度 */
typedef struct
{
   Elemtype data[MAXSIZE]; /* data 数组的数据类型为 Elemtype */
```

```
    int len;                        /* len 为线性表长 */
} SeqList1;
```

或者用另一种形式定义：

```
typedef  struct
{
    Elemtype *elem;              /* 存放数据元素的一维数组 */
    int len;                     /* len 记载线性表的长度 */
    int listsize;                /* listsize 为线性表所开辟空间的长度 */
} SeqList;
```

上面两种定义一种是静态的，另一种是动态的。请读者分析两种定义的不同，哪一种更好些？在后面的算法中，基本上采用第二种定义方式。

说明：数组的下标是从 0 开始的，为使算法简便，0 单元作为哨兵，不存放数据元素。数据元素的存储从下标 1 开始，数组的第 i 个单元存放线性表第 i 个数据元素，这样线性表的逻辑序号与数组的下标序号就一致了。

1. 初始化线性表

算法如下：

```
int InitList(SeqList *L, int MAXSIZE)    /*初始化一个长度为 MAXSIZE 的线性表*/
{
    L->elem = (Elemtype*)malloc(MAXSIZE * sizeof(Elemtype));
    if(!L->elem) exit(FAIL);              /*分配失败返回 FAIL=0*/
    L->len = 0;                           /*元素个数为零*/
    L->listsize = MAXSIZE;                /* L->listsize 存储开辟的空间数 */
    return OK;
}
```

2. 求线性表的长度

线性表 L 已存在，求 L 表的长度即返回表中的元素个数。
算法如下：

```
int LengthList(SeqList L)                 /*求线性表 L 的长度*/
{
    return L.len;                         /*返回线性表的长度*/
}
```

3. 取线性表的第 i 个元素

线性表 L 存在，若 i 为整数且 $1<i<ListLength(L)$，则返回线性表 L 中第 i 个元素的值，否则提示出错。
算法如下：

```
int Getelem(SeqList L, int i, Elemtype *e)
{    /*求线性表 L 中第 i 个元素，通过 e 返回，函数返回值用 0 和 1 区别是否正确取出 e */
    if (i>L.len) || (i<1) return ERROR;        /*如果位置越界出错的处理*/
    *e = L.elem[i]
```

```
    return TRUE;                                           /*返回真值*/
}
```

4. 线性表中数据元素的定位

查找值为 e 的元素在线性表 L 中的位置，结果是：若在表 L 中找到与 e 相等的元素，则返回该元素在线性表中的位置；若找不到，则返回零。

查找时可采用顺序查找法实现，即从第一个(或最后一个)元素开始，依次将表中元素与 e 相比较，若相等，则查找成功，返回该元素在数组中的下标序号；若 e 与表中的所有元素都不相等，则查找失败，返回 0。

算法如下：

```
int Locate(SeqList L, elemtype e)
{    /*从 L 表第一个元素开始查找值为 e 的元素，查找成功返回元素的位置，否则返回零*/
     i = 1;                       /* i 为扫描计数器，初值为 0 */
     while((i<=L.len) && (L.elem[i]!=e))
         i++;                     /*顺序查找线性表，直到找到值为 e 的元素或到表尾而没找到*/
     if(L.elem[i] == e) return(i);      /*若找到值为 e 的元素，则返回序号*/
     else return FAIL;                  /*若没找到，则返回 FAIL=0*/
}
```

如果线性表中存在 e 元素，while 循环中的条件只用到 L.elem[i]!=e；找到线性表中值等于 e 的元素从而结束循环；但是如果表中不存在 e 元素，while 循环中的条件必须有 i<=L.len，来控制线性表中元素下标出界。

如果改变思路，从最后一个元素开始查找，利用顺序表中下标为 0 的单元存储要查找的元素。while 循环条件为 L.elem[i]!=e，查找时如果存在 e 元素，可以结束循环；如果不存在 e 元素，同样可以通过与下标为 0 的单元的比较相等而结束循环。这时，如果查找成功，i 是查找到元素的下标；如果查找不成功，i 值是 0。

算法如下：

```
int Locate(SeqList L, elemtype e)/*表 L 中存放元素，e 是要查找的元素的值*/
{
    i = L.len;                   /* i 为扫描计数器，初值为线性表的长度 n */
    L.elem[0] = e;               /* 零下标暂存要查找的数据元素值，称为哨兵 */
    while(L.elem[i]!=e)) i--;    /* 顺序查找线性表，直到找到值为 e 的元素 */
    return i;                    /* i 的值为零或非零，分别为查找不成功和成功 */
}
```

说明： 元素的直接比较 L.elem[i]!=e 在编写程序时，只用于可比的数据。在算法中这样写，只是为了直观地表达，在转换程序时要严格依据编程语言的语法要求。

5. 在线性表中插入元素

如果线性表中有 n 个元素，在线性表的第 i 个位置前插入元素 b。实现过程为：判断 i 的位置是否合理，空间是否够，若条件满足，则将线性表从第 n 个元素(元素下标为 L.len)到第 i 个元素之间的所有元素，每个元素向下移动一个单元。移动后第 i 和 i+1 位置都存放 a_i 元素。将所插入元素 b 存放到第 i 个单元，如图 2.3 所示。

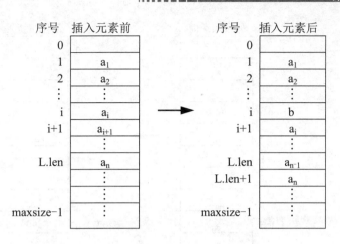

图 2.3 线性表的插入操作

算法如下：

```
int InsertList(SeqList *L, int i, Elemtype b)  /*在线性表第 i 个元素前插入 b*/
{
    if (i>L->len+1) || (i<1) || (L->len>=L->listsize)
        return ERROR;                    /*如果位置越界或空间不够的出错处理*/

    for(j=L->len; j>=i; j--)
        L->elem[j+1] = L->elem[j];       /*将从第 i 个位置开始的元素向后移动一个位置*/

    L->elem[i] = b;                      /*将元素 b 存放在第 i 个位置*/
    L->len = L->len+1;                   /*插入完成后表长加 1*/

    return TRUE;
}
```

说明：这个算法在空间不足时做出错处理，其实在空间不足时可以用 realloc 函数重新开辟空间，以实现插入操作。

6. 在线性表中删除元素

线性表中删除一个元素的算法思想与插入一个元素的思路基本相似。首先判断要删除元素的位置正确、线性表非空，如果满足则删除元素。将 i+1~L.len 位置的数据元素全部上移一个单位，最后线性表长度减 1，如图 2.4 所示。

算法如下：

```
int DeleteList(SeqList *L, int i)  /*函数 DeleteList 将线性表第 i 个元素删除*/
{
    if (i>L->len) || (i<1) || (L->len<=0)
        return ERROR;                    /*如果位置越界或线性表中无空间，则出错处理*/
    for(j=i; j<=(L->len-1); j++)
        L->elem[j] = L->elem[j+1];       /*将从第 i+1 个位置开始的元素向前移动一个单位*/
    L->len--;                            /*表长减 1*/
    return TRUE;
}
```

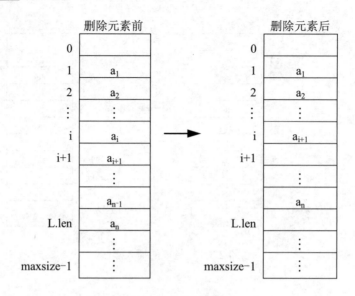

图2.4　线性表的删除操作

下面来估算算法的时间复杂度。

在插入算法中，若在第 i 个位置前插入元素，需移动 i~L.len 下标的元素，移动元素的总个数为 L.len-i+1 个。

假设 q_i 是向第 i 个位置插入元素的平均概率，则在长度为 n 的线性表中插入一个元素时所需移动元素次数的平均值为：

$$E_{is}=\sum_{i=1}^{n+1}q_i(n-i+1)$$

在删除算法中，若 p_i 是删除第 i 个元素的平均概率，则在长度为 n 的线性表中删除一个数据元素时，所移动元素次数的平均值为：

$$E_{de}=\sum_{i=1}^{n}p_i(n-i)$$

不失一般性，设插入、删除每一个元素的概率相同，$q_i=\dfrac{1}{n+1}$、$p_i=\dfrac{1}{n}$，插入或删除元素时移动元素的平均值分别为：

$$E_{is}=\frac{n}{2} \qquad E_{de}=\frac{n-1}{2}$$

在顺序结构的线性表中，插入和删除操作均需大量移动元素，算法的效率低；线性表的顺序存储结构对于随机查找很方便；解决问题时要充分利用线性表的操作优势。下面探讨顺序存储结构中其他操作的实现。

【例 2.2】假设有两个顺序表 La、Lb，其数据类型为 SeqList。将 La、Lb 合并为一个线性表。

算法分析：本题中的算法思路与例 2.1 在逻辑结构上是一样的，区别在于本题目给定了存储结构——顺序存储结构。一种方法可以将线性表 Lb 的每个数据元素插入到线性表 La 的尾部；或者采用另一种方法，先将 La 的所有数据元素插入到 Lc 表中，然后将 Lb 中的所有元素插入到 Lc 中。下面用前一种方法来实现算法。

算法如下:

```
void union-seq(SeqList *La, SeqList Lb) /* 将 Lb 中的数据元素插入到 La 后 */
{
    i = La->len;
    j = 1;
    while(j <= Lb.len)
        La>elem[++i] = Lb.elem[j++];        /* Lb 表中的所有元素依次加入到表 La 中 */
    La->len = i;
}
```

如果将上面算法中的操作,采用抽象数据类型中的基本操作来实现,算法可修改如下:

```
int Getelem(SeqList L, int i, Elemtype *e)
{   /* 求线性表 L 中第 i 个元素,通过 e 返回,函数返回值用 0 和 1 区别是否正确取出 e */
    if (i>L.len)||(i<1) return ERROR;       /*如果位置越界出错处理*/
    *e = L.elem[i]
    return TRUE;                            /*返回真值*/
}
int LengthList(SeqList L)                   /*求线性表 L 的长度*/
{
    return L.len;                           /*返回线性表的长度*/
}
int InsertList(SeqList *L, int i, Elemtype b)  /*在线性表第 i 个元素前插入 b*/
{
    if (i>L->len+1) || (i<1) || (L->len>= L->listsize)
        return ERROR;                       /*如果位置越界或空间不够的出错处理*/
    for(j=L->len; j>=i; j--)
        L->elem[j+1] = L->elem[j]; /*将从第 i 个位置开始的元素向后移动一个位置*/
    L->elem[i] = b;                         /*将元素 b 存放在第 i 个位置*/
    L->len = L->len + 1;                    /*插入完成后表长加 1*/
    return TRUE;
}
void union-seq1(SeqList *La, SeqList Lb)    /*将线性表 Lb 合并到 La 的尾部*/
{
    int i=LengthList(La), j=1;        /* i、j 分别指示 La、Lb 表对应操作的数据元素*/
    while(j <= LengthList(Lb))
    {
        InsertList(La, ++i, Getelem(Lb, j)); /* Lb 中元素 j 插入到 La 的尾部 */
        j++;
    }
}
```

上面两种算法,可以考虑一下如何在不同的情况使用。第二种算法运用了所有的函数,如果基本函数比较完善的情况下使用较合适,更符合模块化的思想。

如果将例 2.2 的题目变成有两个顺序表 La 和 Lb,其元素均为非递减有序排列,编写一个算法,将它们合并成一个顺序表 Lc,要求 Lc 也是非递减有序排列。

算法思路为:设变量 i、j 分别指向表 La、Lb 中第一个数据元素。比较两个元素,若 La.elem[i] > Lb.elem[j],则将 Lb.elem[j]插入到表 Lc 中;若 La.elem[i] <= Lb.elem[j],则将

La.elem[i]插入到表 Lc 中，如此进行下去，直到其中一个表扫描完毕，然后再将未扫描完的表中剩余的所有元素存放到表 Lc 中。

算法如下：

```
void Merge(SeqList La, SeqList Lb, SeqList *Lc)
{
    i=1; j=1; k=0;
    while((i<=La.1en) && (j<=Lb.len))
        if(La.elem[i] <= Lb.eLem[j])            /* 对 La、Lb 中的数据元素比较 */
            Lc->elem[++k] = La.elem[i++];       /* La 元素值小，赋给表 Lc */
        else Lc->elem[++k] = Lb.elem[j++];  /* Lb 元素值小，赋给表 Lc */
    while (i <= La.len)                    /* 当 La 剩余元素时，将余下的元素赋给表 Lc */
        Lc->elem[++k] = La.elem[i++];
    while(j <= Lb.1en)                      /* 当 Lb 剩余元素时，将余下的元素赋给表 Lc */
        Lc->elem[++k] = Lb.elem[j++];
    Lc->1en = k;
}
```

这个算法同样可以按模块化的思想编写，请读者自己思考如何实现。

从线性表在顺序存储结构上的操作，可以知道顺序表的优点是：①无须为表示结点间的逻辑关系而增加额外的存储空间(因为逻辑上相邻的元素其存储的物理位置也是相邻的)。②可方便地随机存取表中的任一元素。其缺点是：①插入或删除运算不方便，除表尾的位置外，在表的其他位置上进行插入或删除操作都必须移动大量的结点，效率较低。②由于顺序表要求占用连续的存储空间，存储分配如果预先进行静态分配，当表长变化较大时，难以确定合适的存储规模。若按可能达到的最大长度预先分配表空间，则可能造成一部分空间长期闲置而得不到充分利用；若事先对表长估计不足，则插入操作可能使表长超出预先分配的空间而造成溢出。

2.3　线性表的链式存储结构

上一节研究了线性表的顺序存储结构，它的特点是逻辑上相邻的两个元素在物理位置上也是相邻的，因此，给定任一元素位置即可得到所有其他元素的物理位置。由此也导致这种存储结构的不足：在插入与删除时，需要大量移动元素；在长度变化较大的线性表中，必须按最大长度安排，从而导致大量空间的浪费。

为了克服顺序表的缺点，可以用链接方式来存储线性表。通常人们将采用链式存储结构的线性表称为链表。本节将从两个角度来讨论链表，从实现角度来看，链表可分为动态链表和静态链表；从链接方式的角度看，链表可分为单链表、循环链表和双链表。链接存储是最常用的存储方法之一，它不仅可以用来表示线性表，而且可以用来表示各种非线性的数据结构。

2.3.1　线性单链表

链表是用一组不连续的存储单元来存放线性表中的数据，因此链表中结点的逻辑次序和物理次序不一定相同。为了正确地表示结点间的逻辑关系，在存储线性表时，存储每个数据元素值的同时，还要存储指示其后继结点的地址(或位置)信息，这两部分信息组成的存储映象称为结点，如图 2.5 所示。

| 数据域 | 指针域 |

图 2.5　单链表中结点的构成

线性链表是用 n 个结点连接起来的。线性单链表是链式结构中一种最基本的结构，每个结点包含一个数据域和一个指针域，指针域指向表中的直接后继。这种链表中链接元素的个数称为线性链表的表长。在 C 语言中可用指针来描述链表中的一个结点：

```
typedef struct node
{
    Elemtype data;              /*数据域*/
    struct node *next;          /*指针域*/
} *LinkList;
```

例如，线性表(A, B, C, D, E, F, G, H)存储在单链表中，每个元素的存储单元如图 2.6 所示。

存储地址	数据域	指针域
1	H	NULL
2	B	41
17	G	1
15	A	2
41	C	51
51	D	4
4	E	7
7	F	17

（头指针指向存储地址 15）

图 2.6　线性链表的结点单元分配

头指针为 15，是第一个数据元素存储单元的首地址，线性表中的数据元素通过指针域连在一起。一般情况下，人们使用链表，只关心链表中结点间的逻辑顺序，并不关心每个结点的实际存储位置，因此通常用箭头来表示链域中的指针，于是链表就可以更直观地画成用箭头链接起来的结点序列。图 2.6 中的单链表可表示为如图 2.7 所示的物理结构。

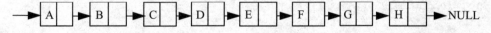

图 2.7　线性单链表

链表中通常可以加一个哨兵开头，这样可以简化操作。哨兵类型与结点类型一样，数据域中可取一个线性表中不包括的元素值，如图 2.8 所示。若链表为空，则哨兵中的指针域为空。

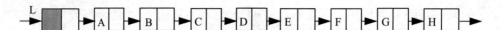

图 2.8 带哨兵的线性单链表

虽然添加哨兵这一结点后，浪费一点存储资源，但却可以解决处理空表、插入与删除第一个元素等问题，因为要解决这些问题，必须修改第一个指针，而有哨兵作为第一个指针，可以保持链表首指针的稳定性。

在链表生存期间，链表头指针 L 始终指向哨兵结点，哨兵不能删除，所以占用一点资源是值得的。下面实现在线性表的链式存储结构上的一些操作算法。

1. 创建单链表

通常动态建立单链表的常用方法有两种：前插法建表和尾插法建表。

1) 前插法建表

下面用前插法建立线性单链表。假设线性表中元素的数据类型是字符，逐个输入这些字符，并以#作为结束标志符。建表时先开辟哨兵结点，并且哨兵结点的指针域为空，如图 2.9(a)所示，建立一个空表。下面建立链表中的最后一个结点，首先生成新结点，将字符数据存放到新结点的数据域中，然后将新结点插入到当前链表的哨兵结点之后，每次插入直至读入结束标志为止。

链表前插入创建过程如图 2.9 所示。

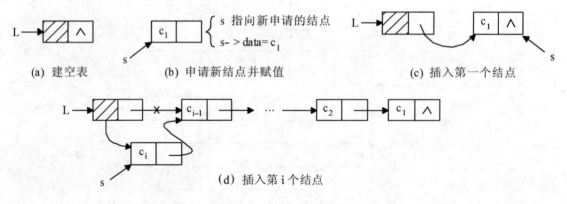

(a) 建空表 (b) 申请新结点并赋值 (c) 插入第一个结点

(d) 插入第 i 个结点

图 2.9 前插法创建链表

前插法创建链表的算法如下：

```c
void CreateFromHead(LinkList *L)              /*创建链表 L, 输入'#'时, 表结束*/
{
    *L = (LinkList)malloc(sizeof(struct node));    /*为头结点分配存储空间*/
    *L->next = NULL;
    while(c=getchar() != '#')
    {
        s = (LinkList)malloc(sizeof(struct node));/*为读入的字符分配存储空间*/
        s->data = c;
        s->next = *L->next;
        *L->next = s;
    }
}
```

2) 尾插法建表

尾插法建表过程与前插法相似，只是在表的尾部插入新结点，构建的过程如图 2.10 所示。

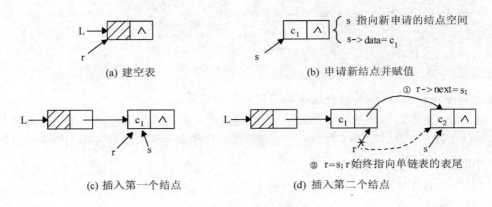

图 2.10 尾插法创建链表

尾插法创建链表的算法如下：

```
void CreateFromTail(LinkList *L) /*新增结点加到末尾，输入'#'，建表结束*/
{
  *L = (LinkList)malloc(sizeof(stuct node));    /*为头结点分配存储空间*/
  *L->next = NULL;
  r = *L;                    /* r 始终动态指向链表的当前表尾，其初值指向头结点 */
  while(c=getchar() != '#')
  {
    s = (LinkList)malloc(sizeof(struct node));
    s->data = c;
    s->next = r->next;
    r->next = s;
    r = s;
  }
  r->next = NULL;            /*将最后一个结点的 next 链域置为空，表示链表结束*/
}
```

2. 在单链表中查找给定的元素

1) 按每个数据元素的定位序号查找

在单链表中，由于每个结点的存储位置(地址指针)都放在其前一结点的指针域 next 中，因而即使知道被访问结点的序号 i，也不能像顺序表那样直接按序号 i 访问一维数组中的相应下标元素，实现随机存取。只能从链表的头指针出发，沿着链域逐个结点往下搜索，直至搜索到第 i 个结点为止。

设带哨兵结点的单链表的长度为 n，要查找表中第 i 个结点，要从单链表的头指针 L 出发。指针 p=L->next 开始顺着链域扫描，用 j(初值为 0)作为计算器。指针 p 下移一次，计数器加 1，j 累计了 p 扫描过的结点数。当 j=i 时，指针 p 所指的结点就是要找的第 i 个结点。

算法如下：

```
LinkList Getelem(LinkList L, int i) /* L中取第 i 个结点，成功返指针，否则返 NULL*/
{
    p=L->next; j=0;                    /* P 取第一个数据结点 */
    while (p && ++j<i)                 /* 循环条件等同于 p!=NULL && ++j<i */
        p = p->next;                   /* 取下一结点 */
    return p;
}
```

算法中 return p;语句能返回查找成功与失败两种结果。

根据 while 语句的循环条件 p && ++j<i，结束循环有两种情况。其一是当 p 为空时，查找失败结束循环；其二是当 j 与 i 相等时查找成功，结束循环，此时 p 不为空。所以算法中的 return 语句返回了 p 的两种结果。

因此 return p;等效于

```
if (i==j) return p;
else return NULL;
```

2) 按值查找

按给定的值在单链表中查找等于这个值的结点，如果查找成功，返回首次找到的等值结点的指针，否则返回 NULL。查找过程从单链表的头指针指向的头结点出发，逐个将结点的值与给定值进行比较。

算法如下：

```
LinkList Locate(LinkList L, Elemtype key)
/*在单链表 L 中定位等于 key 的结点，查找成功返回该结点的指针 p，否则返回 NULL*/
{
    p = L->next;                       /*从表中第一个数据结点开始比较*/
    while (p)
        if (p->data!=key) p=p->next;   /*设 p->data 是可比数据类型，可使用函数*/
        else break;                    /*找到结点 key，退出循环*/
    return p;
}
```

3. 单链表的长度

可以采用对结点计数的方法来求出单链表的长度，用指针 p 依次指向各个结点，从第一个元素开始，一直到最后一个结点(p->next=NULL)。

算法如下：

```
int ListLength(LinkList L)   /* 求带哨兵结点的单链表 L 的长度 */
{
    p=L->next; j=0;          /* p 是第一个数据元素，j 是存放单链表长度的计数器 */
    while(p)
    {
        p = p->next;
        j++;
    }
}
```

```
    return j;
}
```

4. 单链表插入操作

在单链表 L 中的第 i 个位置前插入数据元素 e，首先找到单链表中的第 i-1 个结点(该结点指针是 pre)，然后申请一个新的结点由指针 s 指示，s 结点数据域为 e。修改第 i-1 个结点的指针，使其指向 s，然后使 s 结点的指针域指向原来的第 i 个结点。插入结点的过程如图 2.11 所示。

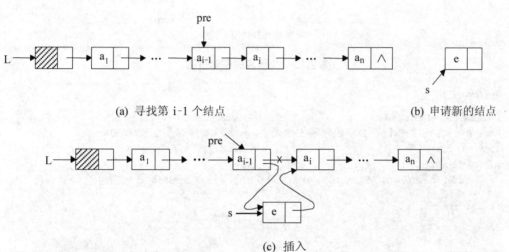

(a) 寻找第 i-1 个结点   (b) 申请新的结点

(c) 插入

图 2.11 单链表的插入操作

线性表插入元素操作的算法如下：

```
int InsertList(LinkList *L, int i, Elemtype e)
/*在带哨兵结点的单链表 L 中的第 i 个位置前插入值为 e 的新结点*/
{
    pre=*L; k=0;
    while (pre && k<i-1)              /*先找到第 i-1 个数据元素，指针 pre 指向它*/
    {
        pre = pre->next;
        k = k + 1;
    }
    if(pre==NULL) return OVERFLOW;  /*没有找到合理的插入点，返回异常信息，结束*/
    s = (LinkList)malloc(sizeof(struct node));   /* 为 e 申请一个新的结点 s */
    s->data = e;                     /* 将待插入结点的值 e 赋给 s 的数据域 */
    s->next = pre->next;             /* s 与后面第 i 个结点链接 */
    pre->next = s;                   /* s 与前面第 i-1 个结点相链接 */
    return OK;
}
```

5. 单链表的删除

删除过程如图 2.12 所示。

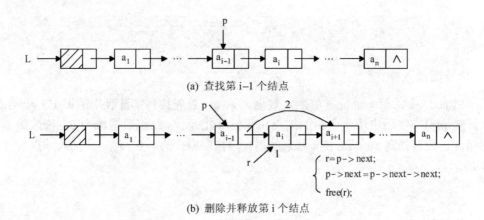

(a) 查找第 i-1 个结点

(b) 删除并释放第 i 个结点

$$r=p->next;$$
$$p->next = p->next->next;$$
$$free(r);$$

图 2.12 单链表的删除过程

算法如下：

```
int DeleteList(LinkList *L, int i, Elemtype *e)
/*在带哨兵结点的单链表 L 中删除第 i 个元素，删除元素保存到变量*e 中*/
{
    p=*L; k=0;
    while(p->next) && (k<i-1) /*寻找被删除结点 i 的前驱 i-1 结点，使 p 指向它*/
    {
        p = p->next;
        k++;
    }
    if(p->next == NULL) return ERROR;      /*没有找到要删除的结点，做出错处理*/
    r = p->next;
    p->next = p->next->next;                /*删除结点 r*/
    *e = r->data;                          /*将删除结点值保留在 e 中，做参数返回*/
    free(r);                               /*释放被删除的结点所占的内存空间*/
    return OK;
}
```

注意：删除算法中的循环条件(p->next!=NULL)&&(k<i-1)与插入算法中的循环条件 (p!=NULL)&&(k<i-1)不同，因为插入时的插入位置多一个表尾。如果表长为 m，i=m+1 是在单链表的末尾插入。而删除操作中删除的合法位置只有 m 个，若使用与插入操作相同的循环条件，则会出现指针指空的情况，使删除操作失败。

下面通过例子看看链表的其他操作如何实现。

【例 2.3】如果 La、Lb 表示两个集合元素构成的单链表，将其合并为一个单链表。

算法分析如下。

如果不是集合，两个链表合并时只要找到第一个表的表尾，然后将另一个表的表头接到此表的表尾即可。

如果两个线性表是由集合元素构成，就要将一个表中的数据元素逐个取出，并在另一表中查找，如果表中不存在此元素，就将该元素结点插入链表中，否则删除此结点，直到所有元素搜索完毕。

具体方法是：设 pb 为 Lb 表的第一个数据元素指针，pb=Lb->next。在 La 表中循环查找数据元素值 pb->data；查找成功，q=pb; pb=pb->data; free q;，否则将 pb 结点加入表 La 中，直到 Lb 表结束。

算法如下：

```
void Union-link(LinkList *La, LinkList Lb)  /*合并两集合 La、Lb */
{
    pb = Lb->next;                              /* pb 指向表 Lb 的第一个元素结点*/
    while(pb)                                    /* pb 非空执行循环体*/
    {
        pa = *La;                                /* pa 指向 La 表中的哨兵结点*/
        while(pa)
            if  pa->data == pb->data break;      /* La 中存在 pb 结点就结束循环*/
            else pa = pa->next;                  /* 将 pa 结点下移*/
        q = pb;                                  /* 将 pb 结点储存在 q 中 */
        pb = pb->next;                           /* 将 pb 结点下移 */
        if !pa                                   /* pa 为空说明没查找到 q 结点 */
        {
            q->next = (*La)->next;               /* 将 q 结点插入表 La 的第一个结点前 */
            (*La)->next = q;
        }
        else free q;                             /* 将 q 结点释放 */
    }
    free Lb;                                     /* 释放 Lb 表头 */
}
```

【例 2.4】如果以单链表表示集合，假设集合 A 用单链表 La 表示，集合 B 用单链表 Lb 表示，设计算法求两个集合的差，即 A-B。

算法分析：由集合运算的规则可知，集合的差 A-B 中包含所有属于集合 A 而不属于集合 B 的元素。

具体做法是，对于集合 A 中的每个元素 e，在集合 B 的链表 Lb 中进行查找，若存在与 e 相同的元素，则从 La 中将其删除。

算法如下：

```
void Difference(LinkList *La, LinkList Lb)  /*两个集合的差：La-Lb 结果放 La 中*/
{
    pre = *La;                    /* p 指向 La 表的当前结点，pre 始终指向 p 的前驱 */
    p = *La->next;
    while(p)
    {
        q = Lb->next;                         /* q 为 Lb 中的第一个结点 */

        while (q && q->data!=p->data)         /* 检查 q 是否与 La 中*p 结点的值相同 */
            q = q->next;

        if (q)
        {
            r = p;
            pre->next = p->next;              /* p 结点在 Lb 中存在，在 La 中删除 p 结点 */
            p = p->next;
            free(r);
        }
```

```
        else {
            pre = p;                     /* p 结点在 Lb 中不存在，检查下一个结点 */
            p = p->next;
        }
    }
}
```

2.3.2 静态单链表

线性单链表是利用不连续空间，通过每个结点的指针域将线性表按逻辑顺序组织起来。静态单链表是利用一块连续的空间，按链表的存储方式组织数据，按顺序存储结构分配空间，由用户自己构造两个链表，即已占用链表和空闲链表。初始状态时，将数组元素通过下标链成一个空闲链表。当需要分配单元时，从空闲表中取出第一个空闲结点存放数据，并放置到占用链表中。在有些高级程序语言中，没有指针，这时可以用顺序分配的一维数组来描述一个线性的单链表。其结构类型说明如下：

```
#define MAXSIZE 100       /*所需的最大空间量*/

typedef struct
{
    Elemtype data;        /*数据域*/
    int cur;              /*指针域*/
} cunit, SeqLinkList[MAXSIZE];
```

假设 S 为一静态链表，为 SeqLinkList 类型变量。av 为指向占用链表的头结点的指针；s[0]为空闲链表的头结点。s[av].cur 指示第一个结点在数组中的位置。图 2.13(a)中 av=1、S[1].cur=2，那么占用链表的数据元素序列为 a_2, a_3, a_5, a_6, a_8, a_9，最后一个结点的指针为0。S[0].cur=4，则空闲链表的指针为4、7。在图 2.13(a)中删除 a_2、a_5 后，数据元素为 a_3, a_6, a_8, a_9，而 a_2、a_5 所占存储单元被回收到空闲链表中，这时空闲链表结点的顺序为 5, 2, 4, 7，数据元素占用结点为 3, 6, 8, 9。其中 0, 1 结点分别作为两个链表的哨兵结点，如图 2.13(b)所示。在如图 2.13(b)所示的状态下，如果在 a_3 的前边插入 b 元素，静态单链表的变化如图 2.13(c)所示。

	data	cur
0		4
1		2
2	a_2	3
3	a_3	5
4		7
5	a_5	6
6	a_6	8
7		0
8	a_8	9
9	a_9	0

av=1
S[0].cur=4
(a)

	data	cur
0		5
1		3
2		4
3	a_3	6
4		7
5		2
6	a_6	8
7		0
8	a_8	9
9	a_9	0

av=1
S[0].cur=5
(b)

	data	cur
0		2
1		5
2		4
3	a_3	6
4		7
5	b	3
6	a_6	8
7		0
8	a_8	9
9	a_9	0

av=1
S[0].cur=2
(c)

图2.13　静态链表

1. 静态链表结点的分配与释放

1) 开辟一块连续空间，初始化为空闲静态链表

从前边的讲述中知道，单链表的结点是动态分配的。但是，静态链表的结点必须把按顺序分配的数组，通过指针链接转化成一个可用的静态链表。

算法如下：

```
SeqLinkList Initspace_SL(SeqLinkList SL)    /*初始化静态链表*/
{
    for (i=0; i<MAXSIZE-1; ++i)
        SL[i].cur = i + 1;
    SL[MAXSIZE-1].cur = 0;
    return SL;
}
```

以 MAXSIZE=8 为例，初始化的静态链表如图 2.14 所示。

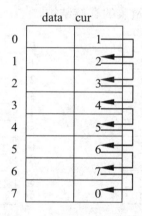

图 2.14 静态链表初始化

```
Sl[0].cur = 1;    /*指向第 1 个区域*/    Sl[1].cur = 2;    /*指向第 2 个区域*/
Sl[2].cur = 3;    /*指向第 3 个区域*/    Sl[3].cur = 4;    /*指向第 4 个区域*/
Sl[4].cur = 5;    /*指向第 5 个区域*/    Sl[5].cur = 6;    /*指向第 6 个区域*/
Sl[6].cur = 7;    /*指向第 7 个区域*/    Sl[7].cur = 0;    /*指向空*/
```

通过上述赋值语句对静态链表指针域的赋值，将连续的数组单元链接成一个链表的形式，可以理解为静态链表中的每个单元都是与单链表中指针结点一样的可供使用的"结点"，这个结点的首地址为数组的下标序号。当初始化完成后，静态空闲链表就形成了。

2) 空闲链上的结点分配

当要为数据分配结点时，就在空闲链上做删除结点的运算。下面是分配空闲链表中的第一个空闲结点的算法：

```
int Distribute_SL(SeqLinkList *SL)          /*分配空闲结点算法*/
{
    i = SL[0].cur;                          /*取第一个空闲结点的地址(数组下标)*/
    if (SL[0].cur)
        SL[0].cur = SL[i].cur;              /*空闲链表非空，空闲链表头指针赋新值*/
    return i;                               /*若空闲链非空，返回取出的结点地址，否则返回空*/
```

```
}
```

3) 空闲链上的回收运算

在占用的空间中删除一个结点时,要将被释放的空间回收到空闲链表中,供再次使用:

```
void Free_SL(SeqLinkList *SL, int k)     /*将结点 k 回收到空闲链表中*/
{
    SL[k].cur = SL[0].cur;               /*将结点 k 插入到空闲链表中的表头处*/
    SL[0].cur = k;                       /*新空闲链表的表头为 k 结点*/
}
```

2. 静态链表的其他运算

【例 2.5】用静态链表完成集合(A-B)∪(B-A)的运算。

先建立一个静态链表存储集合 A,循环输入集合 B 的数据,并检查是否在集合 A 中存在,如果不存在,就将该数据加入静态链表中,否则删除该元素。

假设集合 A=(c, b, e, g, f, d),B=(a, b, n, f),那么(A-B)∪(B-A)为(c, e, g, d, a, n)。图 2.15 显示了集合 A 与运算结果的静态链表的存储结构。

0		8
1		2
2	c	3
3	b	4
4	e	5
5	g	6
6	f	7
7	d	0
8		9
9		0

0		6
1		2
2	c	4
3	n	0
4	e	5
5	g	7
6		9
7	d	8
8	a	3
9		0

(a) 静态链表表示集合 A   (b) 静态链表表示集合(A-B)∪(B-A)

图 2.15　静态链表运算

算法如下:

```
void Difference(SeqLinkList *SL, int *s)
{
    Initspace_SL(SL);          /* 初始化空闲链表 */
    s = Distribute_SL(SL);     /* 从空闲链表中取出一个结点生成 S 的头结点(哨兵) */
    r = s;                     /* r 初值指向 S 结点 */
    scanf(m, n);               /* 输入集合 A 和集合 B 的元素个数 */
    for (j=1; j<=m; ++j)       /* 建立集合 A 的链表 */
    {
        i = Distribute_SL(SL);
        scanf(SL[i].data);     /* 产生 A 结点并输入 A 元素值 */
        SL[r].cur=i; r=i;      /* 插入到表尾 */
    }
    SL[r].cur = 0;             /* 尾结点的指针为空 */
    for (j=1; j<=n; ++j)       /* 输入 B 的元素在表 A 中查找是否存在 */
```

```
{
    scanf(b);
    p=s; k=SL[s].cur;      /* k 指向 A 的第一个结点，p 为前驱 */
    while (k!=SL[r].cur && SL[k].datd!=b)
    {
        p = k;
        k = SL[k].cur;
    }
    if (k == SL[r].cur) /*当前表中不存在该元素，插在 r 所指结点后 r 的位置不变*/
    {
        i = Distribute_SL(SL);
        SL[i].data = b;
        SL[i].cur = SL[r].cur;
        SL[r].cur = i;
    }
    else
    {
        SL[p].cur = SL[k].cur; /* 该元素在表中，删除 */
        free_SL(SL, k);
        if (r==k) r=p;             /* 若删除的是尾元素，则修改尾指针 */
    }
}
}
```

2.3.3　循环链表

循环链表(Circular Linked List)是单链表的另一种形式，它是一个首尾相接的链表。它的特点是表中最后一个结点的指针域指向头结点或线性表中的第一个结点，从而使整个链表形成一个环，就得到了单链形式的循环链表。由此，在循环单链表中，从表中任意结点出发均可找到表中其他结点，如图 2.16 所示。为了使某些操作实现起来方便，在循环单链表中也可设置一个头结点。那么空循环链表仅由一个自成循环的头结点表示。

循环链表的操作和线性表基本一致，差别仅在于算法中的循环结束条件不是 p 或 p->next 是否为空，而是它们是否等于头指针。但有的时候，在循环链表中设立尾指针而不设立头指针能使某些操作简化。

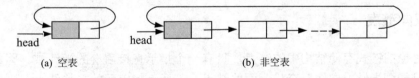

(a) 空表　　　　　　　　　　　　　(b) 非空表

图 2.16　单循环链表

例如将两个线性表合并成一个表时，仅需将一个表的表尾和另一个表的表头相接。当线性表以如图 2.17(a)所示的循环链表存储时，这个操作仅需改变两个指针即可，运算时间为 O(1)。合并后的表如图 2.17(b)所示。

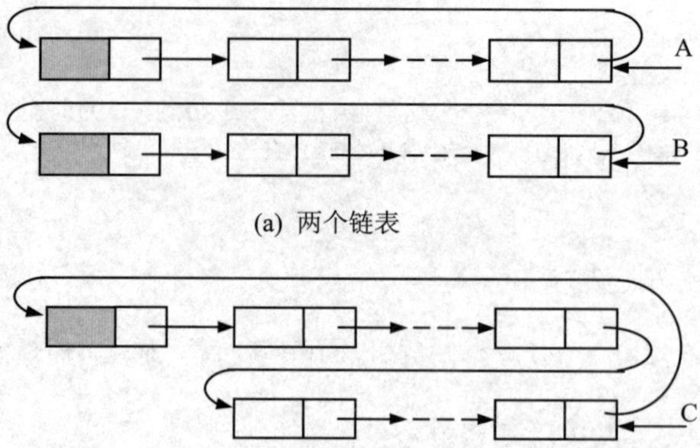

(a) 两个链表

(b) 合并后的链表

图 2.17 仅设尾指针的循环链表

【例 2.6】有两个带头结点的循环单链表 La、Lb，编写一个算法，将两个循环单链表合并为一个循环单链表，其头指针为 La。

先找到两个链表的尾，并分别由指针 p、q 指向它们，然后将第一个链表的尾与第二个链表的第一个结点链接起来，并修改指针 q，使它的链域指向第一个表的头结点。

算法如下：

```
LinkList Merge_c(LinkList La, LinkList Lb)  /*将两个链表的首尾连接起来*/
{
  p = La;
  q = Lb;
  while (p->next!=La) p=p->next;  /*找到表 La 的表尾，用 p 指向它*/
  while (q->next!=Lb) q=q->next;  /*找到表 Lb 的表尾，用 q 指向它*/
  q->next = La;                  /*修改表 Lb 的尾指针，使之指向表 La 的头结点*/
  p->next = Lb->next;  /*修改表 La 的尾指针，使之指向表 Lb 中的第一个结点*/
  free(Lb);
  return La;
}
```

采用上面的方法，先要遍历链表，找到表尾，其执行时间是 O(n)。若在尾指针表示的单循环链表上实现，则只需要修改指针，无须遍历，其执行时间是 O(1)。算法请读者自己来完成。

2.3.4 双向链表

以上讨论的链式存储结构中的结点，只有一个指示直接后继的指针域。因此，从某个结点出发只能顺指针方向往后查找后面的结点。若要查找前面的前趋结点，则必须从表头出发。也就是说，在单链表中，求前驱的执行时间为 O(n)，而求后继的执行时间为 O(1)。如果希望从表中快速确定某一个结点的前驱，另一个解决方法就是在单链表的每个结点里再增加一个指向其前驱的指针域 prior。这样形成的链表中就有两条方向不同的链，可称之为双向链表(Double Linked List)。顾名思义，在双向链的结点表中有两个指针域，其中一个指向直接后继，另一个指向直接前驱，类型定义如下：

```
typedef struct dnode
{
    Elemtype data;                    /*数据域*/
    struct dnode *prior, *next;       /*指针域：前驱、后继*/
} dnode *DoubleList;
```

如图 2.18 所示为双向链表，链表中的每一个结点都有两个指针域，分别指向前驱和后继。第一个结点的前驱域指针和最后一个结点的后继域指针可以指向空；也可以将这两个指针域互相指向对方结点，这样就形成了双向循环链表。

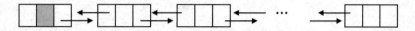

图 2.18　双向链表形式

在双向链表中，若 d 为指向某一结点的指针(即 d 为 DoubleList 类型变量)，显然有：

```
d->next->prior = d->prior->next = d;
```

这个表达式恰当地反映了双向链表这种结构的特性。

在双向链表中，有些操作仅需涉及一个方向的指针，如 Length、Getelem、Locate 等，它们的算法与线性表的单链表操作相同。双向链表与单链表操作不同的是插入和删除。在单链表中插入和删除操作只需要修改后继指针，而双向链表中需同时修改前驱和后继两个指针。图 2.19 显示了插入一个结点 s 后，需要修改 4 个链指针域。分别是插入结点 p 的前驱结点的后继域、p 结点的前驱域、新结点 s 的前驱和后继域。

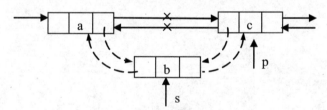

图 2.19　在双向链表中插入结点

双向链表的插入算法如下：

```
int db_InsertList(DoubleList *L, int i, Elemtype e)
{
    if(!(p=Getelem(L,i))) return FAIL; /*确定 L 中第 i 个元素，不存在则错误处理*/
    if(!(s=(DoubleList)malloc(sizeof(struct dnode))))
        return FAIL;
    s->data = e;                      /* 赋值新结点的数据域 */
    s->prior = p->prior;              /* 新结点的前驱域指向 P 结点的前驱 */
    p->prior->next = s;               /* p 结点的前驱结点的后继域指向 s */
    s->next=p; p->prior=s;
    return SUCCESS;
}
```

如图 2.20 所示，显示了删除指针为 p 的结点需要修改两个指针，分别是 p 指针前驱域所指结点的后继域，和 p 指针后继域所指结点的前驱域。

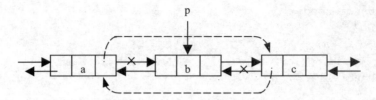

图 2.20　在双向链表中删除结点

双向链表的删除算法如下：

```
int db_DeleteList(DoubleList *L, int i, Elemtype x)
{
    if(!(p=Getelem(L,i)) return FAIL;        /*在 L 中取第 i 个元素的指针*/
    e = p->data;
    p->prior->next = p->next;                /*修改指针将 p 结点删除*/
    p->next->prior = p->prior;
    free(p);
    return SUCCESS;
}
```

C 语言实现的双向链表代码如下：

```
#include <stdio.h>
#include <stdlib.h>
#include <malloc.h>
typedef int Elemtype;
typedef struct Node
{
    Elemtype data;
    struct Node *prior;
    struct Node *next;
} *DLNode;
void LinkListInitiate(DLNode *head)          /*初始化循环双向链表*/
{
    if((*head=(DLNode)malloc(sizeof(struct Node)))==NULL) exit(0);
    (*head)->prior = *head;                  /*前驱指针指向自身形成循环链*/
    (*head)->next = *head;                   /*后继指针指向自身形成循环链*/
}
int ListInsert(DLNode head, int i, Elemtype x)
{
    DLNode p,s; int j;
    p = head->next;
    j = 0;
    while(p!=head && j<i)                     /* 寻找第 i 个结点 */
    {
        p = p->next;
        j++;
    }
    if(j != i)
    {
```

```
            printf("插入位置参数出错!");
            return 0;
    }
    if((s=(DLNode)malloc(sizeof(struct Node))) == NULL) exit(0);
    s->data = x;
    s->prior = p->prior;
    p->prior->next = s;
    s->next = p;
    p->prior = s;
    return 1;
}
int ListDelete(DLNode head, int i, Elemtype *x)
{   /* 在哨兵指针为head的双向链表中，在第i个结点前插入数据元素x */
    DLNode p; int j;
    p = head->next;                    /* p指向第一个元素 */
    j = 0;
    while(p->next!=head && j<i)        /* 寻找第i个结点 */
    {
        p = p->next;
        j++;
    }
    if(j != i)
    {
        printf("删除位置参数出错!");
        return 0;
    }
    p->prior->next = p->next;          /* 修改p的前驱结点的后继指针 */
    p->next->prior = p->prior;         /* 修改p的后继结点的前驱指针 */
    free(p);                           /* 释放p结点*/
    return 1;
}

int ListGet(DLNode head, int i, Elemtype *x)
{
    DLNode p; int j;
    p = head->next;
    j = 0;
    while(p->next!=head && j<i)    /* p指向第i个结点的前驱 */
    {
        p = p->next;
        j++;
    }
    if(j != i)
    {
        printf("位置参数出错!");
        return 0;
    }
    *x = p->data;
    return 1;
```

```
}
int ListLength(DLNode head)
{
    DLNode p = head->next;                      /* p 指向首个结点 */
    int size = 0;                               /* size 初始为 0 */
    while(p != head)                            /* 循环计数 */
    {
        p = p->next;
        size++;
    }
    return size;
}
void Destroy(DLNode *head)
{
    DLNode p, p1;
    int i, n=ListLength(*head);
    p = *head;
    for(i=0; i<=n; i++)
    {
        p1 = p;
        p = p->next;
        free(p1);
    }
    *head = NULL;
}
void main(void)
{
    DLNode head; int i, x;
    LinkListInitiate(&head);                    /*初始化双向链表*/
    for(i=0; i<10; i++)
    {
        scanf("%d", &x);
        if(ListInsert(head, i, x) == 0)         /*插入10个数据元素*/
        {
            printf("错误! \n");
            return;
        }
    }
    if(ListDelete(head, 4, &x) == 0)            /* 删除数据元素 5 */
    {
        printf("错误! \n");
        return;
    }
    for(i=0; i<ListLength(head); i++)
    {
        if(ListGet(head, i, &x) == 0)           /* 取元素 */
        {
            printf("错误! \n");
            return;
```

高职高专立体化教材 计算机系列

```
        }
        else printf("%d    ", x);                /* 显示数据元素 */
    }
    Destroy(&head);
}
```

上面学习了单链表、静态链表、双向链表、循环链表几种链式结构。采用链式存储结构表示线性表时，可以分配一块连续存储空间，也可以是不连续存储空间，所以在空间的利用上是灵活有效的。但由于链式存储结构中，数据元素的存储空间是不连续的，因此需要用指针来表示数据关系，与线性表的顺序存储结构相比，数据关系需要存储空间来存储。此外链式结构在插入与删除上的操作优势也明显高于线性表的顺序存储结构，在插入删除操作时不需要移动数据元素。所以在选择线性表数据结构时，要充分考虑数据将要进行哪些操作，这样才能选择最合适的存储结构。

2.4　线性表的应用

学习了线性表后，我们知道了线性表的逻辑结构，线性表的两种物理结构及其相应结构上操作的特点。这可以指导我们应用线性表解决实际问题。当应用线性表进行程序设计时，首先应该明确所操作数据的逻辑结构是线性的，然后根据对数据进行的操作选择合适的物理结构，最后在相应的物理结构上用某种语言实现操作算法。

【例2.7】编写算法实现。首先按给定数据建立两个线性表 La 和 Lb，表中数据元素为整型，且非递减有序排列。然后将线性表 La 和 Lb 合并成一个线性表 Lc，要求 Lc 也非递减有序。

如：La=(1, 2, 3)，Lb=(1, 2, 3, 4)，合并后 Lc=(1, 1, 2, 2, 3, 3, 4)。

设计思路如下。

(1) 逻辑结构很明确，是线性表。

(2) 确定物理结构：选择顺序存储结构或链式存储结构。

(3) 实现操作如下。

● InitList(L)：初始化线性表 L。

● DestroyList(L)：销毁线性表 L。

● InsertList (L, e)：线性表 L 中插入一个数据元素 e。

● OutputList (L)：输出线性表 L 中所有的数据元素。

● MergeList (La, Lb, Lc)：将有序表 La、Lb 有序合并到 Lc 中。

(4) 例 2.7 在顺序存储结构上实现的设计过程如下。

① 数据类型定义：

```
typedef Elemtype int;
typedef struct {
    Elemtype data[Maxsize];
    int len;
} SeqList;
```

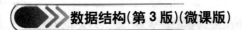

② 算法的设计。

在例 2.7 实现操作的算法中，前四个算法设计思路简单。

算法 InitList(L)是初始化线性表 L，具体操作过程就是将线性表的长度赋值为 0。

算法 DestroyList(L)是销毁线性表 L。因为数据类型中数组空间是静态的，不需要销毁操作。

算法 InsertList(L, e)是在线性表 L 中插入一个数据元素 e。当插入第一个数据元素时线性表是有序的，第二次插入操作时，是将第二个元素插入到一个元素的有序表中，形成两个元素的有序序列。每次插入操作时可以将数据元素插入到有序表的合适位置，使得线性表每次插入元素后都是有序的。

算法 OutputList(L)是输出线性表 L 中所有的数据元素，通过循环实现对线性表中从第一个到最后一个数据的输出。

算法 MergeList(La, Lb)的设计过程为：设变量 i、j 分别指向表 La、Lb 中第一个数据元素。比较两个元素，若 La.data[i]>Lb.data[j]，则将 Lb.data[j]插入到表 Lc 中；若 La.data[i]<=Lb.data[j]，则将 La.data[i]插入到表 Lc 中，如此进行下去，直到其中一个表扫描完毕，然后再将未扫描完的表中剩余的所有元素存放到表 Lc 中。具体代码如下：

```c
void MergeList(SeqList La, SeqList Lb, SeqList *Lc)
{
    i=1; j=1; k=0;
    while((i<=La.1en) && (j<=Lb.len))
        if(La.data[i] <= Lb.data[j])          /* 对 La、Lb 中的数据元素进行比较 */
            Lc->data[++k] = La.data[i++];   /* La 元素值小，赋给 Lc */
        else Lc->data[++k] = Lb.data[j++]; /* Lb 元素值小，赋给 Lc */
    while(i <= La.len)                     /* 当 La 有剩余元素时，将余下的元素赋给 Lc */
        Lc->data[++k] = La.data[i++];
    while(j <= Lb.1en)                     /* 当 Lb 有剩余元素时，将余下的元素赋给 Lc */
        Lc->data[++k] = Lb.data[j++];
    Lc->1en = k;
}
```

③ 以 C 语言编写程序，在顺序存储结构上实现例 2.7 题目的代码如下：

```c
#define MaxSize 100
typedef int Elemtype;
typedef struct
{
    Elemtype data[MaxSize];
    int len;
} SeqList;
void InitList(SeqList *L)              /* 初始化顺序表 L */
{
    L->len = 0;                        /* 定义初始数据元素个数 */
}
int OutputList(SeqList L)              /* 将顺序表 L 中的所有数据元素输出 */
{
    int i;
```

```
        printf("\nOutput List:");
        for(i=1; i<=L.len; i++)
            printf("%4d", L.data[i]);        /* 输出第 i 个数据元素 */
}
int InsertList(SeqList *L, int x)
/* 在顺序表 L 中插入元素 x，成功返回 1，否则返回 0 */
{
    int i;
    if(L->len >= MaxSize)
    {
        printf("顺序表已满无法插入！\n");
        return 0;
    }
    else
    {
        for(i=L->len; L->data[i]>x && i>0; i--)
            L->data[i+1] = L->data[i];               /*移动元素*/
        L->data[i+1] = x;                            /*插入元素*/
        L->len++;                                    /*元素个数加 1*/
        return 1;
    }
}
void MergeList_Seq(SeqList La, SeqList Lb, SeqList *Lc)
{
    int i=1, j=1, k=0;
    while(i<=La.len && j<=Lb.len)
        if(La.data[i] <= Lb.data[j])        /* 对 La、Lb 中的数据元素进行比较 */
            Lc->data[++k] = La.data[i++];      /* La 元素值小，赋给 Lc */
        else  Lc->data[++k]=Lb.data[j++];      /* Lb 元素值小，赋给 Lc */
    while(i <= La.len)              /* 当 La 有剩余元素时，将余下的元素赋给 Lc */
        Lc->data[++k] = La.data[i++];
    while(j <= Lb.len)             /* 当 Lb 有剩余元素时，将余下的元素赋给 Lc */
        Lc->data[++k] = Lb.data[j++];
    Lc->len = k;
}
void main(void)
{
    SeqList la, lb, lc;
    int i, x;
    int a[10] = {55, 10, 45, 15, 2, 22, 3, 375, 43, 59};
    int b[6] = {0, 358, 10, 27, 3, 5, 48};
    InitList(&la);                         /* 初始化 la */
    InitList(&lb);                         /* 初始化 lb */
    for(i=1; i<=10; i++)                   /* 插入 10 个数据元素，建立 la 表 */
    {
        if(InsertList(&la, a[i-1]) == 0)
        {
            printf("插入元素失败！\n");
            return;
```

```
        }
    }
    for(i=1; i<=6; i++)                    /* 插入6个数据元素，建立lb表 */
    {
        if(InsertList(&lb, b[i-1]) == 0)
        {
            printf("插入元素失败！\n");
            return;
        }
    }
    printf("\n\n输出la单链表\n");
    OutputList(la);                        /* 输出la表 */
    printf("\n\n输出lb单链表\n");
    OutputList(lb);                        /* 输出lb表 */
    MergeList_Seq(la, lb, &lc);            /* 将有序表la、lb合并成有序表lc */
    printf("\n\n输出lc单链表\n");
    OutputList(lc);                        /* 输出lc表 */
}
```

(5) 下面讨论例 2.7 在链式存储结构上实现的设计过程。

① 数据类型定义：

```
typedef int Elemtype;
typedef struct node
{
    Elemtype data;                  /*数据域*/
    struct node *next;              /*指针域*/
} *LinkList;
```

② 算法的设计。

算法 InitList(L)初始化线性表 L 的过程就是开辟一个哨兵结点的线性单链表,哨兵的指针域为空。

算法 DestroyList(L)是销毁线性表 L,具体操作过程就是将所有的结点取出释放。

算法 InsertList(L, e)是在线性链表 L 中插入一个数据元素 e。当插入第一个数据元素时线性链表是有序的,第二次插入操作时,是将第二个元素插入到一个元素的有序链表中,形成两个元素的有序链表。每次插入操作时可以将数据元素插入到有序链表的合适位置,使得线性表每次插入元素后链表都是有序的。

算法 OutputList(L)是输出线性表 L 中所有的数据元素,通过循环实现输出线性表中从第一个数据到最后一个数据。

算法 MergeList(La, Lb, Lc)的设计过程：设变量 pa、pb 分别指向表 La、Lb 中的第一个数据元素。比较两个元素,若 pa->data>pb->data,则将 Lb 中的数据元素插入到表 Lc 中；若 pa->data<= pb->data,则将 La 中的数据元素插入到表 Lc 中,如此进行下去,直到其中一个表扫描完毕,然后再将未扫描完的表中剩余的所有元素存放到表 Lc 中。此算法设计时Lc 可以选择两种方案,一种是利用原来 La 和 Lb 的空间,另一种是重新开辟空间。下面选择第一种方案实现合并算法 MergeList():

```
void MergeList_L(LinkList La, LinkList Lb, LinkList *Lc)
{       /* 将有序表 La、Lb 合并成有序表 Lc */
    LinkList pa, pb, p;
    p = *Lc = La;       /* 将 La 作为 Lc 的表头指针，p 为当前合并结点的前驱 */
    pa = La->next;
    pb = Lb->next;
    while(pa && pb)             /* 将 pa、pb 结点按大小依次插入 Lc 中 */
    {
        if(pa->data <= pb->data)
        {
            p->next = pa;
            p = pa;
            pa = pa->next;
        }
        else
        {
            p->next = pb;
            p = pb;
            pb = pb->next;
        }
    }
    p->next = pa ? pa : pb;        /* 插入非空表的剩余段 */
    free(Lb);                      /* 释放 Lb 的头结点 */
}
```

③ 用 C 语言实现例 2.7 链式存储结构的程序代码如下：

```
#include <stdio.h>                           /*该文件包含 printf()等函数*/
#include <stdlib.h>                          /*该文件包含 exit()等函数*/
#include <malloc.h>                          /*该文件包含 malloc()等函数*/
typedef int Elemtype;
typedef struct node
{
    Elemtype data;                           /*数据域*/
    struct node *next;                       /*指针域*/
} *LinkList;
void InitListLink(LinkList *L)               /*初始化线性链表 L*/
{
    (*L) = (LinkList)malloc(sizeof(struct node));    /*生成哨兵结点*/
    (*L)->data = -32768;
    (*L)->next = NULL;
}
void DestroyList(LinkList L)                          /* 释放链表 L */
{
    LinkList p, q;
    p = L;
    while (p)
    {
        q = p;
        p = p->next;
```

```
            free(q);
        }
}
int InsertList(LinkList *L, int x)        /* 在链表 L 中插入数据元素值 x */
{
    LinkList p, q;
    p = *L;
    while ((q=p->next) && q->data<x)
        p = p->next;
    if((q=(LinkList)malloc(sizeof(struct node))) == NULL)  /*创建插入结点*/
        return 0;
    q->data = x;
    q->next = p->next;
    p->next = q;
    return 1;
}
int OutputList(LinkList L)               /*将顺序表 L 中的所有数据元素输出*/
{
    LinkList p;
    p = L->next;
    printf("\n");
    while (p)
    {
        printf("%d ", p->data);
        p = p->next;                   /*输出第 i 个数据元素*/
    }
}
void MergeList_L(LinkList La, LinkList Lb, LinkList *Lc)
{       /* 将有序表 La、Lb 合并成有序表 Lc */
    LinkList pa, pb, p;
    p = *Lc = La;          /*将 La 作为 Lc 的表头指针, p 为当前合并结点的前驱*/
    pa = La->next;
    pb = Lb->next;
    while(pa && pb)                    /*将 pa、pb 结点按大小依次插入 Lc 中*/
    {
        if(pa->data <= pb->data)
        {
            p->next = pa;
            p = pa;
            pa = pa->next;
        }
        else
        {
            p->next = pb;
            p = pb;
            pb = pb->next;
        }
    }
    p->next = pa ? pa : pb;            /*插入非空表的剩余段*/
```

```
    free(Lb);                          /*释放 Lb 的头结点*/
}
void main(void)
{
    LinkList La, Lb, Lc;
    int i, x;
    int a[10] = {55, 10, 45, 15, 2, 22, 3, 375, 43, 59};
    int b[6] = {358, 10, 27, 3, 5, 48};
    InitListLink(&La);
    InitListLink(&Lb);
    for(i=1; i<=10; i++)            /*在 La 中插入 10 个数据元素*/
    {
        if(InsertList(&La, a[i-1]) == 0)
        {
            printf("错误! \n");
            return;
        }
    }
    for(i=1; i<=6; i++)
    {
        if(InsertList(&Lb, b[i-1]) == 0)        /*在 Lb 中插入 10 个数据元素*/
        {
            printf("错误! \n");
            return;
        }
    }
    printf("\n\n 输出 La 单链表\n");
    OutputList(La);
    printf("\n\n 输出 Lb 单链表\n");
    OutputList(Lb);
    MergeList_L(La, Lb, &Lc);
    printf("\n\n 输出 Lc 单链表\n");
    OutputList(Lc);
    DestroyList(Lc);
}
```

【例 2.8】一元多项式的表示和相加问题。

多项式的操作是表处理的一个典型问题，下面主要研究用链表结构来表示一元多项式的方法，进而研究两个多项式相加的问题。

在数学上，一元多项式 $P_n(x)$ 可以按升幂表示成：

$$P_n(x)=p_0+p_1x+p_2x^2+p_3x^3+\cdots+p_nx^n$$

它可由 n+1 个系数来确定，因此在计算机里可以用一个顺序线性表来表示：

$$P=(p_0,p_1,p_2,\cdots,p_n)$$

每一项的指数都隐含地表示在其系数的位置中。

假设另有一个多项式 Q，同样可用线性表来表示：

$$Q=(q_0,q_1,q_2,\cdots,q_m)$$

设 m<n，则两个多项式相加的结果 $R_n=P_n(x)+Q_m(x)$ 可用线性表 R 来表示：

$$R=(p_1+q_1,p_2+q_2,p_3+q_3,...,p_m+q_m,...,p_n)$$

显然，如果将 P、Q 和 R 用顺序存储结构存储，那么多项式相加的算法十分简单。然而，在通常的应用中，一元多项式的次数可能很高，而且变化很大，例如：

$$S(x)=1+5x^{1000}+2x^{8000}$$

这类多项式称为稀疏多项式。如果将 S(x)存储成顺序结构的形式，就要开辟能存放 8000 个元素的线性表，其中只有 3 个有效元素，其余的空间不存放数据，这种存储结构会造成相当大的浪费，由此引出可以将非零系数和相应的幂同时存储的结构。其数学表达式为：

$$P(x)=p_1x^{e1}+p_2x^{e2}+p_3x^{e3}+...+p_mx^{em}$$

其中，p_i 是指数为 ei 的项的非零系数，且满足：

$$0 \leqslant e1<e2<...<em=n$$

可以将其存储成一个每个单元含有两个数据项的线性表：

$$((p_1,e_1),(p_2,e_2),...,(p_m,e_m))$$

在最坏情况下，若 n+1 个系数都不为零，则比第一种存储方案存储多一倍的数据，可对于稀疏多项式，这种表示将大大节省空间。

显然，实现稀疏的一元多项式，应该采用链式存储结构。利用链表的存储结构，将 Elemtype 类型定义成所需要的多项式的系数和指数就可以了：

```
typedef struct
{
    float coef;              /*系数*/
    int exp;                 /*指数*/
} Elemtype;
typedef struct node
{
    Elemtype data;           /*数据域*/
    struct node *next;       /*链指针域指向后继*/
} *Link;
```

例如，两个一元多项式：$A_{10}=5x^2+7x^7+5x^{10}$ 与 $B_{12}=1+22x^7-5x^{10}+2x^{12}$ 可存储为如图 2.21 所示的形式。

根据一元多项式相加的运算法则，对于两个多项式中所有指数相同的项，对应系数相加，若其和不为零，则构成新多项式的一项；对于两个多项式中所有指数不同的项，分别复制到新多项式中。新多项式不必另外生成，而是在原来的两个多项式中摘取结点即可。假设指针 qa 和 qb 分别指向多项式 A 和 B 中当前进行操作的某个结点，比较这个结点的指数项，可能会有三种情况。

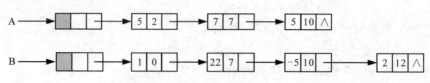

图 2.21　多项式的单链存储结构

(1) 指针 qa->exp < qb->exp，则摘取 qa 指针所指结点插入到结果多项式中。

(2) 指针 qa->exp > qb->exp，则摘取 qb 指针所指结点插入到结果多项式中。

（3）指针 qa->exp = qb->exp，则将系数相加，若和数不为零，则修改 qa->coef 的值，同时释放 qb 所指结点；反之，从多项式 A 和 B 的链表中删除相应结点，并释放指针 qa 和 qb 所指结点，如图 2.22 所示。

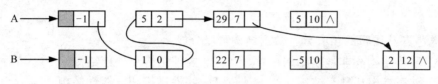

图 2.22 多项式相加

上述多项式的相加过程与上节讨论的两个线性表归并的过程极其类似，不同之处在于多项式相加在比较数据元素相等时的处理，因此，多项式相加的过程亦完全利用线性表的操作来完成。

算法如下：

```
void addpoly(Link Pa, Link Pb, Link, *Pc)
{      /* A、B 带头结点的链表头指针分别为 Pa、Pb */
    *Pc=P=Pa; qa=Pa->next; qb=Pb->next;
    while((!qa->next) && (!qb->next))      /*循环条件是 A、B 链表都没结束*/
    {
        a=Ha->exp; b=qb->exp;
        switch(compare(a, b))              /*比较两个多项式中各个结点的幂的大小*/
        {
        case -1:                           /* A 链表中结点的指数小，链入结果中 */
            P->next=qa; P=qa;
            qa=qa->next; break;
        case 0:                            /* A、B 链表中结点的指数相等 */
            qa->coef += qb->coef;          /*将两个系数相加*/
            if (qa->coef == 0)
            {
                u=qa; v=qb; qa=qa->next; qb=qb->next;
                free(u,v);
            }                              /*系数相加为零，释放结点*/
            else {
                P->next=qa; P=qa; v=qb;
                qa=qa->next; qb=qb->next;
                free(v);
            }
            break;
        case 1:                            /* B 链表中结点的指数小，链入结果中 */
            P->next = qb;
            P = qb;
            qb = qb->next;
        }
    }
    free(Pb)                               /* 释放头结点 */
}
```

两个一元多项式相加的 C 语言实现代码请参考本章实验的内容。

单 元 测 试

1. 单选题 从逻辑的角度分，数据结构可以分成_____。
   A. 紧凑结构和非紧凑结构　　　　　B. 内部结构和外部结构
   C. 动态结构和静态结构　　　　　　D. 线性结构和非线性结构

2. 单选题 下列选项中，逻辑结构和物理结构是一致的选项为_____。
   A. 单链表　　　　B. 循环链表　　　　C. 线性表　　　　D. 顺序表

3. 单选题 顺序存储的线性表，第一个元素的存储地址是 100，每个元素占用 2 字节，第 5 个元素的存储地址是_____。
   A. 104　　　　　　B. 108　　　　　　C. 100　　　　　　D. 105

4. 单选题 下面关于线性表的叙述中，错误的选项是____。
   A. 线性表采用顺序存储，必须占用一片连续的存储单元
   B. 线性表采用顺序存储，便于进行插入和删除操作
   C. 线性表采用链式存储，不必占用一片连续的存储单元
   D. 线性表采用链式存储，便于插入和删除操作

5. 单选题 下述选项中描述顺序存储结构的优点的选项是_____。
   A. 存储密度大　　　　　　　　　　B. 插入运算方便
   C. 删除运算方便　　　　　　　　　D. 可方便地用于各种逻辑结构的存储表示

6. 多选题 线性表顺序存储结构中，能正确描述的选项为_____。
   A. 插入和删除比链式结构效率低　　B. 不需要存储数据关系
   C. 能顺序存取数据元素　　　　　　D. 能随机存取数据元素

7. 多选题 线性表链式存储结构中，能正确描述的选项为_____。
   A. 用指针存储数据关系　　　　　　B. 只能顺序存取数据元素
   C. 插入删除元素时效率高　　　　　D. 插入删除操作不需要移动数据元素

8. 判断题 线性表的顺序存储结构适合随机存取。(　　　)

9. 判断题 线性表链式存储结构比顺序存储结构更适合插入和删除操作。(　　　)

10. 判断题 顺序表存储结构适宜于进行顺序存取，而链表适宜进行随机存取。(　　　)

11. 填空题 顺序表中逻辑上相邻的元素的物理位置_____相邻。单链表中逻辑上相邻的元素的物理位置____相邻。

12. 填空题 当线性表的元素总数基本稳定，且很少进行插入和删除操作，但要求以最快的速度存取线性表中的元素时，应采用____存储结构。

13. 填空题 线性表是 N 个数据元素组成的有限系列，除首尾元素外，其余元素均有唯一的_____和唯一的_____。

14. 填空题 已知整型数有序存放的顺序表上，求 min 到 max 间元素的个数，在画线处填上合适的语句。

```
int sqlist_number(sqlist L,int min,int max)
{    int i,j,k;
```

高职高专立体化教材　计算机系列

```
for(i=1;L.data[i]<min;i++);
for(j=i;L.data[j]<max;j++);
k=_____;
return k;
}
```

15. 填空题 读算法，说明算法实现的功能_____。

```
void Ex(Linklist L)
{   p=L->next;
        L->next=null;
    while p
    {   q=p;
        p=p->next;
        q->next=L->next;
        L->next=q;
    }
}
```

习　　题

1. 在顺序存储结构上，线性表递增有序。试写一个算法，将 x 插入到线性表的适当位置上，以保持线性表的有序性。

2. 在链式存储结构上，线性表递增有序。试写一个算法，将 x 插入到单链表的适当位置上，以保持线性表的有序性。

3. 已知 L 为单链表的哨兵结点的指针，编写把 L 从第 i 个结点处分开形成两个带哨兵结点的单链表的算法。

4. 编写算法实现在线性链表中数据域值为 a 的结点之后插入一个新结点。

5. 在线性表中将一个值为 X 的结点插到值为 Y 的结点之前，编写算法在链式存储结构中实现。

6. 已知 L 为单链表的哨兵结点的指针，表中结点的值都是正整数，编写算法，把表中值为奇数的所有结点从表中删除并生成一个新的带哨兵结点的单链表的算法。

7. 已知线性表 L 存储在顺序结构上，编写将一个线性表 L 的数据元素逆置的算法。

8. 已知 L 为单链表的哨兵结点的指针，编写算法实现链表的逆置。

9. 已知 L 为单链表的哨兵结点的指针，数据元素为数值型且递增有序。编写算法，实现将表中值大于 min 小于 max 之间的所有结点逆置。

10. 已知 L 为循环单链表的哨兵结点指针，编写把链表从地址为 Y 的结点处分开，形成两个循环单链表的算法。

11. 一个循环双链表中已知结点 P，编写算法将 P 与其直接前驱结点位置交换。

12. 已知一个带哨兵的单链表 L，编写算法求链表的长度。

13. 编写在无哨兵结点的动态单链表上实现线性表操作 INSERT(L, i, e)和 DELETE(L, i, e)的算法，并与在带哨兵结点的动态单链表上实现相同操作的算法进行比较。

14. 已知线性表中的元素以值递增有序排列，并以单链表作为存储结构。试写一算法，删除表中所有值大于 min 且小于 max 的元素(若表中存在这样的元素),并分析算法的时间复杂度。

15. 已知线性表中的元素为整数,编写算法,删除线性表中所有值为 x 的元素(自定义数据类型)。

16. 假设有两个按元素值递增有序排列的线性表 A 和 B,均以单链表作为存储结构,请编写算法将 A 表和 B 表归并成一个按元素值递减有序(即非递增有序,允许值相同)排列的线性表 C,并要求利用原表(即 A 表和 B 表的)结点空间存放表 C。

思考:

① 如果线性表 C 开辟新空间如何实现?

② 如果存储结构改成顺序结构呢?

17. 假设有一个单向循环链表,其结点含三个域:pre、data 和 next,其中 data 为数据域,next 和 pre 分别为后继指针域、前驱指针域,前驱指针域 pre 的值为空(NIL),试编写算法将此链表改为双向循环链表,使 pre 域指向前驱。

18. 假设有一个双向循环链表,其结点含三个域:pre、data、next,其中 data 为数据域,next 和 pre 分别为后继指针域、前驱指针域。试编写一个定位算法 LOCATE(L, x),使 x 数据结点每进行一次定位操作,x 结点的位置前移一个结点。

19. 设有一个循环双链表,每个结点中除有 pre、data 和 next 三个域外,还有一个访问次数域 f,链表被启用之前,f 值均初始化为零。每当在链表进行一次定位 x 元素的运算时,将值为 x 的结点中 f 域的值增 1,并使此链表中结点保持按访问次数递减的顺序排列,以便使访问次数大的结点总是靠近表头。试编写满足上述操作的定位算法 LOCATE。

20. 试以循环链表作为稀疏一元多项式的存储结构,编写求其导函数的算法,要求利用原多项式结点空间存放结果多项式并释放无用结点。

21. 已知单链表 La,编写算法实现:创建新链表 Lb,且单链表 Lb 是 La 的逆置。

实　　验

实验一 顺序存储的有序表归并。

(1) 问题描述:已知两个有序表 SA、SB,其元素均为递增有序,将此两表归并成一个新的有序表 SC,并保持递增顺序。

(2) 基本要求:输入按非递减有序的两个有序表 SA、SB,对 SA、SB 进行非递减归并,归并以后的有序表为 SC。

(3) 测试数据。有序表 SA:1　3　5　7;有序表 SB:2　4　6　8。

(4) 程序运行结果如图 2.23 所示。

(5) 提示:归并处理算法思想是依次扫描 SA 和 SB 中的元素,比较当前元素的值,将较小的元素赋给 SC,直到一个有序表扫描完毕,然后将另一个有序表余下的元素复制到 SC 中。归并结果为 1　2　3　4　5　6　7　8。

图 2.23 有序表的合并

(6) 程序清单如下：

```c
#include <stdio.h>
#define MAXSIZE 100          /* 线性表可能的最大长度设为100 */
typedef struct              /* 数据类型定义 */
{
    int data[MAXSIZE];
    int  len;
} SeqList;
SeqList  creat_SeqList( )    /* 建立顺序表算法 */
{
    SeqList l;
    int i = 0;
    printf("input sequece list (0 end):\n");
    scanf("%d", &l.data[i]);
    while (l.data[i] != 0)
    {
        i++;
        scanf("%d", &l.data[i]);
    }
    l.len = --i;
    return l;
}
SeqList Merge_SeqList(SeqList SA, SeqList SB) /*归并算法*/
{
    SeqList SC;
    int i, j, k;
    i=0; j=0; k=0;                /* i、j、k 分别存放 SA、SB 和 SC 的当前元素下标 */
    while ((i<=SA.len) && (j<=SB.len))   /*归并处理*/
    {
        if (SA.data[i] <= SB.data[j])
        {
            SC.data[k] = SA.data[i];
            k++; i++;
        }
        else
        {
            SC.data[k] = SB.data[j];
            k++; j++;
```

```
        }
    }
    while (i <= SA.len)                    /*插入 SA 的剩余段*/
    {
        SC.data[k] = SA.data[i];
        k++; i++;
    }
    while(j <= SB.len)                      /*插入 SB 的剩余段*/
    {
        SC.data[k] = SB.data[j];
        k++; j++;
    }
    SC.len = SA.len + SB.len + 1;
    return (SC);
}
void print_SeqList(SeqList l)          /*顺序表输出算法*/
{
    int i;
    for(i=0; i<=l.len; i++) printf("%4d", l.data[i]);
    printf("\n");
}
void  main()                           /*主程序*/
{
    SeqList LA, LB, LC;
    clrscr();
    LA = creat_SeqList();
    LB = creat_SeqList();
    printf("list LA:");
    print_SeqList(LA);                  /*输出 LA 表*/
    printf("List LB:");
    print_SeqList(LB);                  /*输出 LB 表*/
    printf("\n");
    LC = Merge_SeqList(LA, LB);         /*合并 LA 和 LB 表*/
    printf("Output union list:\n");
    print_SeqList(LC);
}
```

实验二　求两个集合的差。

(1) 问题描述：以单链表表示集合，求先后输入的两个集合的差。

(2) 基本要求：输入集合 A 和集合 B，计算集合 A、B 的差 C 并输出。

(3) 测试数据如下。

集合 A：11　16　14　18　19　12　17

集合 B：11　17　18　15　19　13

(4) 程序运行结果如图 2.24 所示。

图 2.24　求两个集合的差程序运行结果

两集合相减的结果为：16　14　12

(5) 提示：假设有两个已知集合 A 和 B，根据集合运算的规则可知，集合 A–B 中包含所有属于集合 A 而不属于集合 B 的元素。因此，为了求 A–B，需建立表示集合 A 的单链表，然后对 B 中的每个元素 x，在集合 A 的链表中进行查找，若存在与 x 相同的元素，则从该链表中删除。

(6) 程序清单如下：

```c
#include <stdio.h>
typedef struct node                     /*数据类型定义*/
{
    int data;
    struct node *next;
} LinkList;
print(LinkList *h)
{
    LinkList *p;
    for(p=h; p; p=p->next)
        printf("%4d", p->data);
}
LinkList *creatlist()                   /*建立单链表*/
{
    LinkList *head, *r, *s;
    int x;
    head = (LinkList*)malloc(sizeof(LinkList)); /*head 指向单链表的头结点*/
    r = head;
    printf("input integer 0 end\n");
    scanf("%d", &x);
    while (x != 0)
    {
        s = (LinkList*)malloc(sizeof(LinkList));
        s->data = x;
        s->next = NULL;
        r->next = s;
        r = s;
        scanf("%d", &x);
    }
    r->next = NULL;
    s = head;
```

```
        head = head->next;
        free(s);                        /*删除头结点*/
        print(head);
        return head;
}
void subs()                         /*求集合差的算法*/
{
    LinkList *p, *p1, *p2, *q, *heada, *headb;
    heada = creatlist();
    headb = creatlist();
    p = heada;
    p1 = p;                 /* p1 指向 p 所指结点的前一个结点，开始时均指向头结点 */
    while (p != NULL)
    {
        q = headb;
        while (q->data!=p->data && q!=NULL)  /* 判定 p 所指结点是否在 B 集合中 */
            q = q->next;
        if (q != NULL)              /* p 所指结点的元素在 B 中，则要删除它 */
        {
            if (p == heada)
            {
                heada = heada->next;  /* 该结点为头结点，删除它 */
                p = p1 = heada;
            }
            else
                if (p->next == NULL)
                {
                    p1->next=NULL; p=p->next; /*该结点为最后一个结点，删除它*/
                }
                else
                {
                    p1->next = p->next;
                    p2 = p->next;  /*p2 作为临时变量，保存 p 所指结点的下一个结点 */
                    free(p);         /* 清除 p 所指结点 */
                    p = p2;
                }
        }
        else
        {
            p1 = p;
            p = p->next;
        }
    }
    p = heada;                      /* 显示删除后的结果 */
    if (p == NULL)
        printf("result is null\n");
    else printf("result is:\n");
    while (p != NULL)
    {
        printf("%4d", p->data);
        p = p->next;
```

```
    }
}
void main()                    /* 主程序 */
{
    clrscr();
    subs();
}
```

实验三 两个一元多项式相加。

(1) 问题描述：以单链表表示一元多项式(有序存放)，求两个一元多项式相加。

(2) 基本要求：有序输入多项式 La 和 Lb，计算 La 与 Lb 之和。

(3) 测试数据如下。

两个多项式：$5X^2 + 7X^7 + 5X^{10}$ 和 $X + 3X^2 + 2X^7$

(4) 程序运行结果如图 2.25 所示。

两个多项式相加的结果是：$X + 8X^2 + 9X^7 + 5X^{10}$

图 2.25　两个多项式相加的运行结果

(5) 提示：假设两个多项式相加，需建立两个单链表，分别为 La 和 Lb，且单链表以一元多项式的幂升序排列。比较两个表中各个结点中的指数项，将比较中的小者放到结果链表中。当两个指数相等时，合并。直到一个链表结束。

(6) 程序清单如下：

```
#include "stdio.h"
typedef struct
{
    float coef;              /*系数*/
    int exp;                 /*指数*/
} Elemtype;
typedef struct node
{
    Elemtype data;           /*数据域 */
    struct node *next;       /*链指针域指向后继*/
} *Link;
```

```
int compare(int a, int b)   /* a<b 函数返回-1；a==b 返回 0；a>b 返回 1 */
{
    int c;
    if (a>b) c=1;
    else if (a==b) c=0;
    else c=-1;
    return c;
}
Link createlistpoly()                    /*创建n个结点的一元多项式构成的有序单链表*/
{
    Link head, r, s;
    int x; float c;
    head = (Link)malloc(sizeof(struct node));    /* head 指向单链表的头结点 */
    r = head;
    while (1)
    {
        printf("input exp and coef, 0 end\n");
        scanf("%d,%f", &x, &c);
        if (!x) break;
        s = (Link)malloc(sizeof(struct node));
        s->data.exp = x;
        s->data.coef = c;
        r->next = s;
        r = s;
    }
    r->next = NULL;
    return head;
}
void addpoly(Link Pa, Link Pb, Link *Pc) /*将 Pa、Pb 相加，结果放在 Pc 中 */
{
    Link P,qa,qb,u,v; int a,b;
    *Pc = P = Pa;
    qa = Pa->next;
    qb = Pb->next;
    while(qa && qb)                 /*循环条件是 Pa、Pb 链表都没结束*/
    {
        a = qa->exp;
        b = qb->exp;
        switch(compare(a, b))           /*比较两个多项式中各个结点的幂的大小*/
        {
        case -1:                        /* Pa 链表中结点的指数小，链入结果中 */
            P->next=qa; P=qa;
            qa=qa->next; break;
        case 0:                         /* Pa、Pb 链表中结点的指数相等 */
            qa->coef += qb->coef;       /* 将两个系数相加 */
            if (qa->coef == 0)
            {
                u=qa; v=qb;
                qa = qa->next;
                qb = qb->next;
                free(u, v);             /* 系数相加为零，释放结点 */
```

```
            }
            else {
                P->next = qa;
                P=qa; v=qb;
                qa = qa->next;
                qb = qb->next;
                free(v);
            }
            break;
        case 1:                         /* Pb 链表中结点的指数小，链入结果中 */
            P->next = qb;
            P = qb;
            qb = qb->next;
            break;
        }
    }
    P->next = qa ? qa : qb;
    free(Pb);                                   /* 释放头结点 */
}
Output(Link h)
{
    Link p;
    for(p=h->next; p; p=p->next)
        printf("%d %f", p->data.exp, p->data.coef);
}

main()
{
    Link La, Lb, Lc;
    int n;
    printf("\n 创建 La 多项式：");
    La = createlistpoly();
    printf("\n 创建 Lb 多项式：");
    Lb = creatlistpoly();
    printf("\n 输出 La 多项式：");
    Output(La);
    printf("\n 输出 Lb 多项式：");
    Output(Lb);
    addpoly(La, Lb, &Lc);
    printf("\n 输出 Lc 多项式：");
    Output(Lc);
}
```

第 3 章 栈 和 队 列

本章要点：

- 栈的逻辑结构及抽象数据类型。
- 队列的逻辑结构及抽象数据类型。
- 栈在顺序存储结构和链式存储结构中的实现。
- 队列在顺序存储结构和链式存储结构中的实现。
- 栈和队列的特点及应用。

栈和队列是一种特殊的线性结构，在现实生活中有许多例子。栈和队列在数据关系上与线性表相同，都是线性结构，但操作时与线性表有差别，是操作受限制的线性表。可以认为栈和队列是限定了操作的线性表，是操作受限制的特殊线性表，其特殊性在于限制插入和删除运算的位置。栈和队列在软件系统中应用广泛。堆栈技术被广泛地应用于编译软件和程序设计中，而在操作系统和事务管理中广泛应用了队列技术。讨论栈和队列的结构特征与操作实现特点有着重要的意义。本章介绍栈(Stack)和队列(Queue)的定义、特点以及在两种不同的存储结构上的表示和操作实现，栈和队列的应用。

3.1 栈

栈用来保存一些尚未处理而又等待处理的数据项，这些数据项的处理依据后进先出的规则。因此，经常把栈叫作后进先出线性表。

栈在日常生活中几乎到处可见，如火车车厢维修进车库时，库的一端是封闭的，最后进入车库的车厢，必须先出来；然后先进去的车厢才能出来，否则被堵住无法倒出。再如儿童玩具弹子枪，枪的梭子中的子弹打出来的顺序也是先进后出的，这些都是典型的栈。下面让我们进一步了解栈。

3.1.1 栈的意义及抽象数据类型

栈作为一种限定性线性表，是将线性表的插入和删除运算限制为仅在表的一端进行，通常将表中允许进行插入、删除操作的一端称为栈顶(Top)。因此，栈顶的当前位置是动态变化的，它由一个称为栈顶指针的位置指示器指示。同时，表的另一端称为栈底(Bottom)。当栈中没有元素时称为空栈。栈的插入操作被形象地称为进栈或入栈，删除操作称为出栈或退栈。假设栈 $s=(a_1, a_2, ..., a_n)$，有 n 个元素，按元素的进入顺序，a_1 元素的位置称为栈底，a_n 元素的位置称为栈顶，如图 3.1 所示。

进栈时，元素的顺序是 $a_1, a_2, ..., a_n$。退栈时，第一个元素是 a_n，最后一个元素是 a_1。退栈是按"后进先出"的顺序进行的。因此栈也称为后进先出(Last In First Out，LIFO)或先进后出(First In Last Out，FILO)的线性表。

如图 3.2 所示为铁路调度中栈的应用。在日常生活中还有一些类似栈的例子。例如，往箱子里放衣物，相当于进栈。最先放的衣服在箱底(栈底)，最后放的在箱顶(栈顶)，取衣服时，应先从箱顶开始拿，这相当于出栈操作。

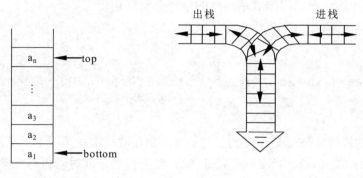

图 3.1 栈　　　　　　　　　　　图 3.2 铁路调度栈示意图

栈的基本操作除了在栈顶进行插入或删除外，还有栈的初始化、清空及取栈顶元素等。下面给出栈的抽象数据类型定义。

栈的抽象数据类型定义如下：

```
ADT stack
{
    数据元素：可以是任意类型的数据，但必须属于同一个数据对象。
    数据关系：栈中数据元素之间是线性关系。
    基本操作如下。
    InitStack(S)：将 S 初始化为空栈。
    ClearStack(S)：栈 S 已经存在，将栈 S 置成空栈。
    EmptyStack(S)：栈 S 已经存在，判断若 S 为空，函数值返回 TRUE，否则返回 FALSE。
    DestroyStack(S)：栈 S 已经存在，销毁栈并释放空间。
    Push(S,x)：栈 S 已经存在，若 S 栈未满，将 x 插入 S 栈的栈顶位置，函数返回 TRUE；
    若 S 栈已满，则返回 FALSE，表示操作失败。
    Pop(S, x)：栈 S 已经存在，在栈 S 的顶部弹出栈顶元素，并用 x 带回该值；若栈为空，
    返回值为 FALSE，表示操作失败，否则返回 TRUE。
    GetTop(S, x)：栈 S 已经存在，取栈 S 的栈顶元素，其余不变。
    Stacklenth(S)：栈 S 已经存在，返回栈中元素的个数。
} ADT stack
```

3.1.2 栈操作的实现

与线性表一样，栈的存储方式也有两种：顺序存储和链式存储。

1. 栈的顺序存储结构

栈的顺序存储结构即顺序栈，是分配一块连续的存储空间，依次存放自栈底到栈顶的数据元素，同时设指针 top 来动态地指示栈顶元素的当前位置。

栈顶栈底设置可以有如下两种方式：

方法一：空栈时 top=0，栈顶位置为栈顶元素的下一位置。比如第一次入栈，元素放 0

单元，此时 top=1。

方法二：空栈时 top=-1，则栈顶位置为实际栈顶元素位置。

下面的顺序栈的栈顶栈底指针设置采用的是方法一，当空栈时 top=0。顺序栈的存储结构可以用 C 语言中的一维数组来表示。栈的顺序存储结构定义如下：

```
#define Stack-Size 50
typedef struct
{
    Elemtype elem[Stack-Size];        /*用来存放栈中元素的一维数组*/
    int top;                          /*用来存放栈顶元素的下标*/
}SeqStack;
```

若 s 为顺序结构栈 SeqStack 类型变量，则 s.elem[0]存放栈中的第一个元素，s.elem[s.top-1]为最后一个元素(栈顶元素)。当 s.top=Stack-Size 时为栈满，此时若再有元素入栈则将产生越界的错误，称为栈上溢(Overflow)；反之，top=0 时为空栈，这时若执行出栈操作则产生下溢的错误(Underflow)。图 3.3 表示了顺序栈中数据元素和栈顶指针之间的对应关系。

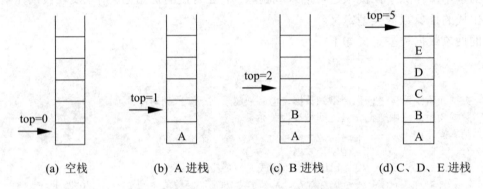

| (a) 空栈 | (b) A 进栈 | (c) B 进栈 | (d) C、D、E 进栈 |

图 3.3　栈顶指针和栈中元素之间的对应关系

在顺序栈中几种操作算法的实现如下。

(1) 进栈：

```
int Push(SeqStack *S, Elemtype x)/*在 S 栈中插入元素 x，成功返回真，失败返回假*/
{
    if(S->top == Stack-Size)
        return FALSE;                 /*栈满不能插入元素返回假值*/
    S->elem[S->top] = x;
    S->top++;
    return TRUE;                       /*成功将元素入栈，返回真值*/
}
```

(2) 出栈：

```
int Pop(SeqStack *S, Elemtype *x)    /*栈 S 的栈顶出栈，出栈元素存放在 x 中*/
{
    if(S->top == 0) return FALSE;     /*栈为空，不能退栈，返回假值*/
    else
    {
        S->top--;                      /*修改栈顶指针*/
```

```
        *x= S->elem[S->top];
        return TRUE;                      /*成功出栈,返回真值*/
    }
}
```

(3) 取栈顶元素:

```
int GetTop(SeqStack S, Elemtype *x)       /*栈 S 的栈顶元素出栈,存储在 x 中*/
{
    if(S->top==0) return FALSE;           /*栈为空,无法取出数据,结束,返回假值*/
    else
    {
        *x = S->elem[S->top-1];           /*取栈顶数据,存放在 x 中*/
        return TRUE;
    }
}
```

(4) 求栈中元素个数:

```
int Stacklength(SeqStack S)               /*返回栈中当前元素的个数*/
{
    return S->top;
}
```

栈的应用非常广泛,在一个程序中经常会同时使用多个栈。如果使用顺序存储结构的栈,空间大小难以准确估计。这样使得有的栈溢出,有的栈还有空闲空间。为了解决这个问题,可以让多个栈共享一个足够大的连续向量空间(数组),通过利用栈的动态特性来使其存储空间互相补充,这就是多栈的共享技术。

在栈的共享技术中,最常用的是两个栈的共享技术。如图 3.4 所示,两个栈共享空间,它主要利用了栈的"栈底位置不变,而栈顶位置动态变化"特性。首先为两个栈申请一个共享的一维数组空间 S[M],将两个栈的栈底分别放在一维数组的两端,分别是 0,M-1。由于两个栈顶动态变化,这样可以形成互补,使得每个栈可用的最大空间与实际使用的需求有关。

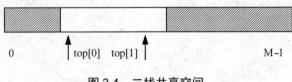

0   ↑top[0] top[1]↑   M-1

图 3.4 二栈共享空间

由此可见,二栈共享比两个栈分别申请 M/2 的空间利用率高。二栈共享的数据结构定义如下:

```
#define M 100
typedef struct                    /* 在一个共用空间定义两个栈 */
{  Elemtype Stack[M];
   int top[2];                    /* top 数组为两个栈顶 */
} DseqStack;
```

下面是二栈共享的一些操作算法。

初始化操作:

```
void InitStack(DseqStack *S)
{   S->top[0] = 0;                 /* 第一个栈的栈顶初值为0 */
    S->top[1] = M - 1;             /* 第二个栈的栈顶初值为M-1 */
}
```

进栈操作:

```
int Push(DseqStack *S, Elemtype x, int i) /* x压入i号栈, i=0,1 */
{ if(S->top[0]+1 == S->top[1]-1) return FALSE;      /*栈满*/
    switch(i)
    {
    case 0:                                    /*压入第一个栈*/
        S->Stack[S->top[0]] = x;
        S->top[0]++;
        break;
    case 1:                                    /*压入第二个栈*/
        S->Stack[S->top[1]] = x;
        S->top[1]--;
        break;
    default:                                   /*参数错误*/
        return FALSE;
    }
    return TRUE;
}
```

出栈操作:

```
int Pop(DseqStack *S, Elemtype *x, int i)  /*从i号栈中出栈并送到x中*/
{ switch(i)
    {
    case 0:                              /*从第一个栈出栈*/
        if(S->top[0]==0) return FALSE;
        *x = S->Stack[S->top[0]-1];
        S->top[0]--;
        break;
    case 1:                              /*从第二个栈出栈*/
        if(S->top[1]==M-1) return FALSE;
        *x = S->Stack[S->top[1]+1];
        S->top[1]++;
        break;
    default: return FALSE;               /*参数错误*/
    }
    return TRUE;
}
```

2. 栈的链式存储结构

栈的链式存储结构如图 3.5 所示,是一个单链表结构。栈顶指针指向链表的第一个结点,栈底指针指向链表的最后一个结点。

类型说明如下：

```
typedef struct node
{  Elemtype data;        /*数据域 */
   struct node *next;  /*指针域 */
} *LinkStack;
typedef struct {
   LinkStack top, base;
}  LStack;
```

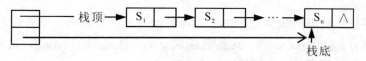

图 3.5　栈的链式存储结构

对于链式结构，一般不会有溢出，只有内存可用空间都被占满，malloc()过程无法实现才会产生上溢。因此，多个链栈共享空间很容易。

下面给出链式栈的基本操作算法。

(1)　进栈操作：

```
int Push(LStack s, Elemtype x)  /*将数据元素 x 压入 s 的链式栈中*/
{
   temp = (LinkStack)malloc(sizeof(struct node));   /*创建栈中数据结点*/
   if(temp==NULL) return FALSE;                      /*申请空间失败,返回假值*/
   temp->data = x;
   temp->next = s.top;                               /*新结点压入栈顶*/
   s.top = temp;                                     /*修改当前栈顶指针*/
   return TRUE;
}
```

(2)　出栈操作：

```
int Pop(LStack s, Elemtype *x)  /* 将栈顶元素弹出，存储到 x 中 */
{
   temp = s.top;                        /* 将栈顶指针存入 temp 中 */
   if(temp==NULL) return FALSE;         /* 栈为空,无法出栈,结束,返回假值 */
   s.top = temp->next;                  /* 栈顶指针下移 */
   *x = temp->data;                     /* 栈顶元素赋值给 x */
   free temp;                           /* 释放存储空间 */
   return TRUE;
}
```

栈是一种操作受限的线性表，插入和删除只能在表的一端进行。从线性表顺序和链式存储结构的特点看，栈的顺序存储结构的操作与实现比链式存储结构有较大的优势。但当多栈共享空间时，使用静态链表结构，能较好地解决实现。读者可以自己分析一下。

3.2 队 列

在生活中经常有类似这样的数据:一端作为进端;另一端作为出端。例如,排队等车。这种数据也是一种线性结构,但操作上不同于线性表,这种数据结构称为队列。

3.2.1 队列及其抽象数据类型

队列是一种操作受限的线性表,对于它所有的插入都在表的一端进行,所有的删除都在表的另一端进行,如图 3.6 所示。进行删除的一端叫队列的头(Front),也称为队头,进行插入的一端叫队列的尾(Rear),也称为队尾。

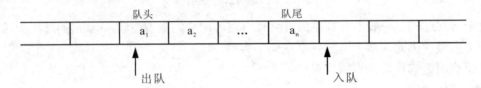

图 3.6 队列示意图

队列同现实生活中买东西排队相仿。后来的成员总是加入到队尾,每次离开的总是队列头上的。因此队列也称先进先出的线性表(First In First Out),或后进后出的线性表。

队列在程序设计中也经常出现。一个最典型的例子就是操作系统中的作业排队。在多道程序运行的计算机系统中,同时有几个作业在运行。如果运行结果都需要通过通道输出,那就要按请求输出的先后次序排队。凡是请求输出的作业都是从队尾进入队列的。

队列的抽象数据类型定义如下:

```
ADT Queue
{
    数据元素 D: 可以是任意类型的数据,但必须属于同一个数据对象。
    数据关系 R: 队列中的数据元素之间是线性关系。
    基本操作如下。
    InitQueue(Q): 初始化操作。设置一个空队列。
    EmptyStack(Q): 判空操作。若队列为空,则返回 TRUE,否则返回 FALSE。
    ClearQueue(Q): 队列置空操作。将队列 Q 置为空队列。
    DestroyQueue(Q): 队列销毁操作。释放队列的空间。
    GetHead(Q, x): 取队头元素操作。用 x 取得队元素的值。操作成功,返回值为 TRUE,
    否则返回值为 FALSE。
    QueueLength(Q): 队列 Q 已经存在,返回元素个数。
    EnterQueue(Q,x): 进队操作。在队列 Q 的队尾插入 x。操作成功,返回值为 TRUE,
    否则返回值为 FALSE。
    DeleteQueue(Q, x): 出队操作。使队列 Q 的队头元素出队,并用 x 带回其值。操作成功,
    返回值为 TRUE,否则返回值为 FALSE。
}
```

ADT Queue 队列也可以有两种存储形式,即顺序存储表示和链式存储表示。下面先来

看队列的链式存储结构的形式及操作。

3.2.2 队列的链式存储结构

对于使用中数据元素变动较大的数据结构,采用链式存储结构比顺序存储结构更有利。链队列就是这样一种数据结构。

用链表表示的队列需要两个指针,分别指示队头和队尾,如图 3.7 所示。

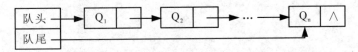

图 3.7 链队列示意图

为了操作方便,与单链表一样,也给链队列添加一个哨兵结点,并令队头指针指向哨兵结点。队尾指针指向当前最后一个元素。由此,空的队列的判别条件为头指针和尾指针均指向哨兵结点。下面给出链队列数据类型:

```
typedef struct Node
{
    Elemtype data;                    /*数据域*/
    struct Node next;                 /*指针域*/
} LinkQueueNode;
typedef struct
{
    LinkQueueNode *front;
    LinkQueueNode *rear;
} *LinkQueue;
```

链队列的操作与单链表操作极为相似,只是插入、删除分别修改头指针、尾指针。一般来说,只要可用空间不被占满,链队列不会发生上溢情况。图 3.8 描述了一个带哨兵结点队列的创建、插入、删除操作过程。

(a) 初始化带哨兵空队　　　(b) 申请新结点　　　(c) 在空队列中插入元素 e

图 3.8 建队操作过程

队列基本操作算法的实现如下。

(1) 初始化操作:

```
int InitQueue(LinkQueue *Q)              /*将 Q 初始化为一个带哨兵的空链队*/
{
    *Q->front = (LinkQueueNode*)malloc(sizeof(LinkQueueNode)); /*开辟哨兵*/
    if(*Q->front != NULL)
    {
        *Q->rear = *Q->front;                    /*队头队尾都指向哨兵结点*/
        *Q->front->next = NULL;
```

```
        return OK;
    }
    else return FALSE;                              /*哨兵结点开辟失败! */
}
```

(2) 入队操作:

```
int EnterQueue(LinkQueue *Q, Elemtype e) /*将数据元素 e 插入到带哨兵队列 Q 中*/
{
    NewNode = (LinkQueueNode*)malloc(sizeof(LinkQueueNode)); /*开辟新结点*/
    if(NewNode != NULL)
    {
        NewNode->data = e;              /*对新结点赋 e 值*/
        NewNode->next = NULL;
        *Q->rear->next = NewNode;       /*插入队尾*/
        *Q->rear = NewNode;
        return TRUE;
    }
    else return FALSE;                  /*没开辟出新结点*/
}
```

(3) 出队操作:

```
int DeleteQueue(LinkQueue *Q, Elemtype *e)  /*将 Q 的队头出队, 并存放到 e 中*/
{
    LinkQueueNode *p;
    if(*Q->front == *Q->rear)
        return FALSE;                          /*空队列取队尾失败*/
    p = *Q->front->next;                       /*从队头取出结点 p*/
    *Q->front->next = p->next;                 /*队头元素 p 出队*/
    if(*Q->rear == p)              /*如果队中只有一个元素 p, 则 p 出队后成为空队*/
        *Q->rear = *Q->front;
    *e = p->data;                              /*结果作为变参返回*/
    free(p);                                   /*释放存储空间*/
    return TRUE;
}
```

　　还可以实现一些其他算法, 如队列的长度、取队头元素等, 这些操作都很简单, 读者可尝试自己完成。

3.2.3　队列的顺序存储结构——循环队列

　　虽然链队列很方便, 但由于每个结点都有指针域, 因此比顺序存储多占用内存空间。所以在有些情况下仍需要用顺序存储结构来表示队列。

　　队列顺序存储结构中, 可以用一组地址连续的存储单元依次存放从队头到队尾的元素, 设置两个指针, 分别指向队头和队尾, 并约定队头指针指示队列中第一个元素的位置, 尾指针指示队尾元素位置的后一个位置。

　　如图 3.9(a)所示, 为队空状态, 队头、队尾都为 0。当 a、b、c、d 入队后, 如图 3.9(b)所示队头为 0, 队尾为 4。当 a、b、c 依次出队后如图 3.9(c)所示队头为 3 队尾为 4。由此可见队列中队头和队尾的位置都是随着入队和出队而动态变化的，队头和队尾指针在数组中的位置是不断移动的。当 e、f 入队后，如图 3.9(d)所示，队头为 3，队尾为 6。此时队尾移动到最后位置，不能再入队，但队头前面还有 3 个单元是空的，这是一种"假溢出现象"。

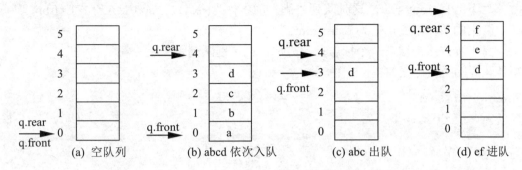

图 3.9　队列的顺序存储结构

在顺序存储的队列中，将所开辟空间地址的首、尾位置连接起来，就形成一个环状结构的循环队列，如图 3.10 所示。

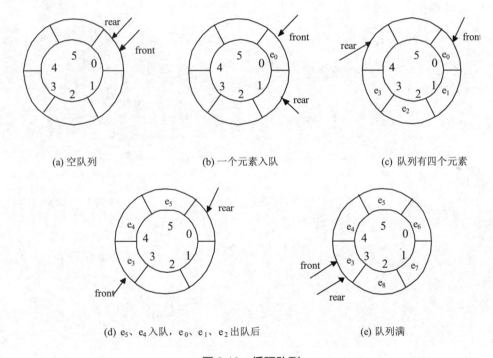

图 3.10　循环队列

假设开辟了 MAXSIZE 个空间，初始化队列时，令 front=rear=0；入队时，直接将新元素送入尾指针 rear 所指的单元，然后尾指针增 1，出队时，直接取出队头指针 front 所指的元素，然后头指针增 1。显然，在非空顺序队列中，队头指针始终指向当前的队头元素，而队尾指针始终指向真正队尾元素后面的单元。随着入队和出队的进行，当 front=rear 时，循环队列有两种情况，一种为队满；另一种为队空。可见，front=rear 无法判别队列的状态是"空"还是"满"。

对于这个问题，有两种处理方法：

● 一种方法是少用一个存储单元。当队尾指针所指向的空单元的后继单元是队头元素所在的单元时，则停止入队。这样，队尾指针永远追不上队头指针，所以队满时不会有 front=rear。这时队列"满"的条件为(rear+1) mod MAXSIZE=front。判队空的条件不变，仍为 rear=front。

● 另一种方法是增设一个标志量的方法，以区别队列是"空"还是"满"。

循环队列的类型定义如下：

```
#define MAXSIZE 50              /*队列的最大长度*/
typedef struct
{
   Elemtype elem [MAXSIZE];    /*队列的元素空间*/
   int front, rear;            /*头、尾指针*/
} SeqQueue;
```

关于基本操作算法的实现，前面我们介绍了入队时队满队空状态的两种处理方法。下面采用多用一个空闲空间的方法。

(1) 入队操作：

```
int EnterQueue(SeqQueue *Q, Elemtype e)      /* 将元素 e 加入队列 Q */
{
   if((Q->rear+1)%MAXSIZE == Q->front)       /* 队列满，返回假值结束 */
       return FALSE;
   Q->elem[Q->rear] = e;                     /* 将 e 加入队尾 */
   Q->rear = (Q->rear+1)%MAXSIZE;            /* 重新设置队尾指针 */
   return TRUE ;                             /* 操作成功 */
}
```

(2) 出队操作：

```
int DeleteQueue(SeqQueue *Q, Elemtype *e)
/*队列 Q 的队头元素出队，用 e 返回其值*/
{
   if(Q->front == Q->rear)                   /*队列为空，返回假值结束*/
       return FALSE;
   *e = Q->elem[Q->front];
   Q->front = (Q->front+1)%MAXSIZE;          /*重新设置队头指针*/
   return TRUE;                              /*操作成功*/
}
```

除了上述队列外，还有一种限定性数据结构，是双端队列(Deque)。

双端队列是限定插入、删除在表的两端进行的队列。这两端分别称作端点，记作 end1 和 end2。可以用一个铁轨转轨网络来比喻双端队列，如图 3.11(a)所示。

尽管双端队列看起来似乎比栈和队列更灵活，但实际上在程序系统中，不如栈和队列应用广泛，故在此不做详细讨论。

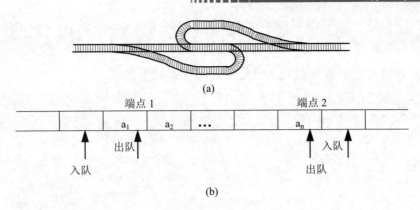

(a)

端点 1　　　　　　　　端点 2

| | | a_1 | a_2 | ... | | a_n | | |

出队　　　　　　　　　　　　　　　　入队

入队　　　　　　　　　　　　　　　出队

(b)

图 3.11　双端队列

3.3　栈和队列的应用

1. 数制转换

【例 3.1】假设要将十进制数 N 转换为 d 进制数，一个简单的转换算法如下。

设计思路：设计一个栈 S，将下面步骤一中运算出的 X 压入栈 S 中，然后通过步骤二求出新的 N。循环执行步骤一和步骤二，直到 N 为 0 结束。

步骤一：X = N mod d　(其中 mod 为求余运算)。

步骤二：N = N div d　　(其中 div 为整除运算)。

根据上面的设计思路，实现例 3.1 应该包含的算法如下。

(1) InitStack(S)：初始化栈 S。

(2) Push(S, x)：将 x 压入栈 S 中。

(3) Pop(S, x)：将 S 栈的栈顶退栈给 x。

(4) EmptyStack(S)：判断栈 S 是否为空。

(5) Conversion(N, d)：将十进制整数 N 转换为 d 进制数。

将十进制数 N 转换为 d 进制数的算法如下：

```
void Conversion(int N, intd)  /*对任意的非负十进制数 N, 打印与其等值的 d 进制数*/
{
    SeqStack S; int x;          /* S 为顺序栈或链栈 */
    InitStack(&S);
    scanf("d%", &x);
    while(N > 0)
    {
        x = N % d;              /* x 依次得到最低位值、次低位值…… */
        Push(&S, x);            /* 将转换后的数字压入栈 S, 低位在栈底 */
        N = N / d;
    }
    while(EmptyStack(S))        /* 只要栈不空，依次输出高位到低位的 d 进制的值 */
    {
        Pop(&S, &x);
        printf("%d", x);
```

```
        }
    }
```

C 语言实现将十进制数 N 转换为 d 进制数的代码如下：

```
#define StackSize 100
typedef int Elemtype;
typedef struct
{
    Elemtype elem[StackSize];
    int top;
} SeqStack;
void InitStack(SeqStack *S)
{
    S->top = 0;                        /*栈顶初值为 0*/
}
int Push(SeqStack *S, Elemtype x) /*在 S 栈中插入元素 x，成功返回真，失败返回假*/
{
    if (S->top == StackSize) return 0; /*栈满不能插入元素，返回假值*/
    S->elem[S->top++] = x;
    return 1;                          /*成功将元素入栈，返回真值*/
}
int Pop(SeqStack *S, Elemtype *x)
{
    if(S->top == 0) return (0);
    else
    {
        S->top--;                      /*修改栈顶指针*/
        *x = S->elem[S->top];
        return 1;                      /*成功出栈，返回真值*/
    }
}
int EmptyStack(SeqStack S)
{
    if (S.top == 0) return 0;
    else return 1;
}
void Conversion(int N, int d)
{
    SeqStack S; int x;                 /* S 为顺序栈或链栈 */
    InitStack(&S);
    while(N > 0)
    {
        x = N % d;                     /* x 依次得到最低位值、次低位值…… */
        Push(&S, x);                   /* 将转换后的数字压入栈 S，低位在栈底 */
        N= N / d;
    }
    while(EmptyStack(S))               /* 只要栈不空，依次输出高位到低位的 d 进制的值 */
    {
        Pop(&S, &x);
```

```
        printf("%d", x);
    }
}
main()
{
    int d, N;
    while (1)
    {
        printf("\n输入正整数N(0结束),进制数d\n");
        scanf("%d,%d", &N, &d);
        if (N == 0) break;
        Conversion(N, d);
    }
}
```

2. 括号匹配问题

【例 3.2】假设表达式中包含三种括号：圆括号、方括号和花括号，它们可以互相嵌套，要求它们在表达式中必须成对出现。如([{}]([])或({([][0])})等均为正确的格式，而{[}]}或{[0]或([]))均为不正确的格式。设计算法判断表达式中的括号是否匹配。

设计思路：在检验算法中可设置一个栈，每读入一个括号，若是左括号，则直接入栈，等待相匹配的同类右括号；若读入的是右括号，且与当前栈顶的左括号同类型，则二者匹配，将栈顶的左括号出栈，否则属于不合法的情况。另外，如果输入序列已读尽，而栈中仍有等待匹配的左括号，或者读入了一个右括号，而栈中已无等待匹配的左括号，均属不合法的情况。当输入序列和栈同时变为空时，说明所有括号完全匹配。

根据设计思路，应包含的算法如下。

(1) InitStack(S)：初始化栈 S。

(2) Push(S, x)：将 x 压入栈 S 中。

(3) Pop(S, x)：将 S 栈的栈顶退栈给 x。

(4) EmptyStack(S)：判断栈 S 是否为空。

(5) Match(ch1, ch2)：判断两个括号 ch1 和 ch2 是否匹配。

(6) BracketMatch(str)：判断字符串 str 表达式中的括号是否匹配。

判断表达式中括号是否匹配的算法如下：

```
void BracketMatch(char *str)   /*输入表达式串str，判断表达式中的括号是否匹配*/
{
    SeqStack S; int i; char ch;
    InitStack(&S);
    for (i=0; str[i]!='\0'; i++)                /*对str中的括号字符逐一判断*/
    {
        switch(str[i])                          /*使左括号进栈*/
        {
        case '(':
        case '[':
        case '{':
            Push(&S, str[i]);
```

```
                break;
        case ')':                              /*是右括号时*/
        case ']':
        case '}':
            if(!EmptyStack(S))     /*栈空，右括号多*/
            {
                printf("\n 右括号多余!");
                return 0;
            }
            else     /*栈非空，取栈顶判断是否是与右括号匹配的左括号*/
            {
                GetTop(&S, &ch);
                if (Match(ch, str[i]))     /*检查两个括号是否匹配*/
                    Pop(&S, &ch);          /*已匹配的左括号出栈*/
                else
                {
                    printf("\n 对应的左右括号不同类!");
                    return 0;
                }
            }
        }
    }
    if (!EmptyStack(S))              /*表达式串读到尾时，如果栈空则括号匹配*/
    {
        printf("\n 括号匹配!");
        return 1;
    }
    else
    {
        printf("\n 左括号多余!");  /*表达式串读到尾时，如果栈非空则多右括号*/
        return 0;
    }
}
int Match(char ch1, char ch2)    /* 判断两个括号 ch1 和 ch2 是否匹配 */
{
    flag = 0;                        /* flag 为标志位，0 表示不匹配，1 表示匹配 */
    switch (ch1)
    {
    case '(': if (ch2==')') flag=1; break;
    case '[': if (ch2==']') flag=1; break;
    case '{': if (ch2=='}') flag=1;
    }
    return flag;
}
```

C 语言实现括号匹配问题的代码如下：

```
#define StackSize 50
typedef int Elemtype;
typedef struct
```

```
{
    Elemtype elem[StackSize];
    int top;
} SeqStack;
int EmptyStack(SeqStack S)
{
    if (S.top==0) return 0;
    else return 1;
}
void InitStack(SeqStack *S)
{
    S->top = 0;                            /*栈初始化，栈顶值为0*/
}
int GetTop(SeqStack S, Elemtype *x)   /*取出S的栈顶元素，存放x中*/
{
    if(S.top == 0) return 0;               /*栈为空无法取出数据，结束返回假值*/
    else
    {
        *x = S.elem[S.top-1];              /*取栈顶数据，存放在x中*/
        return 1;
    }
}
int Push(SeqStack *S, Elemtype x) /*在S栈中插入元素x，成功返回真，失败返回假*/
{
    if(S->top == StackSize) return 0;     /*栈满不能插入元素，返回假值*/
    S->elem[S->top++] = x;
    return 1;                              /*成功将元素入栈，返回真值*/
}
int Pop(SeqStack *S, Elemtype *x)
{
    if(S->top == 0) return 0;             /*栈为空，不能退栈，返回假值*/
    else
    {
        S->top--;                          /*修改栈顶指针*/
        *x = S->elem[S->top];
        return 1;                          /*成功出栈，返回真值*/
    }
}
int BracketMatch(char *str) /*输入字符串str，判断字符串中的括号是否匹配*/
{
    SeqStack S;
    int i; char ch;
    InitStack(&S);                         /*初始化栈S*/
    for(i=0; str[i]!='\0'; i++)           /*对表达式串中的字符逐一扫描*/
    {
        switch(str[i]) {
        case '(':
        case '[':
        case '{':
```

```
                    Push(&S, str[i]);
                    break;
          case ')':
          case ']':
          case '}':
                if(!EmptyStack(S))
                {
                    printf("\n右括号多余!");
                    return 0;
                }
                else
                {
                    GetTop(S, &ch);
                    if (Match(ch, str[i]))      /*检查两个括号是否匹配*/
                        Pop(&S, &ch);           /*如果匹配，左括号出栈*/
                    else
                    {
                        printf("\n对应的左右括号不同类!");
                        return 0;
                    }
                }
            }
    }
    if (!EmptyStack(S))
    {
        printf("\n括号匹配!");
        return 1;
    }
    else
    {
        printf("\n左括号多余!");
        return 0;
    }
}
int Match(char ch1, char ch2)        /* 判断两个括号 ch1 和 ch2 是否匹配 */
{
    int flag = 0;                    /* flag 为标志位，0 表示不匹配，1 表示匹配 */
    switch (ch1)
    {
    case '(': if (ch2==')') flag=1; break;
    case '[': if (ch2==']') flag=1; break;
    case '{': if (ch2=='}') flag=1;
    }
    return flag;
}
main()
{
    char *s;
    printf("\n输入带括号的表达式:");
```

```
gets(s);                                   /* 输入表达式串 */
if (BracketMatch(s) == 1) printf("yes");   /* 括号匹配输出 yes */
else printf("no");                         /* 括号不匹配输出输出 no */
}
```

3. 表达式求值

表达式求值是编译系统中的一个基本问题。它的实现是栈应用的一个典型例子。这里介绍一种简单直观、广为使用的算法，通常称为"算符优先法"。

要将一个表达式翻译成正确求值的一个机器指令序列，或者直接对表达式求值，首先要能够正确解释表达式，例如，要对算术表达式 4+2×3-10/5 求值。首先要了解算术四则运算的规则：先乘除，后加减；从左到右；先括号内，后括号外。算符优先法就是根据这个运算优先关系的规定来实现对表达式的编译或解释执行的。

任何一个表达式都是由操作数(Operand)、运算符(Operator)和界限符(Delimiter)组成的。一般地，操作数既可以是常数，也可以是被声明为变量或常量的标识符；运算符可以分为算术运算符、关系运算符和逻辑运算符三类；基本界限符有左右括号和表达式结束符等。为了叙述的简洁，这里仅讨论简单算术表达式的求值问题。这种表达式只包含加、减、乘、除 4 种运算符。读者不难将它推广到更一般的表达式上。

运算符和界限符统称为运算符，它们构成的集合命名为 OP。根据运算规则，在运算的每一步中，任意两个相继出现的算符θ1 和θ2 之间的优先关系都是下面 3 种关系之一。

① θ1<θ2：θ1 操作的优先级低于θ2。

② θ1=θ2：θ1 操作的优先级等于θ2。

③ θ1>θ2：θ1 操作的优先级高于θ2。

表 3.1 定义了算符之间的这种优先关系。

表 3.1 运算符优先关系比较

θ1＼θ2	+	−	*	/	(	)	#
+	>	>	<	<	<	>	>
−	>	>	<	<	<	>	>
*	>	>	>	>	<	>	>
/	>	>	>	>	<	>	>
(	<	<	<	<	<	=	
)	>	>	>	>		>	>
#	<	<	<	<	<		=

在表 3.1 中，θ1 是在栈内的算符，θ2 是在表达式中从左到右依次读入的算符。

由规则知道，+、−、*和/为θ1 时的优先级低于'('，表 3.1 中为'<'。当θ1=θ2 时，有两种情况，即'('和')'、栈内的'#'和栈外的'#'在表 3.1 中表示为'='。当θ1>θ2 时，栈内优先级高于栈外优先级表示为'>'。还有一种情况是运算符间无优先关系，这是因为表达式中不允许它们相继出现，一旦遇到这种情况，则可以认为出现了语法错误，表3.1中无值。

为实现算符优先算法，可以使用两个工作栈。一个称作 OPTR，用以寄存运算符；另一个称作 OPND，用以寄存操作数或运算结果。算法的基本思想是：

首先置操作数栈为空栈，表达式起始符为运算符栈的栈底元素；依次读入表达式中每个字符，若是操作数，则进 OPTR 栈，若是运算符，则和 OPTR 栈的栈顶运算符比较优先级后进行相应的操作，直到整个表达式求值完毕(即 OPTR 栈的栈顶元素和当前读入的字符均为'#')。表达式的求值算法如下：

```
Optype EvaluateExpression()
{   /* Optype 运算结果类型，OPTR 和 OPND 分别为运算符栈和运算数栈*/
    IniStack(OPTR);
    Push(OPTR, '#');
    IniStack(OPND);
    c = getchar();
    while (c!='#' || GetTop(OPTR)!='#')
    {
        if (c>='0' && c<='9')                      /* c是操作数则进栈 */
        {
            Push(OPND, c);
            c = getchar( );
        }
        else
            switch(Precede[GetTop(OPTR), c]   /*比较操作符优先级高低*/
            {
            case '<':                              /*栈顶元素优先级低*/
                Push(OPTR,c); c=getchar();         /*入栈，取出下一个字符*/
                break;
            case '=':                              /*脱括号并接受下一个字符*/
                Pop(OPTR,x); c=getchar();
                break;
            case '>':                              /*退栈并将运算结果入栈*/
                Pop(OPTR,theta);
                Pop(OPND,b);                       /*注意顺序*/
                Pop(OPND,a);
                Push(OPND,Operate(a,theta,b))      /*将运算结果压入操作数栈*/
                Break;
            }
    }
    return GetTop(OPND);                           /*返回表达式的结果*/
}
```

算法中的数组 Precede 是判定运算符栈的栈顶运算符θ1 与读入的运算符θ2 之间优先关系的，具体值如表3.1所示。Operate 为二元运算的函数，各种函数代码参照本章实验中表达式求值对应的代码。

利用上述算法对表达式 3*(7-2)求值，操作过程如表 3.2 所示。本章实验实现了上述算法表达式求值的过程。

表 3.2 是表达式求值的执行过程，它比较直观。如果让编译程序来实现上面的执行过

程，就非常麻烦。下面介绍另一种算术表达式——后缀表达。由编译程序实现表达式的求解过程相对容易。

表 3.2 利用栈实现表达式求值的过程

步　骤	OPTR 栈	OPND 栈	输入字符	主要操作
1	#		3*(7-2)#	Push(OPND, '3')
2	#	3	*(7-2)#	Push(OPND, '*')
3	#*	3	(7-2)#	Push(OPND, '(')
4	#*(	3	7-2)#	Push(OPND, '7')
5	#*(	3 7	-2)#	Push(OPND, '-')
6	#*(-	3 7	2)#	Push(OPND, '2')
7	#*(-	3 7 2	)#	operate('7', '-', '2')
8	#*(	3 5	)#	Pop(OPTR)
9	#*	3 5	#	operate('3', '*', '5')
10	#	15	#	return (GetTop(OPND))

首先介绍前缀、中缀、后缀表达式。

通常以表达式中运算符所放的位置——在两个运算数的前面、中间、后面，给表达式分成前缀表达式、中缀表达式和后缀表达式。对于 a+b 表达式所对应的前缀、中缀、后缀表达式，分别为+ab、a+b、ab+。表达式 a+b*(c-d/(e*f))相对应的前缀、后缀表达式分别为+a*b-c/d*ef、abcd ef*/-*+。

【例 3.3】编译系统实现表达式求值过程，分两步进行。首先实现表达式中缀表示法变后缀表示，然后对后缀表达式求值。

算法思路：用一个字符型栈 OPTR，存放运所有的算符，包括括号一类的非运算符和运算符。表达式结尾添加'#'符。

先将一个"#"压入栈 OPTR，作为栈底元素，输入时以"#"作为表达式输入的结束标志。依次读入表达式中的字符，对于每一个字符有以下 3 种情况。

(1) 数字：处理方式为将字符直接赋值到后缀表达式串中。

(2) 非数字非运算符：处理方式为结束。

(3) 运算符：处理情况包括运算符与栈顶运算符的如下 3 种优先关系。

● 大于栈顶优先级：将字符直接赋值到后缀表达式串中。

● 等于栈顶优先级：将栈顶元素退栈，处理表达式中的下一个字符。

● 小于栈顶优先级：将栈顶元素退栈，并将退出栈的元素输出到后缀表达式串中。

中缀表达式转换为后缀表达式的算法如下：

```
int transExpression(char *str1, char *str2)
{    /*将中缀表达式串 str1, 转换为后缀表达式 str2*/
    IniStack(OPTR); Push(OPTR, '#');
    i=0; k=0;
    while(str1[i]!='#' || GetTop(OPTR)!='#')
```

```
    {
        if(str1[i]>='0' && c<='9')
            str2[k++] = str1[i++];                    /*数复制到 str2 中*/
        else
        {
            if judge(str1[i])
                return ERROR;                          /*判断是否是操作符, 若不是则结束*/
            switch(Precede(GetTop(OPTR), str[i])    /*比较操作符优先级高低*/
            {
            case '<':                    /*栈顶优先级低 str1[i]直接复制到 str2[k]中*/
                str2[k++] = str1[i++];
                break;
            case '=':                    /*优先级相等脱括号并处理下一个字符*/
                Pop(OPTR, x); i++;
                break;
            case '>':                    /*栈顶优先级高, 将栈顶复制到 str2 中*/
                Pop(OPTR, theta);
                str2[k++] = theta;
                break;
            }
        }
    }
    return OK;                          /*正确返回*/
}
```

C 语言实现表达式求值问题的代码如下:

```
#define StackSize   50
#define FALSE       0
#define TRUE        1
#define ERROR       0
typedef char Elemtype;
typedef struct
{
    Elemtype  elem[StackSize];        /*用来存放栈中元素的一维数组*/
    int top;                          /*用来存放栈顶元素的下标*/
} SeqStack;
char ops[7] = {'+', '-', '*', '/', '(', ')', '#'};
                /*操作符数组表示能参与运算的符号集合, 表 3.1 所示的操作符优先级数组*/
char cmp[7][7] = {{'>', '>', '<', '<', '<', '>', '>'},
                 {'>', '>', '<', '<', '<', '>', '>'},
                 {'>', '>', '>', '>', '<', '>', '>'},
                 {'>', '>', '>', '>', '<', '>', '>'},
                 {'<', '<', '<', '<', '<', '=', '<'},
                 {'>', '>', '>', '>', '>', '>', '>'},
                 {'<', '<', '<', '<', '<', '<', '='}};

int judge(char ch)   /*字符属于运算符集合, 返回运算符的定位位置, 否则返回-1*/
{
    int i;
```

```
      for (i=0; i<7; i++)
         if(ch == ops[i]) return i;
      return -1;
}
void InitStack(SeqStack *S)
{
      S->top = 0;                            /* 栈顶初值为 0 */
}
int GetTop(SeqStack S, Elemtype *x)          /*取出 S 的栈顶元素，存放到 x 中*/
{
      if(S.top == 0) return FALSE;           /*栈为空无法取出数据，结束，返回假值*/
      else
      {
         *x = S.elem[S.top-1];               /*取栈顶数据，存放在 x 中*/
         return TRUE;
      }
}
int Push(SeqStack *S, Elemtype x)
/*将元素 x 压入 S 栈中，成功返回真，失败返回假*/
{
      if(S->top == StackSize) return FALSE;    /*栈满，不能插入元素，返回假值*/
      S->elem[S->top] = x;
      S->top++;
      return TRUE;                           /*成功将元素入栈，返回真值*/
}
int Pop(SeqStack *S, Elemtype *x)
{
      if(S->top == 0) return FALSE;          /*栈空，返回假值*/
      else
      {
         S->top--;                           /*修改栈顶指针*/
         *x = S->elem[S->top];
         return TRUE;                        /*成功出栈，返回真值*/
      }
}
int transExpression(char *str1, char *str2)
{     /* 将中缀表达式串 str1 转换为后缀表达式 str2 */
      SeqStack OPTR; int i,k,j; char ch;
      InitStack(&OPTR); Push(&OPTR, '#');
      i=0; k=0;
      while(str1[i]!='#' || (GetTop(OPTR,&ch) && (ch!='#')))
      {   if(str1[i]>='0' && str1[i]<='9')
          str2[k++] = str1[i++];             /*数复制到 str2 中*/
          else
          {   if (judge(str1[i]) == -1)
                  return ERROR;              /*判断是否为操作符，若不是则结束*/
              GetTop(OPTR, &ch);
              ch = cmp[judge(ch)][judge(str1[i])];
              switch(ch)                     /*比较操作符优先级高低*/
```

```
        {
            case '<': /*栈顶优先级比 str1[i]低, str1[i]压栈并处理下一个字符*/
                Push(&OPTR, str1[i]); i++;
                break;
            case '=':                    /*优先级相等, 脱括号并处理下一个字符*/
                Pop(&OPTR, &ch); i++;
                break;
            case '>':                    /*栈顶优先级高, 将栈顶退栈并复制到 str2 中*/
                Pop(&OPTR, &ch);
                str2[k++] = ch;
                break;
            }
        }
    }
    str2[k] = '\0';
    return 1;                             /*正确返回*/
}
main()
{
    char str1[100], str2[100];
    printf("\n 输入中缀表达式串: ");
    gets(str1);                           /*输入中缀表达式字符串*/
    transExpression(str1, str2);          /*中缀表达式转换为后缀表达式*/
    printf("\n 后缀表达式串: ");
    puts(str2);                           /*输出后缀表达式字符串*/
}
```

上面的程序实现了将一个运算数为一位的中缀表达式转换为后缀表达式。如果要实现转换多位数的中缀表达式，需要修改上面的程序。其中 str2 的数据类型能存放多位数，就不能选用字符串了，建议读者自己来分析。

4．栈与递归的实现

递归是栈非常重要的应用，程序设计中经常用到递归。什么是递归？递归是指定义自身的同时又对自身进行调用。如果一个函数在其定义体内直接调用自己，则称其为直接递归函数；如果一个函数经过一系列的中间调用语句，间接调用自己，则称其为间接递归函数。

【例 3.4】n 阶 Hanoi 塔问题。假设有 3 个分别命名为 X、Y 和 Z 的塔座，在塔座 X 上按大小顺序插有 n 个直径大小各不相同、从上到下，从小到大编号为 1, 2, ..., n 的圆盘。现要求将 X 轴上的 n 个圆盘移至塔座 Z 上，并仍按同样顺序叠排，圆盘移动时必须遵循下列原则：

- 每次只能移动一个圆盘。
- 圆盘可以插在 X、Y 和 Z 中的任何一个塔座上。
- 任何时刻都不能将一个较大的圆盘压在较小的圆盘之上。

图 3.12 为 3 个盘子的 Hanoi 塔问题移动过程。

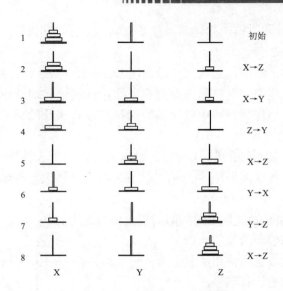

图 3.12　3 个盘子的 Hanoi 塔问题

递归算法如下：

```
void hanoi(int n, char X, char Y, char Z)
/*将塔座 X 上按直径由小到大且自上而下编号为 1 至 n 的 n 个圆盘
按规则搬到塔座 Z 上，Y 可用作辅助塔座*/
{
    if(n==1) move(X,1,Z);      /* 将编号为 1 的圆盘从 X 移动 Z */
    else
    {
        hanoi(n-1, X, Z, Y); /* 将 X 上编号为 1 至 n-1 的圆盘移到 Y，Z 作辅助塔 */
        move(X, n, Z);          /* 将编号为 n 的圆盘从 X 移到 Z */
        hanoi(n-1, Y, X, Z); /* 将 Y 上编号为 1 至 n-1 的圆盘移动到 Z，X 作辅助塔*/
    }
}
```

下面给出 3 个盘子移动时 hanoi(3, X, Y, Z)递归调用流程，如图 3.13 所示。

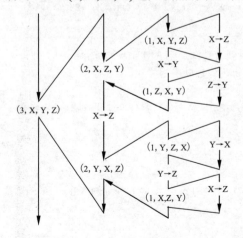

图 3.13　3 个盘子递归调用流程

n 为 3，调用执行过程：第一次递归，盘子个数为 n-1=2；执行一次移动盘子；第二次递归，盘子个数为 n-1=2。

在第一次递归调用过程中，当从第一层调用 hanoi(2, X, Z, Y)时，系统参数为(3, X, Y, Z)。保留这些参数存入栈中，并将系统参数和继续执行的语句地址也保存在栈中。当某一个递归执行完成时，退出保留在栈中的参数继续执行没有执行的部分，直到栈为空，所有过程执行完为止。

(1) 递归过程中由 i 层调用到 i+1 层时，系统需要做如下 3 件事。

① 保留本层参数与返回地址(将所有的实在参数、返回地址等信息传递给被调用函数保存)。

② 给下层参数赋值(为被调用函数的局部变量分配存储区)。

③ 将程序转移到被调函数的入口。

(2) 而从被调用函数返回调用函数之前，递归退层(i←i+1 层)系统也应完成三件工作。

① 保存被调函数的计算结果。

② 恢复上层参数(释放被调函数的数据区)。

③ 依照被调函数保存的返回地址，将控制转移回调用函数。

$$
\text{hanoi(3, X, Y, Z)}
\begin{cases}
\text{hanoi(2, X, Z, Y)}
\begin{cases}
\text{hanoi(1, X, Y, Z)} \longrightarrow \text{move(X→Z)} \\
\text{move(X→Y)} \\
\text{hanoi(1, Z, X, Y)} \longrightarrow \text{move(Z→Y)}
\end{cases} \\
\text{move(X→Z)} \\
\text{hanoi(2, Y, X, Z)}
\begin{cases}
\text{hanoi(1, Y, Z, X)} \longrightarrow \text{move(Y→X)} \\
\text{move(Y→Z)} \\
\text{hanoi(1, X, Y, Z)} \longrightarrow \text{move(X→Z)}
\end{cases}
\end{cases}
$$

C 语言递归实现 hanoi 问题的代码如下：

```
#include "stdio.h"
move(char X, int m, char Z)
{
    printf("\n %d from %c to  %c", m, X, Z);
}
void Hanoi(int n, char X, char Y, char Z)
/*将塔座 X 上按直径由小到大且自上而下编号为 1 至 n 的 n 个圆盘
按规则搬到塔座 Z 上，Y 可用作辅助塔座*/
{
    if(n==1) move(X,1,Z);      /*将编号为 1 的圆盘从 X 移动 Z*/
    else
    {
        Hanoi(n-1, X, Z, Y); /*将 X 上编号为 1 至 n-1 的圆盘移到 Y，Z 作为辅助塔*/
        move(X, n, Z);          /*将编号为 n 的圆盘从 X 移到 Z */
        Hanoi(n-1, Y, X, Z); /*将 Y 上编号为 1 至 n-1 的圆盘移动到 Z，X 作为辅助塔*/
    }
}
main()
{
```

```
char X='A',Y='B',Z='C'; int n;
printf("\n 输入移动汉诺塔的盘子数: ");
scanf("%d", &n);
Hanoi(n, X, Y, Z);
}
```

5. 求解杨辉三角

【例 3.5】求解杨辉三角形。如图 3.14 所示为杨辉三角的图案。下面利用队列打印杨辉三角形。

```
              1
            1   1
          1   2   1
        1   3   3   1
      1   4   6   4   1
    1   5  10  10   5   1
  1   6  15  20  15   6   1
```

图 3.14　杨辉三角

算法分析：不失一般性，杨辉三角中的第 i+1 行数据应该利用第 i 行数据得到。第 i+1 行共 i+1 个数据，第一个和最后一个数据值为 1，其他数据由第 i 行对应元素相加得到。杨辉三角的第一行只有一个 "1"，知道第一行数据就能计算出第二行数据。如图 3.15 所示为利用队列完成杨辉三角第五行计算的过程。

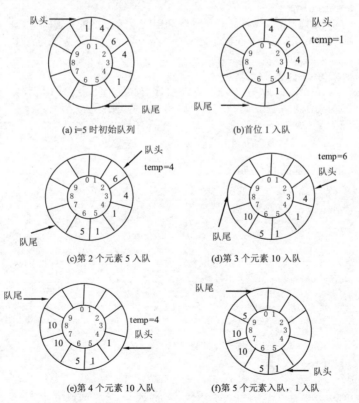

图 3.15　杨辉三角第五行入队示意图

当 i=4 时，队列如图 3.15(a)所示，图 3.15(b)是将第五行第 1 个元素赋值为 1，同时队头(数值 1 暂存 temp 中)出队。图 3.15(c)利用 temp 和队头元素求和，计算出第五行的第 2 个元素，并将该元素入队。依次计算得到第五行所有元素。

计算第 i 行的步骤如下。

(1) 第 i 行的第 1 个元素 1 入队。

(2) 通过第 i-1 行数据(已经在队列中)循环产生第 i 行的中间 i-2 个元素并入队。

(3) 第 i 行的最后一个元素 1 入队。

杨辉三角中第 i 行共有 i 个元素，如果要求出杨辉三角前 N 行，队列的大小应不小于 N。

下面是打印 N 行杨辉三角形的算法：

```
void YangHuiTriangle(int N)
{
    InitQueue(&Q);
    EnterQueue(&Q, 1);          /*第一行元素入队*/
    for(n=2; n<=N; n++)         /*产生第 n 行元素并入队，同时打印第 n-1 行的元素*/
    {
        EnterQueue(&Q, 1);      /*第 n 行的第一个元素入队*/
        for(i=1; i<=n-2; i++)
        /* 利用队中第 n-1 行元素产生第 n 行的中间 n-2 个元素并入队*/
        {
            DeleteQueue(&Q, &temp);
            Printf("%d", temp);     /*打印第 n-1 行的元素*/
            GetHead(Q, &x);
            temp = temp + x;        /*利用队中第 n-1 行元素产生第 n 行元素*/
            EnterQueue(&Q, temp);
        }
        DeleteQueue(&Q, &x);
        printf("%d", x);            /*打印第 n-1 行的最后一个元素*/
        EnterQueue(&Q, 1)          /*第 n 行的最后一个元素入队*/
    }
}
```

C 语言实现 hanoi 问题的代码如下：

```
#include "stdio.h"
typedef int Elemtype;
typedef struct Node
{
    Elemtype   data;        /*数据域*/
    struct Node *next;   /*指针域*/
} LinkQueueNode;
typedef struct
{
    LinkQueueNode *front;
    LinkQueueNode *rear;
} LinkQueue;
GetHead(LinkQueue Q, Elemtype *x) /* 取队头元素，赋值给 x */
{
```

```c
    *x = Q.front->next->data;
}
int InitQueue(LinkQueue *Q)              /*将 Q 初始化为一个带哨兵的空链队*/
{
    Q->front = (LinkQueueNode*)malloc(sizeof(LinkQueueNode)); /*开辟哨兵*/
    if(Q->front != NULL)
    {
        Q->rear = Q->front;               /*队头，队尾都指向哨兵结点*/
        Q->front->next = NULL;
        return 1;
    }
    else return 0;                       /*哨兵结点开辟失败！*/
}
int EnterQueue(LinkQueue *Q, Elemtype e)  /*入队将数据元素 e 加到队列 Q 中*/
{
    LinkQueueNode *NewNode;
    NewNode = (LinkQueueNode*)malloc(sizeof(LinkQueueNode)); /*开辟新结点*/
    if(NewNode!= NULL)
    {
        NewNode->data = e;                /*将 e 赋值给新结点*/
        NewNode->next = NULL;
        Q->rear->next = NewNode;          /*将新结点加入到队尾*/
        Q->rear = NewNode;                /*修改队尾指针*/
        return 1;
    }
    else return 0;                        /*新结点开辟不成功，入队失败*/
}
int DeleteQueue(LinkQueue *Q, Elemtype *e)
/*将队列 Q 的队头元素出队，并存放到 e 所指的存储空间中*/
{
    LinkQueueNode *p;
    if(Q->front == Q->rear)
        return 0;                         /*空队列取队尾失败*/
    p = Q->front->next;                   /* 取出队头结点 p */
    Q->front->next = p->next;             /*队头元素出队*/
    if(Q->rear == p)                      /*如果队中只有一个结点 p，则 p 出队后队空*/
        Q->rear = Q->front;               /*修改队尾指针*/
    *e = p->data;                         /*队头元素 e 作为变参返回*/
    free(p);                              /*释放存储空间*/
    return 1;
}
void YangHuiTriangle(int N)
{
    LinkQueue Q; int n,i,temp,x;
    InitQueue(&Q);
    EnterQueue(&Q, 1);                    /*第一行元素入队*/
    for(n=2; n<=N+1; n++) /*产生第 n 行元素并入队，同时打印输出第 n-1 行的元素*/
    {
        printf("\n");
```

```
        EnterQueue(&Q, 1);              /*第 n 行的第一个元素入队*/
        for(i=1; i<=n-2; i++)
        /*用队中第 n-1 行元素产生第 n 行的中间 n-2 个元素入队*/
        {
            DeleteQueue(&Q, &temp);
            printf(" %d ", temp);       /*打印第 n-1 行的元素*/
            GetHead(Q, &x);
            temp = temp + x;            /*利用队中第 n-1 行元素产生第 n 行元素*/
            EnterQueue(&Q, temp);
        }
        DeleteQueue(&Q, &x);
        printf(" %d ", x);              /*打印第 n-1 行的最后一个元素*/
        EnterQueue(&Q, 1);             /*第 n 行的最后一个元素入队*/
    }
}
main()
{
    int N;
    printf("\n打印杨辉三角，输入行数: ");
    scanf("%d", &N);
    YangHuiTriangle(N);                /*调用函数打印杨辉三角的前 N 行*/
}
```

6. 判断回文

【例 3.6】对于给定的一个由 n 个字符组成的字符串 s，判断其是否为回文，设字符串 s="$c_1, c_2, ..., c_i, c_{i+1}, ..., c_n$"，则对于 $p=\lfloor n/2 \rfloor$，字符串 s 满足如下条件。

若 n 为偶数，则有 $c_1=c_n, c_2=c_{n-1}, ..., c_{p-1}=c_{p+2}, c_p=c_{p+1}$。

若 n 为奇数，则有 $c_1=c_n, c_2=c_{n-1}, ..., c_{p-1}=c_{p+3}, c_p=c_{p+2}$。

设计思路如下。

(1) 设置一个栈，将串中的字符读出加入栈中。

(2) 将出栈的每个元素与串中的元素依次逐个比较，如果不相等就不是回文；如果比较到栈空且串结束时，说明字符串中每个对称位字符都相等，是回文。

程序清单如下：

```
#include <stdio.h>
#include <string.h>
#define MaxStackSize 100
typedef char Elemtype;            /* 定义 Elemtype 的数据类型为 char */
typedef struct
{
    Elemtype stack[MaxStackSize];
    int top;
} SeqStack;
void StackInitiate(SeqStack *S)               /* 初始化顺序结构栈 S */
{
    S->top = 0;                               /* 初始化空栈 */
```

```
}
int StackEmpty(SeqStack S)        /* 判断顺序栈 S 是否空，非空则返回 1，空则返回 0 */
{
    if(S.top <= 0) return 0;
    else return 1;
}
int StackPush(SeqStack *S, Elemtype x)
/* x 压入栈 S，压栈成功函数返回 1，否则函数返回 0 */
{
    if(S->top >= MaxStackSize)
    {
        printf("栈已满无法插入！\n");
        return 0;
    }
    else
    {
        S->stack[S->top] = x;                    /* x 入栈，栈顶加 1 */
        S->top++;
        return 1;
    }
}
int StackPop(SeqStack *S, Elemtype *d)
/* 出栈，将栈顶赋值给变参 d，出栈成功函数返回 1，否则函数返回 0 */
{
    if(S->top <= 0)
    {
        printf("堆栈已空无数据元素出栈！\n");     /* 栈空不能出栈，函数返回 0 */
        return 0;
    }
    else
    {
        S->top--;                                /* 栈顶指针减 1，栈顶出栈函数返回 1 */
        *d = S->stack[S->top];
        return 1;
    }
}
int StackTop(SeqStack S, Elemtype *d)
/* 取顺序堆栈 S 的当前栈顶数据元素值到参数 d，成功则返回 1，否则返回 0 */
{
    if(S.top <= 0)
    {
        printf("堆栈已空！\n");
        return 0;
    }
    else
    {
        *d = S.stack[S.top - 1];
        return 1;
    }
}
```

```
}
void HuiWen(char str[])
{
    SeqStack myStack; char c; int i,length;
    length = strlen(str);
    StackInitiate(&myStack);
    for(i=0; i<length; i++)                 /*字符串的所有字符依次入栈*/
        StackPush(&myStack, str[i]);
    i = 0;
    while(StackEmpty(myStack) == 1)
    {
        if(StackPop(&myStack, &c)==1 && c!=str[i])
        {
            printf("%s 不是回文!\n", str);
            return;
        }
        else i++;
    }
    printf("%s 是回文!\n", str);
}
void main(void)
{
    char str[100];
    while (1)
    {
        printf("\n 输入判断回文的字符串,输入 0 结束\n");
        gets(str);                              /*输入字符串*/
        if (!strcmp(str, "0")) break;           /*判断结束标志*/
        HuiWen(str);                            /*判断是否是回文*/
    }
}
```

7. 打印机管理

【例 3.7】局域网办公系统中有若干台计算机,共享一台打印机,设计一个对打印机的打印任务进行管理的程序,打印机的打印任务按先来先服务的方式进行管理。

算法分析:打印任务可设计成一个链式队列。打印管理应包含的操作如下。

- InitQueue(q):初始化,做一个带哨兵的空队列。
- EnqPrintTask(q, x):入队列,把新的打印任务加入到队尾。
- DelqPrintTask(q):出队列,把打印完成的任务出队。
- OutputPrintTask(q):输出,列出正在排队的打印作业。

数据结构设计:每一个打印任务应包含打印任务标识号和要打印的内容。
链式队列的结点结构体定义如下:

```
typedef struct node
{
    int no;                 //打印任务标识号
```

```
    char *text;                //要打印的内容
    struct node *next;         //指向下一个结点的指针
} Task;                        //结点结构体 Task
```

链式队列的头指针、尾指针结构体定义如下：

```
typedef struct
{
    Task *front;               //头指针
    Task *rear;                //尾指针
} Queue;
```

C 语言实现程序清单如下：

```
#include "stdio.h"
typedef struct node
{
    int no;                 /*打印任务标识号*/
    char *text;             /*要打印的内容*/
    struct node *next;      /*指向下一个结点的指针*/
} Task;                     /* 结点结构体 Task */
typedef struct
{
    Task *front;            /*头指针*/
    Task *rear;             /*尾指针*/
} Queue;
int InitQueue(Queue *Q)        /* 初始化为一个带哨兵的空链队 Q */
{
    Q->front = (Task*)malloc(sizeof(Task)); /*开辟哨兵*/
    if(Q->front != NULL)
    {
        Q->rear = Q->front;        /*队头，队尾都指向哨兵结点*/
        Q->front->next = NULL;
        return 1;
    }
    else return 0;                            /*哨兵结点开辟失败！*/
}
OutputPrintTask(Queue Q)                    /*将队列 Q 的所有元素打印输出*/
{
    Task *p;
    printf("\n 当前队列\n");
    printf("作业号，文本");
    for(p=Q.front->next; p; p=p->next)
        printf("\n %d,%s",p->no,p->text);   /*输出队列中打印作业的标识号和内容*/
}
/*入队操作*/
void EnqPrintTask(Queue *Q, int no, char *text)
/*标识号 no + 打印的内容 text 加入到队列的队尾*/
{
    Task *p;
    p = (Task*)malloc(sizeof(Task));
```

```
        p->text = (char*)malloc(strlen(text)*sizeof(char)+1);
        /*开辟空间存放打印的内容*/
        strcpy(p->text, text);
        p->no = no;
        p->next = NULL;
        Q->rear->next = p;                          /*新结点入队，修改队尾指针*/
        Q->rear = p;
}
/*出队操作*/
int DelqPrintTask(Queue *Q)  /*将打印任务标识号no和要打印的内容text出队*/
{
    Task *p;
    if (Q->front == Q->rear) /*队列中没有元素不能出队*/
        return 0;
    p = Q->front->next;
    if(Q->rear == p)
        Q->rear = Q->front;    /*当队列中只有一个元素出队时修改尾指针*/
    Q->front->next = p->next;                       /*将p结点出队*/
    printf("当前打印任务序号: %d\n", p->no);
    printf("当前打印内容: %s\n", p->text);
    free(p);
    return 1;
}
void main()                                     /*主程序*/
{
    Queue Q; int m,no; char str[100];
    InitQueue(&Q);                              /*初始化队列*/
    while (1)
    {
        printf("\n***添加打印任务:1 *** \n");      /*打印菜单*/
        printf("***执行打印任务:2 *** \n");
        printf("***结束: 0***\n");
        printf("\n 请选择: ");
        scanf("%d", &m);
        if(m==0) break;
        if (m==1)
        {
            printf("***输入: no 和文本\n");
            scanf("%d,%s", &no, str);
            EnqPrintTask(&Q, no, str);          /*作业入队*/
            OutputPrintTask(Q);                 /*输出当前队列全部作业*/
        }
        else
        {
            DelqPrintTask(&Q);                  /*作业出队*/
            OutputPrintTask(Q);                 /*输出当前队列全部作业*/
        }
    }
}
```

单　元　测　试

1. 单选题 一个栈的入栈序列是 abcde，则出栈序列不可能是_____。

    A. edcba　　　　　B. dceab　　　　　C. abcde　　　　　D. decba

2. 单选题 当循环队列 Q(元素个数为 n)中，队尾空闲一个单元区别队列空满状态时，判断队列为满的选项为_____。

    A. (Q->rear+1)%n== Q->front　　　　B. Q->rear-Q->front==n

    C. Q->rear==Q->front+1　　　　　　　D. Q->rear==Q->front

3. 单选题 下面选项中判断循环队列 Q(元素个数为 n)为空的选项为_____ 。

    A. Q->rear==Q->front　　　　　　　　B. Q->rear-Q->front+1==n

    C. Q->rear==Q->front+1　　　　　　　D. Q->rear-Q->front==n

4. 单选题 什么是循环队列，描述正确的选项为_____。

    A. 循环队列是将链表首尾相接形成的

    B. 循环队列是顺序存储的队列，通过模运算将队头队尾指针相邻

    C. 循环队列是顺序存储的队列，把队头和队尾空间物理相接

    D. 以上说法都不对

5. 单选题 中缀表达式求后缀表达式时，要使用栈来实现，栈设置正确的是_____。

    A. 2 个栈，运算符栈和操作数栈　　　B. 1 个运算符栈

    C. 1 个操作数栈　　　　　　　　　　　D. 以上都不对

6. 填空题 栈是_____的线性表。

7. 填空题 队列是_____的线性表。

8. 填空题 队列的顺序存储结构，用_____运算将队列的首尾连接起来，成为循环队列。

9. 填空题 栈顶指针与栈底指针的差值为栈的_____ 。

10. 填空题 循环队列中，队头队尾关系应该是_____。(大于、小于、不一定)

11. 填空题 栈底指针的设置不同，栈顶指针可以指向栈顶元素，也可以指向_____。

12. 填空题 一个队列，有元素 ABCDEFG，依次进队三次，出队一次，进队四次，出队两次，此时队列中元素为_____。

13. 填空题 一个栈，有元素 ABCDEFG，依次进栈三次，出栈一次，进栈四次，出栈两次，此时栈中元素为_____。

14. 填空题 栈可以看作是一种操作受限的线性表，允许插入和删除运算的一端称为_____，不允许插入和删除运算的一端称为_____。

15. 填空题 当入栈操作时，要先判断栈是否为_____；当出栈操作时，要先判断栈是否为_____。

习　题

1. 简述线性表、栈、队列的区别与联系。

2. 设有数据元素"abcd"，按顺序依次进栈，且进栈的同时可以随时出栈，试写出所有可能的输出序列。举例说明一个不可能的序列。

3. 设有"abcde"，经过一个栈的处理得到输出序列为"cdbae"。假设用"1"代表一次进栈操作，"2"代表一次退栈操作。要求写出用 1、2 序列表示得到上述输出结果的过程。

4. 设火车调度站的入口处有 n 节硬席或软席车厢(分别以 H 和 S 表示)等待调度，试写一算法，输出对这 n 节车厢进行调度的操作序列，使得所有的软席车厢调到硬席车厢之前。

5. 设两个栈共享向量空间 v(1: m)，它们的栈底分别设在向量的两端。试写出这两个栈的初始化算法。

6. 设两个栈共享向量空间 v(1:m)，它们的栈底分别设在向量的两端。试写出这两个栈的入栈、出栈算法。

7. 按照四则运算加、减、乘、除优先关系的惯例，画出对下列算术表达式求值时操作数栈和运算符栈的变化过程，表达式：A−B×C/D+E。

8. 假设一个算术表达式中可包含三种括号：圆括号"("和")"，方括号"["和"]"和花括号"{"和"}"，且这三种括号可按任意的次序嵌套使用(如：...[...{...}...[...]...]...[...]...(...)...)。试利用栈的运算，编写判别给定表达式中所含括号是否正确配对出现的算法(可设表达式已存入字符串中)。

9. 假设表达式用单字母变量和四则运算符加减乘除构成。试写一个算法，将表达式变成后缀表达式(又称为逆波兰式)。

10. 试推导求解 n 阶梵塔问题至少要执行的 move 操作的次数。

11. 设一维数组 sequeue(0:n-1)存储循环队列的元素。为区别尾指针和头指针值相同时队列的状态是"空"还是"满"，另设一个 flag 标志(当队列满时值为 1，当队列非满时值为 0)。定义数据结构并编写入队算法。

12. 设一维数组 sequeue(0 : n-1)存储循环队列的元素。为区别尾指针和头指针值相同时队列的状态是"空"还是"满"，另设一个 flag 标志(当队列满时值为 1，当队列非满时值为 0)。定义数据结构并编写出队算法。

13. 假设以数组 sequeue(0 : m-1)存放循环队列的元素，同时设变量 rear 和 quelen 分别指示循环队列中队尾元素的位置和内含元素的个数。试给出此循环队列的队满条件，并写出相应的入队算法。

14. 假设以数组 sequeue(0 : m-1)存放循环队列的元素，同时设变量 rear 和 quelen 分别指示循环队列中队尾元素的位置和内含元素的个数。试给出此循环队列的队满条件，并写出相应的出队算法。

15. 利用循环队列编写求斐波那契序列 $a_0=0$, $a_1=1$, ..., $a_n=a_{n-1}+a_{n-2}$ 中前 n+1 项的算法。

实　验

实验一　算术表达式求值。

(1) 问题描述：在计算机中，算术表达式由常量、变量、运算符和括号组成。由于不同的运算符具有不同的优先级，又要考虑括号，因此，算术表达式的求值不可能严格地从左到右进行。因而在程序设计语言编译过程中，借助栈实现算术表达式的求值。

(2) 基本要求：输入一个算术表达式，由常量、变量、运算符和括号组成(为简化起见，规定操作数只能为正整数，而操作符只能是+、-、*、/ 这几个二元运算符，用#表示表达式结束)，输出对算术表达式计算的结果。

(3) 测试数据：输入表达式 3+5×(12-9)#。

(4) 程序运行结果如图 3.16 所示。

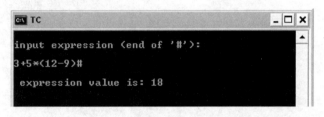

图 3.16　表达式求值运行结果

(5) 提示：解决此问题的关键是栈的使用，利用操作数栈和运算符栈来求表达式的值。设计两个栈，OPTR 为字符型，存放运算符；栈 OPND 为整型，存放操作数。

实现主要功能的算法思想如下。

① 初始化两个栈，将#压入 OPTR 中。

② 从左至右对算法表达式进行扫描，每次读一个字符。

③ 若遇到操作数，则压入 OPND 栈。

④ 若遇到运算符，则与 OPTR 栈顶比较，结果有 3 种。

● 若遇到运算符优先级比栈顶的优先级高，则直接进 OPTR 栈，处理下一个字符。

● 若遇到运算符优先级比栈顶的优先级低，则 OPTR 栈顶元素出栈(运算符)，并且在 OPND 中弹出两个操作数进行运算，然后将运算结果压入 OPND 栈。

● 若遇到运算符优先级与栈顶的优先级相等，则 OPTR 栈顶元素出栈，处理下一个字符。

⑤ 当输入符为#时，表明表达式串已全部处理完，将 OPND 栈中的操作数输出为表达式结果。

(6) 程序清单如下：

```
#include <string.h>
#include <stdlib.h>
#include <math.h>
#include <conio.h>
#define TRUE 1
```

```
#define FALSE 0
#define Stack_Size 50
char ops[7] = {'+', '-', '*', '/', '(', ')', '#'};
            /*操作符数组表示能参与运算的符号集合，即表 3.1 中的操作符优先级数组*/
char cmp[7][7] = {{'>', '>', '<', '<', '<', '>', '>'},
                  {'>', '>', '<', '<', '<', '>', '>'},
                  {'>', '>', '>', '>', '<', '>', '>'},
                  {'>', '>', '>', '>', '<', '>', '>'},
                  {'<', '<', '<', '<', '<', '=', '<'},
                  {'>', '>', '>', '>', '>', '>', '>'},
                  {'<', '<', '<', '<', '<', '<', '='}};
typedef struct
{
    char elem[Stack_Size];
    int top;
} SeqStack;                              /*运算符栈的类型定义*/
typedef struct
{
    int elem[Stack_Size];
    int top;
} SeqStackn;                             /*操作数栈的类型定义*/
void InitStack(SeqStack *S)              /*初始化运算符栈*/
{
    S->top = -1;
}
void InitStackn(SeqStackn *S)            /*初始化操作数栈*/
{
    S->top = -1;
}
int EmptyStack(SeqStack *S)              /*栈 S 为空时返回真，否则返回假*/
{
    return (S->top==-1 ? TRUE : FALSE);
}
int EmptyStackn(SeqStackn *S)            /*栈 S 为空时返回真，否则返回假*/
{
    return (S->top==-1 ? TRUE : FALSE);
}
int IsFull(SeqStack *S)                  /*栈 S 为满栈时返回真，否则返回假*/
{
    return (S->top==Stack_Size-1 ? TRUE : FALSE);
}
int IsFulln(SeqStackn *S)                /*栈 S 为满栈时返回真，否则返回假*/
{
    return(S->top==Stack_Size-1 ? TRUE : FALSE);
}
int Push(SeqStack *S, char x)            /*运算符入栈*/
{
    if (S->top == Stack_Size-1)
    {
```

```
            printf("Stack is full!\n");
            return FALSE;
        }
        else
        {
            S->top++;
            S->elem[S->top] = x;
            return TRUE;
        }
}
int Pushn(SeqStackn *S, int x)      /*操作数栈入栈函数*/
{
    if (S->top == Stack_Size-1)
    {
        printf("Stack is full!\n");
        return FALSE;
    }
    else
    {
        S->elem[++S->top] = x;
        return TRUE;
    }
}
int Pop(SeqStack *S, char *x)        /*运算符栈出栈函数*/
{
    if (S->top == -1)
    {
        printf("OPTR is null!\n");
        return FALSE;
    }
    else
    {
        *x = S->elem[S->top];
        S->top--;
        return TRUE;
    }
}
int Popn(SeqStackn *S, int *x)       /*操作数栈出栈函数*/
{
    if (S->top == -1)
    {
        printf("OPND is null!\n");
        return FALSE;
    }
    else
    {
        *x = S->elem[S->top--];
        return TRUE;
    }
```

```
}
char GetTop(SeqStack *S)      /*运算符栈取栈顶元素函数*/
{
    if (S->top == -1)
    {
        printf("OPTR is null!\n");
        return FALSE;
    }
    else
    {
        return (S->elem[S->top]);
    }
}
int GetTopn(SeqStackn *S)      /*操作数栈取栈顶元素函数*/
{
    if (S->top == -1)
    {
        printf("OPND is null!\n");
        return FALSE;
    }
    else
    {
        return (S->elem[S->top]);
    }
}
int Isoperator(char ch) /*输入字符是否属于运算符集合, 如果是返回 TRUE, 否则返回
FALSE*/
{
    int i;
    for (i=0; i<7; i++)
        if(ch == ops[i]) return TRUE;
    return FALSE;
}
char Compare(char ch1, char ch2)    /*比较运算符优先级函数*/
{
    int i, m, n;
    for(i=0; i<7; i++)                    /*找到相比较的两个运算符的优先级*/
    {
        if(ch1 == ops[i]) m = i;
        if (ch2 == ops[i]) n = i;
    }
    return cmp[m][n];
}
int Execute(int a, char op, int b) /*操作数a、b按四则运算符op计算结果*/
{
    int result;
    switch(op)
    {
    case '+': result=a+b; break;
```

```
        case '-': result=a-b; break;
        case '*': result=a*b; break;
        case '/': result=a/b;
    }
    return result;
}
int ExpEvaluation()      /*输入算术表达式并求值。OPTR 和 OPND 为运算符栈和操作数栈*/
{
    int a, b, v, temp, i=0; char ch, op, *str;
    SeqStack OPTR; SeqStackn OPND;
    InitStack(&OPTR);
    InitStackn(&OPND);
    Push(&OPTR, '#');
    printf("\ninput expression (end of '#'):\n\n");      /*输入表达式*/
    str =(char*)malloc(50 * sizeof(char));
    gets(str);
    ch = str[i];
    i++;
    while(ch!='#' || GetTop(&OPTR)!='#')
    {
        if(!Isoperator(ch))
        {
            temp = ch-'0';     /*将'0'~'9'字符转换为相应的十进制数*/
            ch = str[i];
            i++;
            while(!Isoperator(ch))
            {
                temp = temp * 10 + ch - '0';  /*转换多位整数*/
                ch = str[i++];
            }
            Pushn(&OPND, temp);
        }
        else
        {
            switch(Compare(GetTop(&OPTR), ch))
            {
            case '<':                      /*栈顶优先级小于读入操作符的优先级*/
                Push(&OPTR,ch);            /* ch 进操作符栈 */
                ch = str[i++];            /*取出表达式中下一个字符*/
                break;
            case '=':                      /*栈顶优先级等于读入操作符的优先级*/
                Pop(&OPTR, &op);          /*栈顶退栈*/
                ch = str[i++];            /*取出表达式中下一个字符*/
                break;
            case '>':                      /*栈顶优先级大于读入操作符的优先级*/
                Pop(&OPTR, &op);          /*操作符退栈*/
                Popn(&OPND, &b);          /* 退出两个操作数 a 和 b */
                Popn(&OPND,&a);
                v = Execute(a, op, b); /* 对 a 和 b 进行 op 运算 */
```

```
            Pushn(&OPND, v);
            break;
        }
    }
}
v = GetTopn(&OPND);
return v;
}

void main()                                    /*主函数*/
{
    int result;
    clrscr();
    result = ExpEvaluation();
    printf("\n expression value is: %d\n", result);
}
```

第 4 章 串

本章要点：

● 串的逻辑结构。

● 串的存储结构。

● 串的操作实现。

串即字符串，其应用非常广泛，是许多软件系统(如字符编辑、情报检索、词法分析、符号处理、自然语言翻译等系统)的操作对象。像线性表、栈、队列一样，字符串也是线性结构，是一种特定的线性表。串的特殊性在于操作的对象不再限于线性表中的单个元素(一个字符)，而是要处理多个字符等。下面进入串的学习。

4.1 串的基本概念和存储结构

4.1.1 串的基本概念

串是字符组成的线性有限集合，记作 $a=``a_1...a_i...a_n"$ $(n \geq 0)$。其中，a 是串名，用双引号括起来的字符序列是串的值，双引号不是串内的成分，其作用是为了避免与变量名或常量混淆。$a_i(1 \leq i \leq n)$或是字母数据，或是其他字符，称为串的元素，是构成串的基本单位。n 为串的长度，且 $n \geq 0$；如果 n=0，则称 a 为空串(Null String)，记作 a=" "，其长度为 0。而 a=" "称为空白串(Blank String)，由于空格本身就是一个字符，它的长度不为 0。因此，它可以出现在其他字符中间。为了表示清楚，空格符可以用"Φ"表示。

1. 串的术语

(1) 子串：串中任意个连续的字符组成的子序列称为该串的子串。

(2) 主串：包含子串的串相应地称为主串。

(3) 子串在主串中的位置：字符在序列中的序号称为该字符在串中的位置。子串在主串中的位置是以子串的第一个字符在主串中的位置来表示的。

例如，有如下的串：

● a="about"

● b="wait"

● c="out"

其长度分别为 5、4、3。其中串 c 为串 a 的子串，相应地串 a 为主串。串 c 在串 a 中的位置为 3。

当两个串的长度相等，并且各个对应位置的字符都相同时，称这两个串相等。

串的数据对象是字符集合，一系列连续的字符就组成一个串。学习线性表后，也许你会觉得串也是一种线性表，串的逻辑结构与线性表极为相似，但由于串有某些特征而不同于线性表(操作的对象不是单个数据元素而是若干个元素，即子串)，故独立讨论。

2. 串的抽象数据类型定义

串的抽象数据类型定义如下：

```
ADT String {
    数据对象: D = {ai | ai∈CharacterSet, i=1,2,...,n, n≥0}
    数据关系: R1 = {<ai-1,ai> | ai-1, ai∈D, i=2,...,n}
    基本操作如下。
    StrAssign(*T, charconstant): 串赋值。charconstant 是字符串常量，生成一个其值
    等于 charconstant 的串 T。
    StrCopy(*T, S): 串复制。已知串 S，将串 S 的内容复制到串 T 中。
    StrEmpty(S): 判断串 S 是否为空，若 S 为空，则返回真 TRUE，否则返回假 FALSE。
    StrCompare(S, T): 串的比较。已知串 S 和 T，若 S>T，则返回值 1；若 S=T，则返回值=0；
    若 S<T，则返回值-1。
    StrLength(S): 求串 S 的长度。已知串 S，函数返回 S 串的长度。
    StrClear(*S): 串 S 存在。将 S 清为空串。
    Concat(*T, S1, S2): 已知串 S1 和 S2，用 T 返回由 S1 和 S2 联接而成的新串。或不设 T
    参数，T 串由函数返回。
    SubString(*Sub, S, pos, len):求子串。已知串 S,1≤pos≤StrLength(S)且 0≤len≤
    StrLength(S)-pos+1。用 Sub 返回串 S 的第 pos 个字符起长度为 len 的子串。
    StrIndex(S, T, pos): 串的定位。已知串 S 和 T(非空)，1≤pos≤StrLength(S)。若串
    S 中存在和串 T 相同的子串，则返回它在主串 S 中第 pos 个字符之后第一次出现的位置；否则
    函数值返回 0。
    Replace(*S, T, V): 串的置换。已知串 S、T 和 V，T 是非空串，用 V 替换主串 S 中出现的
    所有与 T 相等的不重叠的子串。
    StrInsert(*S, pos, T): 串的插入。已知串 S 和 T，1≤pos≤StrLength(S)+1。在串 S
    的第 pos 个字符之前插入串 T。
    StrDelete(*S, pos, len): 串的删除。已知串 S，1≤pos≤StrLength(S)-len+1，在
    串 S 中删除第 pos 个字符起长度为 len 的子串。
    StrDestroy(*S): 已知串 S，将 S 销毁，释放内存空间。
} ADT String
```

在串的抽象数据类型中，有些操作可以不包含。例如，定位操作 StrIndex()和置换操作 Replace()是可以用其他操作来实现的。

【例 4.1】用 StrCompare()、SubString()、StrLength()等操作实现定位算法 StrIndex()。
StrIndex()算法如下：

```
int StrIndex(String S, int pos, String T)
/*从 S 串的 pos 位置开始定位 T 串位置*/
{
    for(i=pos; i<StrLength(s)-StrLength(T)+1; i++)
    {
        SubString(Sub, S, i, StrLength(T));
        if StrCompare(Sub,T) == 0 return i;
    }
    return -1;            /* 定位失败返回-1 */
}
```

注意： 在定位失败时，算法中的返回值可以约定一个值，如−1 或 0；但此算法如果选用的结构是向量存储方式，则 0 下标位置是被使用的，此时不能选用 0 作为返回值。

4.1.2 串的存储结构

线性表有顺序和链式存储结构，对于串也是适用的。但任何一种存储结构对于串的不同运算并非都是有效的。对于串的插入和删除操作，顺序存储结构不方便实现，而链式存储结构则方便实现。如果访问串中的某些字符，用链式存储结构要比用顺序存储结构麻烦。所以要针对不同的应用，针对不同的操作，来选择串的存储结构。另外，串的存储结构和具体的计算机的编址方式也有密切的关系。因此，选用串的存储方式要考虑的因素较多，下面是不同结构上的一些操作实现。

1．串的顺序存储结构

串的顺序存储可以将串设计成一种静态结构类型，串的存储分配是在编译时完成的，串中的字符依次存放在一组连续的存储空间中，也就是用向量来存储串。

串的顺序存储结构如下：

```
#define MAXLEN  <最大串长>
typedef struct
{
    char ch[MAXLEN+1];
    int length;            /*串的实际长度*/
} SString;
```

串的实际长度可在预定义长度的范围内随意，超过预定义长度的串值则被舍去，称为"截断"。对串的长度有两种表示方法：第一种如上述定义描述的那样，以 length 数据变量存放串的实际长度；第二种是在串值后面加一个不计入串长的结束标记字符，例如，在 C 语言中以 "\0" 表示串值的终结。此时的串长为隐含值，不便于进行某些串操作。第二种串数据类型定义如下：

```
typedef char *Sstring1;
```

2．堆存储结构

这种存储方法仍然以一组地址连续的存储单元存放串的字符序列，但它们的存储空间是在程序执行过程中动态分配的。系统将一个地址连续、容量很大的存储空间作为字符串的可用空间，每当建立一个新串时，系统就从这个空间中分配一个大小和字符串长度相同的空间存储新串的串值。

在 C 语言中，存在一个称为"堆"的自由存储区，并由 C 语言的动态分配函数 malloc() 和 free() 来管理。利用函数 malloc() 为每个新产生的串分配一块实际串长所需的存储空间，若分配成功，则返回一个指向起始地址的指针，作为存储串的基址，同时，为了以后处理方便，约定串长也作为存储结构的一部分：

```
typedef struct
{
    char *ch;          /* 若是非空串，则按串长分配存储区，否则 ch 为 NULL */
```

```
    int length;        /* 串长度 */
} HString;
```

以这种存储结构表示时的串操作仍是基于"字符序列的复制"进行的。

3. 串的块链存储表示

串是一种特殊的线性表，存储时也可以采用链式存储。由于字符串的特殊性(每个元素是字符)，在具体实现时，链表中的每个结点既可以存放一个字符，也可以存放多个字符。因此有时也称每个结点为块，那么整个链表是一个块结点组成的链结构，为了便于操作，再增加一个尾指针。链表中的结点大小为数据域中存放字符的个数。

例如，图 4.1(a)是结点大小为 4(即每个结点存放 4 个字符)的链表，图 4.1(b)是结点大小为 1 的链表。当结点大小大于 1 时，由于串长不一定是结点大小的整倍数，则链表中的最后一个结点不一定全被串值占满，此时通常补上#或其他约定好的非串值字符。

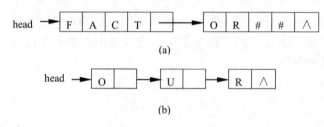

(a)

(b)

图 4.1　串的链式存储

串链存储的数据类型为：

```
#define CHUNKSIZE <每块长度>      /*可由用户定义的块大小*/
typedef struct Chunk
{
    char ch[CHUNKSIZE];
    struct Chunk *next;
} Chunk;
typedef struct
{
    Chunk *head, *tail;      /*串的头和尾指针*/
    int curlen;              /*串的当前长度*/
} LString;
```

注意，这种存储结构在插入操作时，如果在块的边缘插入字符，可以将插入字符放在一个(或多个)新的块中。如图 4.2(a)所示的串 FACTOR，当在第五个字符前插入串 YOU 时，创建一个新块放入插入的串，不足补#，插入结果如图 4.2(b)所示。如果插入点在一个块结点的中间，这时要将块结点分解为两个部分再进行插入操作。如图 4.2(a)所示的串 FACTOR，当在第三个字符前插入串 YOU 时，插入结果如图 4.2(c)所示。插入字符个数少于块中字符数量时，填#字符补上。

当进行删除操作时，删除的字符可能不在一个结点上，这时可以根据需要，如果删除操作后剩余相邻结点的字符数量可以合并为一个结点，则合并结点；否则填#字符补上被删除的位置。如图 4.3(a)所示的串 FACTORARYER，当删除串 AR 后，结果如图 4.3(b)所示，其中删除字符用#填补。当删除 4.3(a)所示的串中的串 ARY 后，结果如图 4.3(c)所示。

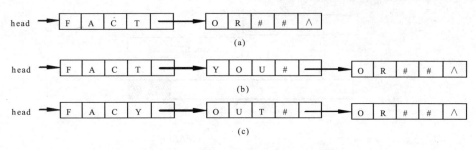

图 4.2　串的链式存储结构的插入操作

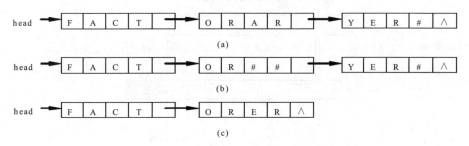

图 4.3　串的链式存储结构的删除操作

4.2　串基本操作的实现

从逻辑结构来看，串是特殊的线性表，串的存储结构和线性表不同，串的基本操作和线性表也不同。一是它们的基本操作子集不同；二是线性表的操作通常以"数据元素"为操作对象。而串的操作主要以"串整体"为操作对象。因此，实现串的基本操作有其自己的处理方法。

1．串的连接 Concat(T, S1, S2)

假设 T、S1、S2 都是 SString 类型串，T 是 S1 连接 S2 后得到的串，则连接运算是将 S1 和 S2 的串值依次送入 T 中，并且对超长的部分截断。基于串 S1、S2 长度的不同情况，串 T 值的产生可能有如下 3 种情况。

(1)　S1.length + S2.length≤MAXLEN，如图 4.4(a)所示。

(2)　S1.length + S2.length>MAXLEN 而 S1.length<MAXLEN，如图 4.4(b)所示。

(3)　S1.length = MAXLEN，如图 4.4(c)所示。

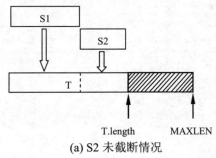

(a) S2 未截断情况

图 4.4　两个串的连接

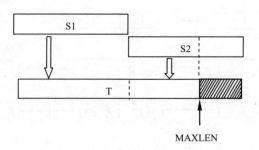

(b) S2 被部分截断

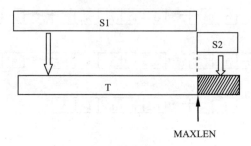

(c) S2 被全部截断

图 4.4　两个串的连接(续)

连接算法如下:

```
int Concat(SString *T, SString S1, SString S2)
/* 用 T 返回由 S1 和 S2 连接而成的新串。若未截断, 则返回 TRUE, 否则返回 FALSE */
{
    if (S1.length+S2.length <= MAXLEN)              /*未截断*/
    {
        T->ch[1..S1.length] = S1.ch[1..S1.length];
        T->ch[S1.length+1..S1.length+S2.length] = S2.ch[1..S2.length];
        T->length = S1.length+S2.length;
        return TRUE;
    }
    else if (S1.length < MAXLEN)                    /*截断*/
    {
        T->ch[1..S1.length] = S1.ch[1..S1.length];
        T->ch[S1.length+1..MAXLEN] = S2.ch[1..MAXLEN-S1.length];
        T->length = MAXLEN;
        return FALSE;
    }
    else                                            /* 截断(仅取 S1) */
    {
        T[0..MAXLEN] = S1[0..MAXLEN];
        return FALSE;
    }
}
```

2. 求子串函数

求子串的过程即为复制字符序列的过程,将串 S 中从第 pos 个字符开始,长度为 len

的字符序列复制到串 sub 中。

```
int SubStr(SString s, int pos, int len, SString *sub)
{
    if(pos<1 || pos>S.length || len>(S.length-pos+1) || len<0)
        return FALSE;
    Sub->ch[1..len] = S.ch[pos..pos+len-1];
    Sub->length = len;
    return TRUE;
}
```

3. 串插入函数

串插入函数的定义如下：

```
int StrInsert(SString *s, int pos, SString t)    /*在串 s 中第 pos 个字符之前插入
串 t */
{
    if (pos<0 || pos>s->length) return FALSE;    /*插入位置不合法*/
    if (s->length+t.length <= MAXLEN)             /* 插入后串长≤MAXLEN */
    {
        for (i=s->length; i>=pos; --i)
            s->ch[t.length+i] = s->ch[i];
        for (i=1; i<=t.length; ++i)
            s->ch[pos+i-1] = t.ch[i];
        s->length += t.length;
    }
    else if (pos+t.length-1 <= MAXLEN)
    /*插入后串长>MAXLEN，但串 t 可全部插入，串 s 被截断*/
    {
        for (i=MAXLEN-t.length; i>=pos; --i)
            s->ch[i+t.length] = s->ch[i];
        for (i=1; i<=t.length; ++i)
            s->ch[pos+i-1] = t.ch[i];
        s->length = MAXLEN;
    }
    else                                          /*串 t 部分或全部被截断*/
    {
        for (i=1; i<=MAXLEN-pos+1; ++i)
            s->ch[pos+i-1] = t.ch[i];
        s->length = MAXLEN;
    }
    return TRUE;
}
```

4. 串删除函数

串删除函数的定义如下：

```
int StrDelete(SString *s, int pos, int len)
/*删除串 s 中从序号 pos 起 len 个字符*/
```

```
{
    if(pos<0 || pos>s->length-len+1) return FALSE;
    for (i=pos+len; i<=s->length; ++i)
        s->ch[i-len] = s->ch[i];
    s->length -= len;
}
```

5. 串复制函数

串复制函数的定义如下:

```
void Strcopy(SString *s, SString t)           /*将串 t 的值复制到串 s 中*/
{
    for (i=1; i<=t.length; ++i)
        s->ch[i] = t.ch[i];
    s->length = t.length;
}
```

6. 定位函数

定位函数的定义如下:

```
int StrIndex(SString s, int pos, SString t)  /*定位串 t 在串 s 中 pos 后的位置*/
{
    if (t.length==0 || pos<=0) return 0;
    i=pos; j=1;
    while (i<=s.length && j<=t.length)
        if (s.ch[i] == t.ch[j]) {i++; j++;}
        else {i=i-j+2; j=1;}
    if (j>t.length) return(i-j+1);               /*找到串 t 第一次出现的位置*/
    else return 0;
}
```

7. 判空函数

判空函数的定义如下:

```
int Strempty(Sstring s)       /* 若串 s 为空(即串长为 0),则返回 1,否则返回 0 */
{
    return s.length == 0;
}
```

8. 求串长函数

求串长函数的定义如下:

```
int strlength(SString s)                   /*返回串 s 的长度*/
{
    return s.length;
}
```

9. 清空函数

清空函数的定义如下：

```
void Strclear(SString *s)              /*将串 s 置成空串*/
{
    s->length = 0;
}
```

4.3 模 式 匹 配

4.3.1 子串定位函数

子串定位操作通常称作串的模式匹配，是各种串处理系统中最重要的操作之一。其算法如下：

```
int StrIndex(SString s, int *pos, SString t) /*从串 s 的 pos 序号起，定位 t 串*/
{
    if (t.length==0 || pos<=0) return 0;
    i=pos; j=1;
    while (i<=s.length && j<=t.length)
        if (s.ch[i] == t.ch[j]) {i++; j++;}
        else {i=i-j+2; j=1;}
    if (j > t.length) return (i-j+1);
        else return 0;
}
```

在此算法的函数过程中，是带有回溯的匹配算法，分别利用计数指针 i 和 j 指示主串 s 和模式串 t 中当前正待比较的字符位置。算法的基本思想是：从主串 s 的第 pos 个字符起与模式串的第一个字符比较，若相等，则继续逐个比较后续字符；否则就回溯，从主串的下一个字符起再重新与模式串的字符比较。依次类推，直至模式串 t 中的每个字符依次与主串 s 中的一个连续的字符序列相等，则称匹配成功，函数值为与模式串 t 中第一个字符相等的字符在主串 s 中的序号，否则称匹配不成功，函数值为零。图 4.5 展示了模式串 t="abcac"与主串 s 的匹配过程(pos=1)。

上述算法的匹配过程易于理解，且在某些应用场合，如文本编辑等，效率也较高。在这种情况下，此算法的时间复杂度为 O(n+m)。其中 n 和 m 分别为主串和模式串的长度。

然而，在有些情况下，该算法的效率却很低。例如，当模式串为 00000001，而主串为 0000000000000000000000000000000000000000000001 时，由于模式串中前 7 个字符均为 0，又因为主串中前 52 个字符均为 0，如图 4.5 所示，每趟比较都在模式串的最后一个字符出现不相等，此时需将指针 i 回溯到 i-6 的位置，并从模式串的第一个字符开始重新比较，整个匹配过程中指针 i 需回溯 45 次，则 WHILE 循环次数为 46×8(index×m)。可见，算法在最坏情况下的时间复杂度为 O(n×m)。

$$\downarrow i=3$$

第一趟匹配：　　　 a b a b c a b c a c b a b

　　　　　　　　　 a b c

$$\uparrow j=3$$

$$\downarrow i=2$$

第二趟匹配：　　　 a b a b c a b c a c b a b

　　　　　　　　 a

$$\uparrow j=1$$

$$\downarrow i=7$$

第三趟匹配：　　　 a b a b c a b c a c b a b

　　　　　　　　 a b c a c

$$\uparrow j=5$$

$$\downarrow i=4$$

第四趟匹配：　　　 a b a b c a b c a c b a b

　　　　　　　　 a

$$\uparrow j=1$$

$$\downarrow i=5$$

第五趟匹配：　　　 a b a b c a b c a c b a b

　　　　　　　　 a

$$\uparrow j=1$$

$$\downarrow i=11$$

第六趟匹配：　　　 a b a b c a b c a c b a b

　　　　　　　　 a b c a c

$$\uparrow j=6$$

图 4.5　模式匹配过程

这种情况在只有 0、1 两种字符的文本串处理中经常出现，因为在主串中可能存在多个与模式串"部分匹配"的子串，因而引起指针 i 的多次回溯。01 串可以用在许多应用中。比如，一些计算机的图形显示就是把画面表示为一个 01 串，一页书就是一个几百万个 0 和 1 组成的串。在二进制计算机上实际处理的都是 01 串。一个字符的 ASCII 码也可以看成是 8 个二进制的 01 串。而汉字存储在计算机中处理时，也是作为一个 01 串和其他字符串一样看待的。

4.3.2　模式匹配的一种改进算法

这种改进算法是 D. E. Knuth 与 J. H. Morris 和 V. R. Pratt 同时发现的，因此人们称它为克努特·莫里斯·普拉特操作，简称为 KMP 算法。此算法可以在 O(n+m) 的时间数量级上完成串的模式匹配操作。其改进在于：每当一趟匹配过程中出现字符比较不等时，不需回溯 i 指针，而是利用已经得到的"部分匹配"的结果将模式向右"滑动"尽可能远的一段距离后，继续进行比较。下面先从具体的例子看起。

回顾图 4.5 中的匹配过程示例，在第三趟的匹配中，当 i=7、j=5 字符比较不等时，又从 i=4、j=1 重新开始比较。然后，经仔细观察可发现，i=4 和 j=1，i=5 和 j=1 以及 i=6 和 j=1 这三次比较都是不必进行的。因为从第三趟部分匹配的结果就可得出，主串中第 4、5 和 6 个字符必然是"b"、"c"和"a"(即模式串中第 2、3 和 4 个字符)。因为模式串中的第一个字符是 a，因此它无须再与这 3 个字符进行比较，而仅需将模式向右滑动 3 个字符的位置继续进行 i=7、j=2 时的字符比较即可。同理，在第一趟匹配中出现字符不等时，仅需将模式向右移动两个字符的位置继续进行 i=3、j=1 时的字符比较。由此，在整个匹配的过程中，i 指针没有回溯，如图 4.6 所示。

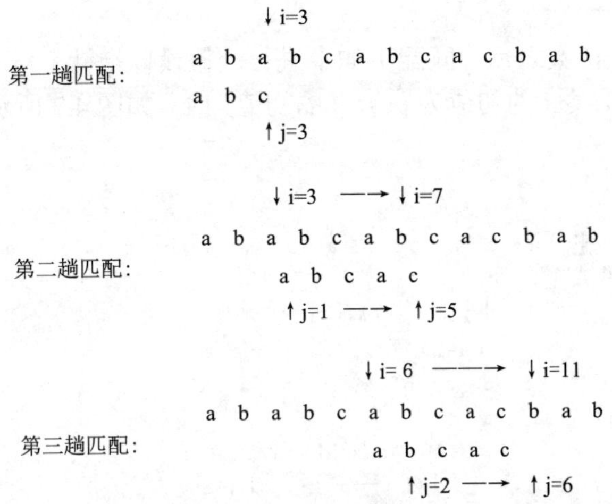

$$\downarrow i=3$$

第一趟匹配：　a b a b c a b c a c b a b
　　　　　　　a b c

$$\uparrow j=3$$

$$\downarrow i=3 \longrightarrow \downarrow i=7$$

第二趟匹配：　a b a b c a b c a c b a b
　　　　　　　　　a b c a c

$$\uparrow j=1 \longrightarrow \uparrow j=5$$

$$\downarrow i=6 \longrightarrow \downarrow i=11$$

第三趟匹配：　a b a b c a b c a c b a b
　　　　　　　　　　　a b c a c

$$\uparrow j=2 \longrightarrow \uparrow j=6$$

图 4.6　改进模式匹配过程

现在讨论一般情况。假设主串为"$s_1s_2…s_n$"，模式串为"$p_1p_2…p_m$"，从上例的分析可知，为了实现改进算法，需要解决下述问题：当匹配过程中产生"失配"(即 $s_i \neq p_i$)时，模式串"向右滑动"可行的距离多远，换句话说，当主串中第 i 个字符与模式串中第 j 个字符"失配"(即比较不等)时，主串中第 i 个字符(i 指针不回溯)应与模式串中哪一个字符再比较？

假设此时应与模式串中第 k(k<j)个字符继续比较，则模式中前 k-1 个字符的子串必须满足下列关系式，且不可能存在 k′ > k 满足下列关系式：

"$p_1p_2…p_{k-1}$" = "$s_{i-k+1}s_{i-k+2}…s_{i-1}$"

而已经得到的"部分匹配"的结果为：

"$p_{j-k+1}p_{j-k+2}…p_{j-1}$" = "$s_{j-k+1}s_{j-k+2}…s_{i-1}$"

可推得下列等式：

"$p_1p_2…p_{k-1}$" = "$p_{i-k+1}p_{j-k+2}…p_{i-1}$"

反之，若模式串中存在满足上式的两个子串，则当匹配过程中主串中第 i 个字符与模式串中第 j 个字符比较不等时，仅需将模式串向右滑动至模式串中第 k 个字符和主串中第 i 个字符对齐，此时，模式串中头 k-1 个字符的子串"$p_1p_2…p_{k-1}$"必定与主串中第 i 个字符之前长度为 k-1 的子串"$s_{i-k+1}s_{i-k+2}…s_{i-1}$"相等，由此，匹配仅需从模式串中第 k 个字符与主串中第 i 个字符比较起继续进行。

若令 next[j]＝k，则 next[j]表明当模式串中第 j 个字符与主串中相应字符"失配"时，在模式串中需重新找到与主串中该字符进行比较的字符的位置。由此可引出模式串的 next 函数的定义：

$$
next[j]=\begin{cases}0 & 当j=0时\\ MAX\{k\mid 1<k<j 且 "p_1\cdots p_{k-1}"="p_{j-k+1}\cdots p_{j-1}"\} \\ 1 & 其他情况\end{cases}
$$

由此定义可推出下列模式串的 next 函数值。

模式串：a　b　a　a　b　c　a　c

next[j]:　0　1　1　2　2　3　1　2

在求得模式的 next 函数之后，匹配可如下进行：假设以指针 i 和 j 分别指示主串和模式串中正待比较的字符，令 i 的初值为 pos，j 的初值为 1。如图 4.7 所示正是上述匹配过程的一个例子。

```
                  ↓ i=2
第一趟匹配:  主串  a  c  a  b  a  a  b  a  a  b  c  a  c  a  a  b  c
             模式  a  b
                  ↑ j=2     next[2]=1
                  ↓ i=2
第二趟匹配:  主串  a  c  a  b  a  a  b  a  a  b  c  a  c  a  a  b  c
             模式     a
                  ↑ j=1     next[1]=0
                     ↓ i=3  ——→  ↓ i=8
第三趟匹配:  主串  a  c  a  b  a  a  b  a  a  b  c  a  c  a  a  b  c
             模式        a  b  a  a  b  c
                     ↑ j=1  ——→  ↑ j=6   next[3]=3
                                 ↓ i=8  ————→  ↓ i=14
第四趟匹配:  主串  a  c  a  b  a  a  b  a  a  b  c  a  c  a  a  b  c
             模式                    a  b  a  a  b  c  a  c
                                 ↑ j=3  ————→  ↑ j=9
```

图 4.7　利用 next 函数匹配的过程

若在匹配过程中 $s_i=p_i$，则 i 和 j 分别增 1；否则，i 不变，而 j 退到 next[j]的位置再比较，若相等，则指针各自增 1，否则 j 再退到下一个 next 值的位置。依次类推，直至下列两种可能：

- 一种是 j 退到某个 next 值(next[next[...next[j]...]])时字符比较相等，则指针各自增 1，继续进行匹配。
- 另一种是 j 退到值为零(即模式的第一个字符“失配”)，则此时需将模式继续向右滑动一个位置，即从主串的下一个字符 s_{i+1} 起与模式重新开始匹配。

在形式上，图 4.6 所描述的算法与图 4.7 描述的算法极为相似。不同之处仅在于：当匹配过程中产生“失配”时，指针 i 不变，指针 j 退回到 next[j]所指示的位置重新进行比较，并且当指针 j 退至零时，指针 i 和指针 j 需同时增 1。即若主串的第 i 个字符和模式的第 1 个字符不等，应从主串的第 i+1 个字符起重新进行匹配。

KMP 算法如下：

```
int Index_KMP(SString S, SString T, int pos)
{    /*利用 next 函数求非空串 T 在主串 s 中第 pos 个字符后的位置的 KMP 算法*/
    i=pos; i=1;
    while (i<=S.length && j<=T.length)
    {
        if(j==0 || s[i]==T[j]) {++i; ++j;}    /*继续比较后继字符*/
        else j=next[j];                       /*模式串向右移动*/
    }
    if (i > T.length) return i-T.length;    /*匹配成功*/
    else return 0;
}
```

KMP 算法是在已知模式串的 next 函数值的基础上执行的，那么，如何求得模式串的 next 函数值呢？

从上述讨论可见，此函数值仅取决于模式串本身，而与相匹配的主串无关。我们可从分析其定义出发用递推的方法求得 next 函数值。

由定义得知：

next[1]=0

设 next[j]=k，这表明在模式串中存在下列关系：

$$"p_1p_2\cdots p_{k-1}" = "p_{j-k+1}p_{j-k+2}\cdots p_{j-1}"$$

其中 k 为满足 1<k<j 的某个值，并且不可能存在 k′>k 满足上式。此时 next[j+1]=?可能有两种情况。

(1) 若 $p_k=p_j$，则表明在模式串中有：

$$"p_1p_2\cdots p_k" = "p_{j-k+1}p_{j-k+2}\cdots p_j"$$

并且不可能存在 k″>k 满足上式，这就是说 next[j+1]=k+1，即

next[j+1]=next[j]+1

(2) 若 $p_k \neq p_j$，则表明在模式串中有：

$$"p_1p_2\cdots p_k" \neq "p_{j-k+1}p_{j-k+2}\cdots p_j"$$

此时可把求 next 函数值的问题看成是一个模式匹配的问题，整个模式串既是主串又是模式串，而当前在匹配的过程中，已有 $p_{j-k+1}=p_1$，$p_{j-k+2}=p_2$，…，$p_{j-1}=p_{k-1}$，则当 $p_j \neq p_k$ 时应将模式向右滑动至以模式中的第 next[k]个字符和主串中的第 j 个字符相比较。若 next[k]=k′，且 $p_j=p_{k'}$，则说明在主串中第 j+1 个字符之前存在一个长度为 k′ (即 next[k])的最长子串，与模式串中从首字符起长度为 k′的子串相等，即

$$"p_1p_2\cdots p_{k'}" = "p_{j-k'+1}p_{j-k'+2}\cdots p_j" \qquad (1<k'<k<j)$$

这就是说 next[j+1]=k′+1，即

next[j+1]=next[k]+1

同理，若 $p_j \neq p_{k'}$，则将模式继续向右滑动直至将模式中第 next[k′]个字符和 p_j 对齐，……，依次类推，直至 p_j 和模式中某个字符匹配成功或者不存在任何 k′(1<k′<j)满足上式，则

next[j+1]=1

例如图 4.8 中的模式串，已求得前 6 个字符的 next 函数值，现求 next[7]，因为 next[6]=3，

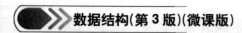

又 $p_6 \neq p_3$，则需比较 p_6 和 p_1(因为 next[3]=1)，这相当于将子串模式向右滑动。由于 $p_6 \neq p_1$，而且 next[1]=0，所以 next[7]=1，而因为 $p_7=p_1$，则 next[8]=2。

$$
\begin{array}{ll}
\text{模式串：} & \text{a b a a b c} \quad\quad\quad \text{a c} \\
\text{next[j]:} & \text{0 1 1 2 2 3} \quad\quad\quad \text{1 2}
\end{array}
$$

图 4.8   next 函数值

根据上述分析所得结果，仿照 KMP 算法，可得到求 next 函数值的算法如下：

```
void get_next(SString T, int *next[]) /* 求模式串 T 的 next 值并存入数组 next */
{
    i=1; next[1]=0; j=0;
    while (i < T.length)
    {
        if (j==0 || T[i]==T[j])
        {
            ++i; ++j;
            next[i] = j;
        }
        else j = next[j];
    }
}
```

上述算法的时间复杂度为 O(m)。通常，模式串的长度 m 比主串的长度 n 要小得多，因此，对整个匹配算法来说，所增加的这点时间是值得的。

最后，要说明两点。

(1) 虽然上述算法的时间复杂度是 O(n×m)，但在一般情况下，其实际的执行时间近似于 O(n+m)，因此至今仍被采用。KMP 算法仅当模式与主串之间存在许多"部分匹配"的情况时才显得快得多。但是 KMP 算法的最大特点是指示主串的指针不需回溯，整个匹配过程中，对主串仅需从头至尾扫描一遍，这对处理从外设输入的庞大文件很有效，可以边读入边匹配，而无须回头重读。

(2) 前面定义的 next 函数在某些情况下尚有缺陷。例如模式串"aaaab"在与主串"aaabaaaab"匹配时，当 i=4、j=4 时 s.ch[4]≠t.ch[4]，由 next[j]的指示还需进行 i=4、j=3，i=4、j=2，i=4、j=1 这 3 次比较。实际上，因为模式串中第 1、2、3 个字符和第 4 个字符都相等，因此不需要再和主串中第 4 个字符相比较，而可以将模式串一起向右滑动 4 个字符的位置直接进行 i=5、j=1 时的字符比较。

这就是说，若按上述定义得到 next[j]=k，而模式串中 $p_j=p_k$，则当主串中字符 s_i 和 p_j 比较不等时，不需要再和 p_k 进行比较，而直接和 pnext[k]进行比较，换句话说，此时的 next[j]应和 next[k]相同。

由此可得计算 next 函数修正值的算法如下，此时匹配算法不变：

```
void get_nextval(SString T, int *nextval[])
{    /* 求模式串 T 的 next 修正值并存入数组 nextval */
    i=1; nextval[1]=0; j=0;
    while (i < T.length)
```

```
{
    if (i==0 || T[i]==T[j])
    {
        ++i; ++j;
        if (T[i] != T[j]) nextval[i] = j;
        else  nextval[i] = nextval[j];
    }
    else j = nextval[j];
    }
}
```

4.4 串操作应用

1. 在文本中的查找与替换

【例 4.2】查找字符串中的某个子串,显示主串并将子串全部用红色显示出来。

算法分析:从主串的开始位置定位子串,①若与子串不等,以默认方式显示相应字符,②当查找成功时,以红色显示子串部分。循环直到主串的结束比较位置。

定位算法说明:本例题中的子串定位可以采用本章 4.3.1 小节中的定位算法,但有几点改变。第一,当查找不到子串时,算法返回值为 0,现在改为-1。原因是 C 语言数组下标从 0 开始,因此定位的子串可能出现在 0 位,可能产生冲突。第二,当下一个串重新定位时,语句 i=i-j+2;应该改为 i=i-j+1;,原因是串的开始下标位置是 0。第三,当查找子串成功时,定位的位置改为 i-j。

改变的定位算法如下:

```
int StrIndex(SString s,int pos,SString t)
{ /*从串 s 的 pos 序号起,串 t 第一次出现的位置*/
    int i, j;
    if (t.length==0 || pos<=0) return -1;
    i=pos; j=0;
    while (i<s.length && j<t.length)
        if (s.ch[i] == t.ch[j]) {i++; j++;}
        else {i=i-j+1; j=0;}
    if (j == t.length) return(i-j);/*C 语言数组下标从 0 起,此处与算法相比少 1*/
    else return -1;                /*定位子串位置可能为 0,返回值用-1 以示区别*/
}
```

用 C 语言实现例 4.2 的程序代码如下:

```
#include <string.h>
#include <conio.h>
#define MAXLEN 100
typedef struct
{
    char ch[MAXLEN+1];
    int length;                          /*串的实际长度*/
} SString;
```

```
int StrIndex(SString s, int pos, SString t)
{                                  /*从串 s 的 pos 序号起,串 t 第一次出现的位置*/
    int i, j;
    if (t.length==0 || pos<0) return -1;
    i=pos; j=0;
    while (i<s.length && j<t.length)
        if (s.ch[i] == t.ch[j]) {i++; j++;}
        else {i=i-j+1; j=0;}
    if (j == t.length) return(i-j); /*C 语言数组下标从 0 起(与定位算法相比少 1)*/
    else return -1;                 /*定位子串位置可能为 0,返回值用-1 以示区别*/
}
void main()
{
    int i,k; SString s,t;
    printf("\n 输入 s 串, 长度: ");
    scanf("%s %d", s.ch, &s.length);        /*输入主串 s 及串长度*/
    printf("\n 输入 t 串, 长度: ");
    scanf("%s %d", t.ch, &t.length);        /*输入定位串 t 及串长度*/
    clrscr();                               /*清屏*/
    k = StrIndex(s, 0, t);       /*从串 s 的 0 位置开始定位 t 串, k 为定位的位置*/
    if(k == -1) return;          /* k 为-1 是没有定位到 t 串, 结束 */
    textcolor(WHITE);            /*设置显示颜色*/
    gotoxy(3, 3);                /*设置输出位置*/
    cprintf("%s", s.ch);         /*显示 s 串*/
    gotoxy(3, 4);                /*新的显示位置*/
    cprintf("%s", s.ch);         /*又显示一遍 s 串*/
    textcolor(RED);              /*显示颜色改变*/
    while(k != -1)
    {
        gotoxy(3+k, 4);
        cprintf("%s", t.ch); /*在第二次显示的串 s 上, 逐个显示 t 串中的字符*/
        k = StrIndex(s, k+1, t); /*接着第一次定位的位置继续寻找 s 串中的 t 串*/
    }
}
```

【**例 4.3**】在文本中查找某字符串 t,并将此串替换成另一个字符串 v。

算法分析:先将文档中所有的字符读入到串 s 中,对 s 串进行查找,然后把查找到的 t 串替换成 v 串。

本题算法可以利用例 4.1 中的算法 StrIndex(s, k+1, t),当找到子串的位置 k 后利用替换算法完成例 4.3 的程序。替换算法如下:

```
Replace(SString *s, SString t, int pos, int len)
{                              /*在 s 串中将从 pos 开始长度为 len 的子串替换成 t 串*/
    for(i=0; i<pos; i++)
        str[i] = s->ch[i];     /*在 s 串中将从 pos 开始长度为 len 的子串替换成 t 串*/
    for( ; i<pos+t.length; i++)
        str[i] = t.ch[i-pos];  /*在 s 串中将从 pos 开始长度为 len 的子串替换成 t 串*/
    for(j=pos+len; j<s->length; j++,i++)
```

```
      str[i] = s->ch[j];          /*在 s 串中将从 pos 开始长度为 len 的子串替换成 t 串*/
    str[i] = '\0';
    strcpy(s->ch, str);
    s->length += t.length-len;
}
```

用 C 语言实现例 4.3 的程序代码如下：

```
#include <string.h>
#include <conio.h>
#define MAXLEN 100
typedef struct                          /*串的存储结构*/
{
    char ch[MAXLEN+1];
    int length;                         /*串的实际长度*/
} SString;
Replace(SString *s, SString t, int pos, int len)
{     /*串的置换算法，将串 s 中从 pos 位置开始长度为 len 的子串用 t 串置换*/
    int i,j; char str[100];
    for(i=0; i<pos; i++)                 /* str 是结果串, 0..pos-1 字符由 s->ch 赋值 */
        str[i] = s->ch[i];
    for( ; i<pos+t.length; i++) /* str 是结果串, pos 开始的串用 t 串复制 */
        str[i] = t.ch[i-pos];
    for(j=pos+len; j<s->length; j++,i++) /* s 的 pos+len 到结束字符赋值给 str */
        str[i] = s->ch[j];
    str[i] = '\0';                       /*串的结束字符*/
    strcpy(s->ch, str);                  /* 结果串赋值给 s */
    s->length += t.length-len;
}
int StrIndex(SString s, int pos, SString t)
{                               /*从串 s 的 pos 序号起,串 t 第一次出现的位置*/
    int i, j;
    if (t.length==0 || pos<0) return -1;
    i=pos; j=0;
    while (i<s.length && j<t.length)
        if (s.ch[i] == t.ch[j]) {i++; j++;}
        else {i=i-j+1; j=0;}
    if (j == t.length) return(i-j);
    else return -1;
}
void main()
{
    int i,k; SString s,t,v;
    printf("\n 输入 s 串: "); scanf("%s", s.ch);
    s.length = strlen(s.ch);
    printf("\n 输入 t 串"); scanf("%s", t.ch);
    t.length = strlen(t.ch);
    printf("\n 输入 v 串");
    scanf("%s", v.ch);
```

```
v.length = strlen(v.ch);
clrscr();
k = StrIndex(s, 0, t);
printf(" %d", k);
printf("%s", s.ch);
while(k != -1)
{
    Replace(&s, v, k, t.length);
    printf(" %s %d ", s.ch, s.length);
    k = StrIndex(s, k+v.length, t);
    printf(" %d ", k);
}
printf("\n %s", s.ch);
}
```

2. 文本编辑

文本编辑程序用于源程序的输入和修改，公文书信、报刊和书籍的编辑排版等。常用的文本编辑程序有 Edit、WPS、Word 等。文本编辑的实质是修改字符数据的形式和格式，虽然各个文本编辑程序的功能不同，但基本操作是一样的，都包括串的查找、插入和删除等。

为了编辑方便，可以用分页符和换行符将文本分为若干页，每页有若干行。把文本当作一个字符串，称为文本串，页是文本串的子串，行是页的子串。

采用堆存储结构来存储文本，同时设立页指针、行指针和字符指针，分别指向当前操作的页、行和字符，同时建立页表和行表存储每一页、每一行的起始位置和长度。

比如有下列一段源程序：

```
main()
{
    float a, b, max;
    scanf("%f,%f", &a, &b);
    if (a > b) max = a;
    else max = b;
}
```

把此程序看成是一个文本串，输入到内存后，情形如图 4.9 所示。图中"↙"为换行符。

m	a	i	n	(	)	{	↙	f	l	o	a	t		a	,
b	,		m	a	x	;	↙	s	c	a	n	(	"	%	f
%	f	"	,		&	a	,		&	b	)	;	↙	i	f	(
a	>	b	)			m	a	x	=	a	;	↙	e	l	s	e
	m	a	x	=	b	;	↙	}	↙						

图 4.9　文本格式示例

为了管理文本串的页和行，在进入文本编辑的时候，编辑程序先为文本串建立相应的页表和行表，即建立各子串的存储映像。页表的每一项给出了页号和该页的起始行号。而行表的每一项则指示每一行的行号、起始地址和该行子串的长度。

假设图 4.9 所示的文本串只占一页，且起始行号为 1，起始地址为 1000，则该文本串的行表如图 4.10 所示。

行号	起始地址	长度
1	1000	8
2	1009	15
3	1024	21
4	1045	16
5	1061	13
6	1074	2

图 4.10　文本的行表

文本编辑程序中设立页指针、行指针和字符指针，分别指示当前操作的页、行和字符。如果在某行内插入或删除若干字符，则要修改行表中该行的长度。若该行的长度超出分配给它的存储空间，则要为该行重新分配存储空间，同时还要修改该行的起始位置。如果要插入或删除一行，就要涉及行表的插入或删除。若被删除的行是所在页的起始行，则还要修改页表中相应页的起始行号(修改为下一行的行号)。为了查找方便，行表是按行号递增顺序存储的，因此，对行表进行的插入或删除运算需移动操作位置以后的全部表项。页表的维护与行表类似，在此不再赘述。由于访问是以页表和行表作为索引的，所以在做行和页的删除操作时，可以只对行表和页表做相应的修改，不必删除所涉及的字符，这样可以节省时间。

单 元 测 试

1. 单选题 以下关于串的叙述中，不正确的选项是 _____。

    A. 串既可以采用顺序存储，也可以采用链式存储

    B. 串是字符的有限序列

    C. 模式匹配是串的一种重要运算

    D. 空串是由空格构成的串

2. 单选题 已知串 s 和 t，进行 Contact()操作，如果 s='PQSTU'，t='ABC'，Contact(p,SubString(s,3,2),SubString(t,1,1))运算后，p 的值为 _____。

    A. STA　　　　B. QSA　　　　C. STB　　　　D. STB

3. 单选题 串是一种特殊的线性表，其特殊性体现在 _____。

    A. 可以顺序存储　　　　　　B. 数据元素是单个字符

    C. 可以链式存储　　　　　　D. 数据元素之间的逻辑关系是一对多的

4. 单选题 设有两个串 s 和 t，求 t 在 s 中首次出现的位置的运算称作_____。

    A. 串联接　　B. 模式匹配　　C. 求子串　　D. 求串长

5. 单选题 串不同于线性表，描述串的正确选项为_____。

A. 一次仅操作一个字符

B. 一次可以操作多个字符，而且字符可以不连续

C. 一次可以操作多个字符，但是字符必须是连续的

D. 一次不可以操作多个字符

6. 填空题 一般我们将子串的定位运算称作串的模式匹配算法，其中，_____为目标串，称_____为模式串。

7. 填空题 设 s='SHANGHAI'，t='SHANG HAI'，则子串'HAI'在 s 中的位置是_____，在 t 中的位置是_____。

8. 填空题 空串和空格串是不同的，空串是_____的串，空格串是_____的串，空串的长度为零而空格串的长度非零。

9. 填空题 以下算法实现的是定长顺序存储的串上的子串定位运算，请在____上填充合适的语句。

```
int Index (SString S, SString T, int pos)
{//定位非空串 T 在 S 中第 pos(1<=pos<= S串长)字符后的位置。若不存在返回 0
   i =_____;
   j =1;
   while ( i<=S[0]&&j<=T[0])                    // S[0]、T[0]分别存储串长
   {  if (S[i] == T[j] )
          { ++i;        ++j;    }        //继续比较后继字符
      else { i =_____;  j = 1;   }        //指针后退重新开始匹配
   }
   if (j>T[0] )   return  i-T[0];
   else retrun_____;
}// Index
```

习   题

1. 设：a="I AM A STUDENT"，b="GOOD"，c="WORKER"，d="T"，求：

① 调用 strlength(a)，strlength(b)的结果是什么？

② 调用 Concat(T, b, c)后 T 的结果是什么？

③ 调用 Substr(e, a, 3, 2)后 e 的结果是什么？

④ 调用 StrIndex(a, 10, d)的结果是什么？

⑤ 调用 Strinsert(a, 8, b)后 a 的结果是什么？

2. 给定两个串 a 和 b，求在串 a 中出现而在串 b 中不出现的所有字符组成的串 r，编写算法实现。

3. 编写算法，实现串的基本操作 StrIndex(S, pos, t)，具体功能为在 s 串中 pos 位置开始定位 t 串，如果存在，返回 t 串在 s 串中的位置，否则返回-1。

4. 编写算法，实现串的基本操作 StrReplace(s, t, v)，具体功能为在 s 串中用 v 串替换所有 t 串。

5. S 和 T 是用结点大小为 1 的单链表存储的两个串，设计一个算法，将串 S 中首次

与 T 匹配的子串逆置。

6. 已知：S="(xyz)*"，T="(x+z)*y"，将 S 转换为 T。

7. 编写算法，求串 s 与串 t 的一个最长的公共子串。

实 验

实验 检测回文。

(1) 问题描述：对于给定的一个由 n 个字符组成的字符串 s，判断其是否为回文，设字符串 s="$c_1,c_2,...,c_i,c_{i+1},...,c_n$"，则对于 $p=\lfloor n/2 \rfloor$，字符串 s 满足如下条件：

● 若 n 为偶数，则有 $c_1=c_n$, $c_2=c_{n-1}$, ..., $c_{p-1}=c_{p+2}$, $c_p=c_{p+1}$。

● 若 n 为奇数，则有 $c_1=c_n$, $c_2=c_{n-1}$, ..., $c_{p-1}=c_{p+3}$, $c_p=c_{p+2}$。

(2) 基本要求：输入字符串 s，判定字符串 s 是否是回文。

(3) 测试数据

字符串 1：qwewq

字符串 2：12345

(4) 程序运行结果如图 4.11 所示。

图 4.11 回文判断程序运行结果

(5) 提示。

算法一：

① 利用栈，将 s 的第一个字符至第 $\lfloor n/2 \rfloor$ 个字符进栈。

② 若 n 为偶数，从 s 的后半部分中的第一个字符开始，与出栈字符比较，栈空且所有字符相等，则 s 为回文。若 n 为奇数，从 s 的后半部分中的第二个字符开始，与出栈字符比较，栈空且所有字符相等，则 s 为回文。

算法二：

① 令 i=1, j=n。

② 当 i<j 时，若 $c_i \neq c_j$，则 s 不是回文，停止。

③ i=i+1, j=j-1，若 i>j 时，则 s 是回文；否则，转②。

算法一的程序清单如下：

```
#define MAXSIZE 100
#define TRUE 1
#define FALSE 0
typedef struct                    /*串类型定义*/
{
    char ch[MAXSIZE];
    int curlen;
} seqstring;
```

```
typedef struct                      /*栈类型定义*/
{
    char ch[MAXSIZE];
    int top;
} cstack;
cstack stack;                       /*设一个全局变量的栈*/
void push(char c)                   /*入栈算法*/
{
    stack.top++;                    /* top 指向栈顶元素而不是栈顶的下一个元素 */
    stack.ch[stack.top] = c;
}
char pop()                          /*出栈算法*/
{
    char c;
    c = stack.ch[stack.top];
    stack.top--;
    return c;
}
int symstring(seqstring s)          /*判定回文的算法*/
{
    char c; int i,j;
    stack.top = -1;
    if (s.curlen%2 == 0) j=s.curlen/2;          /* j 为后一半元素的下标位置 */
    else j = s.curlen/2 + 1;
    for (i=0; i<=s.curlen/2-1; i++)
        push(s.ch[i]);                          /*将前半部分字符串压栈*/
    for(i=j; j<=s.curlen-1; j++)  /*从中间向两边依次比较对称位置字符是否相等*/
    {
        c = pop();
        if(c != s.ch[j]) return(FALSE);
    }
    return(TRUE);
}
void main()                         /*主程序*/
{
    seqstring s; int i=0,f;
    printf("输入字符串:");
    gets(s.ch);                     /*从键盘输入一个待测字符串*/
    while (s.ch[i] != '\0') i++;
    s.curlen = i;                   /* i 为字符串的长度 */
    f = symstring(s);
    if (f) /*如果是回文*/
    {
        puts(s.ch);
        printf("是回文");
    }
    else                            /*如果不是回文*/
    {
        puts(s.ch);
```

```
        printf("不是回文");
    }
}
```

算法二的程序清单如下：

```
#define MAXSIZE 100
#define TRUE 1
#define FALSE 0
typedef struct                          /*串类型定义*/
{
    char ch[MAXSIZE];
    int curlen;
} seqstring;
int symstring(seqstring s)              /*判定回文的算法*/
{
    int i, j;
    i=0; j=s.curlen-1;
    while (i <= j)
        if (s.ch[i] != s.ch[j]) return(FALSE);
        else {i=i+1; j=j-1;}
    return(TRUE);
}
void main()                             /*主程序*/
{
    seqstring s; int i=0,f;
    printf("输入字符串："); gets(s.ch);
    while (s.ch[i] != '\0') i++;
    s.curlen = i;
    f = symstring(s);
    if (f)
    {
        puts(s.ch);
        printf("是回文");
    }
    else
    {
        puts(s.ch);
        printf("不是回文");
    }
}
```

第5章 数   组

本章要点：

- 数组的定义及数据关系的特点。
- 数组的存储结构。
- 特殊矩阵的压缩存储。
- 三元组表示的稀疏矩阵的运算。

前面介绍了线性表、栈、队列等几种不同的线性结构。从数据关系的角度来看，数组也是一种有特殊结构的线性结构。与前面的几种线性结构相比，数组不像栈和队列那样表现在对数据元素的操作受限制，而是反映在数据元素的构成上。在线性表中，每个数据元素都是不可再分的原子类型。数组中的数据元素可以推广到一种具有特定结构的数据。本章以抽象数据类型的形式讨论数组的逻辑定义、存储结构、操作的实现，以加深对这种特殊的线性结构的理解。

5.1 数组的定义和运算

从逻辑结构上看，数组是特殊结构的线性表。首先一维数组就是一个线性表，二维数组可以看成是数据元素是由一维数组构成的线性表。如图 5.1 所示的二维数组，当把二维数组中的每一行 $\alpha_i(i=1, ..., n)$ 作为一个数据元素时，数组可以看成是由 n 个元素 $\alpha_1, \alpha_2, ..., \alpha_n$ 组成的线性表。其中，$\alpha_i(1 \leq i \leq n)$ 是一维数组，本身就是一个线性表，即向量 $\alpha_i=(a_{i1}, a_{i2}, ..., a_{ij}, ..., a_{in})$，如图 5.2 所示。同样也可以将数组的一列 β_j (一个向量)作为基本数据元素 $\beta_j=(a_{1j}, a_{2j}, ..., a_{jj}, ..., a_{mj})$，此时数组可以看成是由 m 个元素 $\beta_1, \beta_2, ..., \beta_m$ 组成的线性表。因此数组可看成是线性表的推广。

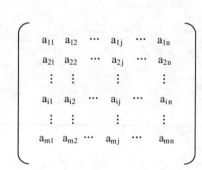

图 5.1   二维数组

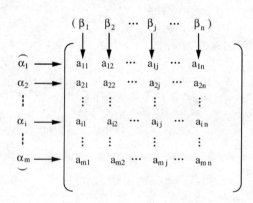

图 5.2   向量表示数组的行或列

1. 二维数组的逻辑结构定义

二维数组的逻辑结构定义为：2-Array=(D, R)。

其中：$D = \{a_{ij} \mid a_{ij} \in D_0, i = c_1, c_1+1, ..., d_1, j = c_2, c_2+1, ..., d_2,$

$$c_1 \leq d_1, c_2 \leq d_2, (c_1, d_1, c_2, d_2) \in 整数\}$$

$$R = \{ROW, COL\}$$

$$ROW = \{<a_{ij}, a_{ij+1}> \mid a_{ij}, a_{ij+1} \in D, c_1 \leq i \leq d_1, c_2 \leq j < d_2-1\}$$

$$COL = \{<a_{ij}, a_{i+1j}> \mid a_{ij}, a_{i+1j} \in D, c_1 \leq i \leq d_1-1, c_2 \leq j \leq d_2\}$$

D_0 为某个数据对象。二维数组中含有 $(d_1-c_1+1)*(d_2-c_2+1)$ 个数据元素，每个元素 a_{ij} 都受两个关系即 ROW(行关系)和 COL(列关系)的约束。a_{ij+1} 是 a_{ij} 的直接后继元素；而 a_{i+1j} 是 a_{ij} 在列关系中的直接后继元素。与线性表一样，所有的数据元素都必须属于同一数据对象类型。每个数据元素对应于一组下标(i, j)。(c_1, d_1) 和 (c_2, d_2) 分别为下标 i 和 j 的一对界偶(即 i 和 j 的上界和下界)。

同样，三维数组中的每个元素 a_{ijk} 都属于三个向量，每个元素有三个前趋和三个后继，三维数组可以理解为是以二维数组为基本元素的线性表。推而广之，n 维数组可以理解为由 n-1 维数组组成的线性表。n 维数组的逻辑结构的形式定义如下。

$$n\_Array = (D, R)$$

其中：

$$D = \left\{ a_{j_1 j_2 \cdots j_i \cdots j_n} \left| \begin{array}{l} j_i = c_i, c_i+1, ..., d_i, i = 1, 2, ..., n(n>0) \\ a_{j_1 j_2 \cdots j_i \cdots j_n} \in D_0, 且 c_i, d_i 均为整数 \end{array} \right. \right\}$$

$$R = \{R_1, R_2, ..., R_n\}$$

$$R_i = \left\{ <a_{j_1 j_2 \cdots j_i \cdots j_n}, a_{j_1 j_2 \cdots j_i+1 \cdots j_n}> \left| \begin{array}{l} c_k \leq j_k \leq d_k \quad 1 \leq k \leq n 且 k \neq i \\ c_i \leq j_i \leq d_k-1 \\ a_{j_1 j_2 \cdots j_i \cdots j_n}, a_{j_1 j_2 \cdots j_i+1 \cdots j_n} \in D \end{array} \right. \right\}$$

可见 n 维数组含有 $\prod_{i=1}^{n}(d_i-c_i+1)$ 个数据元素，每个元素 $a_{j_1 j_2 \cdots j_i \cdots j_n}$ 都属于 n 个"线性表"，每个数据元素都受着 n 个关系的约束，在 n 个方向上有 n 个前趋和 n 个后继。

对于 n 维数组，存在着 n 对界偶 (c_1, d_1), (c_2, d_2), ..., (c_n, d_n), 分别对应其 n 个下标 j_1, j_2, ..., j_n 的范围。由此可见，n 维数组是一种较复杂的数据结构。但由于数组中各元素有统一的类型并且在通常的讨论中，数组元素的下标具有固定的上界和下界，因此数组的处理与其他复杂结构相比较为简单。

2. 数组的基本操作

(1) Initarray(A, n, bound$_1$, ..., bound$_n$)：构造相应的数组 A 的存储空间，n 是维数，bound$_i$ = d_i-c_i+1，如果各维的长度合法，则构造相应的数组 A 的存储空间，并返回 TRUE。

(2) Destroyarray(A)：撤销数组 A，释放空间。

(3) Getvalue(A, e, index$_1$, ..., index$_n$)：若下标合法，则用 e 返回数组 A 中由 index$_1$, ..., index$_n$ 下标所指定的元素的值。即给出一组下标，取相应的数据元素的值。

(4) Setvalue(A, e, index$_1$, ..., index$_n$)：若下标合法，则将数组 A 中由 index$_1$, ..., index$_n$ 所指定的元素的值置为 e。即给定一组下标，修改相应数据元素的值。

这里定义的数组，下标可以任意整数开始，与 C 语言中的数组略有不同，C 语言是要求从零开始的。在具体问题中，所有的下标都可以转换到从零开始。

5.2 数组的顺序存储结构

一般情况下，数组一旦建立，结构中的数据元素个数和元素之间的关系就不再发生变化(因为一般数组不做插入、删除操作，不移动元素)，所以采用顺序存储结构存储数组是比较适宜的。

在计算机中，内存储器的结构是一维的。用一维的内存表示多维数组，就必须按某种次序，将数组元素排成一个线性序列，然后按序将这个线性序列存放在一维存储器中。例如顺序存储二维数组可以有两种方式：一种是按行序存储；另一种是按列序存储。高级语言 BASIC、Pascal、C 语言都以行序方式存储，Fortran 语言以列序方式存储。二维数组 $A_{m \times n}$ 行为主的存储序列(Row Major Order)是将元素按行排列，先排第 1 行，依次排第 2 行，……，第 i 个行，第 i+1 行直到最后一行为止。于是便可以得到以下线性化的序列：$(a_{11}, a_{12}, ..., a_{1n})$，$(a_{21}, a_{22}, ..., a_{2n})$，$(a_{32}, a_{32}, ..., a_{3n})$，…，$(a_{m1}, a_{m2}, ..., a_{mn})$ 的存储结构，如图 5.3(a)所示。图 5.3(b) 是将数组元素按列向量排列，存储的线性化的序列为：$(a_{11}, a_{21}, ..., a_{m1})$，$(a_{12}, a_{22}, ..., a_{m2})$，…，$(a_{1i}, a_{2i}, ..., a_{mi})$，…，$(a_{1n}, a_{2n}, ..., a_{mn})$。C 语言是按行序方式存储的，所以以下涉及的数组存储均采用行序为主序。

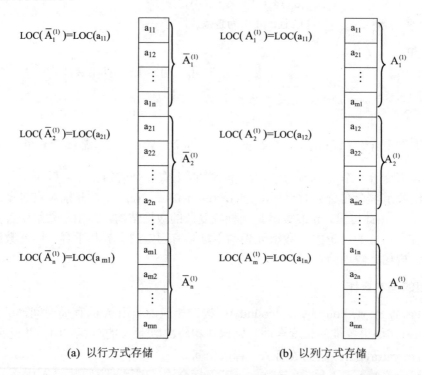

(a) 以行方式存储   (b) 以列方式存储

图 5.3 二维数组的两种存储方式

在数组中若要检索某个元素，就要知道这个元素的存储位置。元素的存储位置可以通过数组各维的界偶、第一个元素的存放地址、元素的下标和每个元素在内存中占用的单元数计算得出。假设二维数组 $A_{m \times n}$(行为 1..m，列为 1..n)中的每个元素占 L 个存储单元，以行序方式存储，则元素 a_{ij} 的地址计算函数为：

$$LOC(a_{ij}) = LOC(a_{11}) + [(i-1) \times n + (j-1)] \times L$$

上面是以数组各维的下标从 1 开始的，二维数组 $A_{m×n}$(行为 $c_1..d_1$，列为 $c_2..d_2$)中的每个元素占 L 个存储单元，则元素 a_{ij} 的地址计算函数为：

$$LOC(a_{ij}) = LOC(a_{c_1, c_2}) + [(d_2 - c_2 + 1)(i - c_1) + (j - c_2)] × L$$

二维数组只有行和列，按行方式存储时，存储顺序是行号从小到大，同行内先存放列号小的。那么三维数组如何存放？在行序为主的序列中，依照第一维下标由小到大的顺序存储；第一维下标相同时依照第二维下标由小到大的顺序存储；第二维下标相同时依照第三维下标由小到大的顺序存储。

图 5.4 是三维数组 $A_{k×m×n}$ 的存储顺序 k=1..3，m=1..3，n=1..4，首先存储三维数组中第一维下标 k=1 的元素，见图 5.4 中的第一层(平面)。在同一层内按二维数组的存储方式，即按第二维下标从小到大依次存储，在平面中每行内，按第三维下标从小到大依次存储。

例如求元素 a_{233} 的存储位置，a_{233} 元素为图 5.4 中的立体带阴影元素。

首先要求出该元素前面存放了多少个元素，然后再与第一个元素的存储位置求和即可得解。在三维数组中，按第一维下标将数组分为若干个平面。先求出元素所在的平面，并计算前面平面中元素的个数，然后求出元素所在平面内该元素前面存放的元素个数，二者求和即得该元素的相对位置。按图 5.4 先要找出该元素所在平面 pm，然后要求出在元素所在平面内该元素所处的行 hs，还有该元素在所在行存储的位置 hw。一个平面内元素个数为：pms=m×n，每个平面内有 m 行，每行中元素个数为 n。则元素 a_{233} 前面存储的元素个数为：

(pm−1)×(pms)+(hs−1)×n+hw−1 = (2−1)×12+(3−1)×4+(3−1) = 22

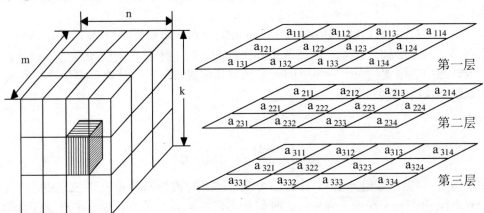

图 5.4　三维数组的存储结构

如果下标界偶分别为 (c_1, d_1)、(c_2, d_2)、(c_3, d_3)，按图 5.4 可以划分成 $d_1 - c_1 + 1$ 个平面(或层)。元素 a_{ijr} 前存储的元素个数为：$(i - c_1) × (d_2 - c_2 + 1) × (d_3 - c_3 + 1) + (j - c_2) × (d_3 - c_3 + 1) + (r - c_3)$

可以推广到 n 维数组中的数据元素存储位置的计算函数为(XL 为每个元素所占单元)：

$$LOC[j_1, j_2, ..., j_n] = LOC[c_1, c_2, ..., c_n] + [(d_2 - c_2 + 1)...(d_n - c_n + 1)(j_1 - c_1) + (d_3 - c_3 + 1)$$
$$...(d_n - c_n + 1)(j_2 - c_2) + ... + (d_n - c_n + 1)(j_{n-1} - c_{n-1}) + (j_n - c_n)]XL$$
$$= LOC[c_1, c_2, ..., c_n] + \sum_{i=1}^{n-1}(j_i - c_i)XL\left(\prod_{k=i+1}^{n}(d_k - c_k + 1)\right)$$

其中，$XL\left(\prod_{k=i+1}^{n}(d_k - c_k + 1)\right)$　　　　$1 \leqslant i \leqslant n$

5.3 矩阵的压缩存储

矩阵一般存储在二维数组中。一些程序设计语言还提供了各种矩阵运算，给用户使用带来很大的方便。然而，在数值分析中，经常出现一些高阶矩阵，在这些高阶矩阵中，有许多值相同的元素或者零元素，为了节省存储空间，对这类矩阵采用多个值相同的元素只分配一个存储空间，有时零元素不存储的存储策略，称为矩阵的压缩存储。

如果值相同的元素或者零元素在矩阵中的分布有一定的规律，就称此类矩阵为特殊矩阵。还有一类矩阵非零的数据元素个数很少，称为稀疏矩阵。下面分别讨论这两类矩阵的压缩存储。

5.3.1 特殊矩阵

这里只讨论最常见的几种特殊矩阵。

1. 对称矩阵与上下三角阵

若一个 n 阶方阵满足 $a_{ij}=a_{ji}$，$1 \leqslant i$，$j \leqslant n$，则称该矩阵为 n 阶对称矩阵。

压缩存储时，可以为每一对对称元素，分配一个存储空间，这样就将 n^2 个单元的存储空间压缩成 n(n+1)/2 个单元的存储空间，以行序为主序存储对称矩阵的下三角(包括对角线)的元素。

假设以一维数组 sa[1..MAX](MAX>(1+n)×n/2)作为 n 阶对称矩阵 A 的存储结构，按行序依次存储下三角中的元素即可。当取矩阵中的元素时，下三角中的元素可以按下标计算出在一维数组中的位置，而上三角中的元素到对称位置取。下面是矩阵中任意元素 a_{ij} 存放在一维数组 sa[k]中的对应关系：

$$k = \begin{cases} \dfrac{i(i-1)}{2} + j & (i \geqslant j) \\[2mm] \dfrac{j(j-1)}{2} + i & (j > i) \end{cases}$$

如果将 a_{11} 存储在数组元素 sa_1 中，当 $1 \leqslant j \leqslant i \leqslant n$ 时数据元素 a_{ij} 在下三角中，存储位置为 i(i-1)/2+j，否则元素在上三角中，这时到对称位置 a_{ji} 取出元素。矩阵中对于任意给定的一组下标(i, j)，均可在 sa 中找到矩阵元素 a_{ij}。反之，对所有的 k=1,2,...,n(n+1)/2，也能确定 sa[k]中的矩阵元素在矩阵中的位置(i, j)。由此，称 sa[1..n(n+1)/2+1]为 n 阶对称矩阵 A 的压缩存储，如图 5.5(a)所示为对称矩阵 A，如图 5.5(b)所示为 A 矩阵的压缩存储结构。

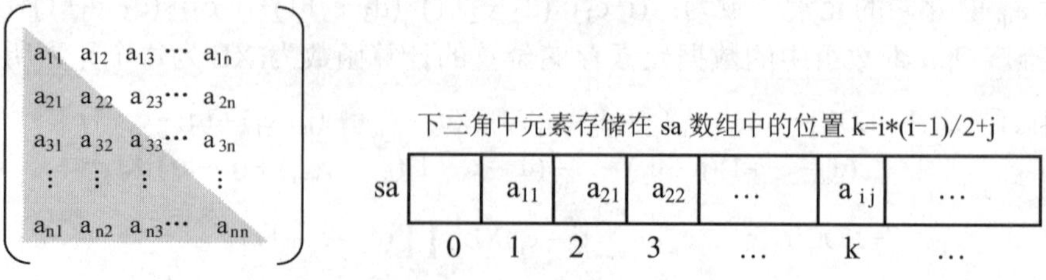

下三角中元素存储在 sa 数组中的位置 k=i*(i-1)/2+j

sa		a_{11}	a_{21}	a_{22}	…	a_{ij}	…
	0	1	2	3	…	k	…

(a) 对称矩阵 A 　　(b) 矩阵 A 存储在一维数组 sa 中

图 5.5　对称矩阵的压缩存储

这种压缩存储方法也适合于三角矩阵，包括上三角和下三角矩阵。所谓下(上)三角矩阵，是指矩阵的上(下)三角(不包括对角线)中的元均为常数 c 或零的 n 阶对称矩阵，它的存储只需要上(下)三角中的元素和一个常数 c 的存储空间。

如果图 5.5(a)中只有阴影部分元素非零，其余部分元素为常数 c，就是下三角矩阵。下三角矩阵的存储类似对称矩阵的存储方法，将图 5.5(a)中阴影部分的元素按照图 5.5(b)中的形式存储在数组 sa 中，将常数 c 存储在数组 sa 的 0 下标内。下三角矩阵压缩存储到一维数组中后，矩阵元素 a_{ij} 的下标与一维数组 sa_k 的下标的对应关系为

$$k = \begin{cases} \dfrac{i \times (i-1)}{2} + j & (i \geq j) \\ \\ 0 & (i < j) \end{cases}$$

按图 5.5(a)，如果矩阵只有上三角部分，可按同样方法导出上三角矩阵压缩存储在一维数组中对应的存储关系。常数存放在 sa 数组的 0 下标中，a_{ij} 对应的存储关系为

$$k = \begin{cases} \dfrac{(2n-i+2) \times (i-1)}{2} + j - i & (i \leq j) \\ \\ 0 & (i > j) \end{cases}$$

2．三对角矩阵

在数值分析中经常出现的还有一类特殊矩阵，即对角矩阵。在这种矩阵中，所有非零元集在主对角线为中心的带状区域中，如图 5.6(a)所示。对于对角矩阵，可按某个原则(或以行为主，或以对角线的顺序)将其压缩存储到一维数组上。

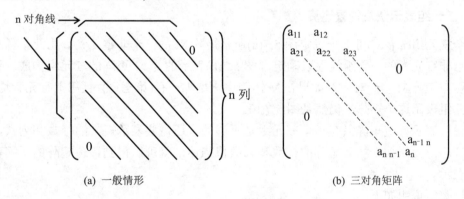

(a) 一般情形　　　　　　　　　　(b) 三对角矩阵

图 5.6　对角矩阵

在三对角矩阵里，除了三个对角上的元素外，其他元素都是零，数据元素可以表示为：

$$a_{ij} = \begin{cases} \text{非零元素} & (\,|\,i-j\,|\, \leq 1) \\ \\ 0 & (\,|\,i-j\,|\, > 1) \end{cases}$$

如何将 a_{ij} 元素与一维数组的下标 k 对应？按行方式存储数据，应该先存储行号小于 i 的，即 1~i-1 行。前 i-1 行共有需要存储的元素 3(i-1)-1 个，第 i 行 a_{ij} 元素前还有需要存储

的元素个数为 j−(i−1)，因此按行顺序存储方式，a_{ij} 元素前存放的元素个数为

$$3(i-1)-1+j-(i-1) = 2i+j-3$$

a_{ij} 元素的地址可用下式求出：

$$LOC(a_{ij}) = LOC(a_{11})+2\times(i-1)+j-1 \qquad (1 \leqslant i \leqslant n,\ j=i-1,\ i,\ i+1)$$

5.3.2　稀疏矩阵

在特殊矩阵中，非零元素都有明显的规律，从而都可以压缩到一维数组。然而，实际应用中经常会遇到一类矩阵，其非零元素较少，且分布没有明显的规律，称为稀疏矩阵。

例如，图 5.7(a)中的 M 是一个 6×7 的稀疏矩阵，只有 8 个非零元素。按压缩存储的思想，只存储稀疏矩阵中的非零元素。为了便于检索和存取，在存储中必须带有适当的辅助信息，即同时记下它所在行和列的位置。下面介绍两种方法。

$$\begin{pmatrix} 0 & 12 & 9 & 0 & 0 & 0 & 0 \\ 0 & 0 & 0 & 0 & 0 & 0 & 0 \\ -3 & 0 & 0 & 0 & 0 & 14 & 0 \\ 0 & 0 & 24 & 0 & 0 & 0 & 0 \\ 0 & 18 & 0 & 0 & 0 & 0 & 0 \\ 15 & 0 & 0 & -7 & 0 & 0 & 0 \end{pmatrix}$$

	i	j	v
1	1	2	12
2	1	3	9
3	3	1	−3
4	3	6	14
5	4	3	24
6	5	2	18
7	6	1	15
8	6	4	−7

(a) 稀疏矩阵 M　　　　　　　　(b) M 矩阵的三元组表示

图 5.7　稀疏矩阵及三元组表示

1．三元组表示法及转置运算

一个三元组(i, j, a_{ij})可唯一确定图 5.7(a)所示矩阵 M 的一个非零元素。由此，稀疏矩阵可由表示非零元素的三元组线性表确定。图 5.7(b)表示的是 M 矩阵的三元组构成。这个三元组是否与矩阵 M 一一对应？如果在 M 矩阵中再增加一行(第七行)，且第七行元素均为零。再用三元组表示这个矩阵，仍然是图 5.7(b)。

这说明表示稀疏矩阵只有一个三元组是不够的，还需要表示矩阵的行数和列数，才能唯一对应。三元组加上稀疏矩阵的行数和列数值描述，就可以得到稀疏矩阵的压缩存储的三元组表示。

数据类型说明如下：

```
typedef struct
{
    int i, j;                /*行号、列号*/
    Elemtype v;              /*非零元素*/
} tuple3tp;
typedef struct
{
    int mu, nu, tu;          /*行数、列数和非零元素的个数*/
```

```
    tuple3tp data[maxnum];          /*三元组表*/
} sparmattp;
```

矩阵的转置是简单的矩阵运算，那么三元组表示的稀疏矩阵，如何实现转置运算？对于一个 m×n 的矩阵 M，它的转置矩阵 N 是一个 n×m 的矩阵，且 $N(i,j) = M(j, i)$，$1 \leq i \leq n$，$1 \leq j \leq m$。例如图 5.7(a)和图 5.8(a)中的 M 与 N 互为转置矩阵，显然，一个稀疏矩阵的转置矩阵仍然是稀疏矩阵。假设 a、b 是 sparmattp 型的变量，分别表示矩阵 M 和 N。下面的问题是如何由 a 得到 b 呢？

三元组表示的稀疏矩阵转置时将每个三元组中的行号、列号交换，并按新的行号(转置前的列号)排列三元组，因为所有的存储方式都是行方式存储。图 5.8(b)是 N 矩阵的三元组表示。

$$
N = \begin{pmatrix}
0 & 0 & -3 & 0 & 0 & 15 \\
12 & 0 & 0 & 0 & 18 & 0 \\
9 & 0 & 0 & 24 & 0 & 0 \\
0 & 0 & 0 & 0 & 0 & -7 \\
0 & 0 & 0 & 0 & 0 & 0 \\
0 & 0 & 14 & 0 & 0 & 0 \\
0 & 0 & 0 & 0 & 0 & 0
\end{pmatrix}
$$

(a) M 的转置矩阵 N

	i	j	v
1	1	3	-3
2	1	6	15
3	2	1	12
4	2	5	18
5	3	1	9
6	3	4	24
7	4	6	-7
8	6	3	14

(b) N 的三元组表

图 5.8　矩形 N 及三元组表示

实现转置操作主要有如下两步。

(1) 在三元组表中，将 i、j 值交换。

(2) 重新排列三元组之间的次序。

第一步很容易，第二步实质是如何实现使 b.data 三元组以矩阵 N 的行(M 的列)为存储主序来存储。

按照 b.data 中三元组的次序依次在 a.data 中找到相应的三元组进行转置，即按照矩阵 M 的序列进行转置。为了找到 M 的每一列中所有的非零元素，需要对其三元组 a.data 从第一行起整个扫描一遍，由于 a.data 是以 M 的行序为主来存放每个非零元素的，因此得到的恰是 b.data 应有的顺序，算法如下：

```
Transition(sparmattp M, sparmattp *N)
/* M、N 分别是三元组表示的稀疏矩阵，N 为 M 的转置。p、q 分别为 M、N 三元组的序号 */
{
    N->mu=M.mu; N->nu=M.nu; N->tu=M.tu;
    if (N->tu != 0)
    {
        q = 1;
        for(col=1; col<=M.nu; col++)  /* M 的列号 col(N 的行号)从 1~M.nu 循环 */
            for(p=1; p<N.tu; p++)
```

```
                   if (M.data[p].j == col)
                   /*从前到后依次在 M 中选择列号为 col 的转置*/
                   {
                       N->data[q].i = M.data[p].j;
                       N->data[q].j = M.data[p].i;
                       N->data[q].v = M.data[p].v;
                       q++;
                   }
               }
}
```

2．十字链表存储稀疏矩阵

当矩阵非零元素的位置或个数变动时，三元组就不适合做稀疏矩阵的存储了，这时采用链表存储结构更恰当。

稀疏矩阵的十字链表(Orthgcoral List)表示是将矩阵中的每个非零元素用一个结点来表示。这种结点由 5 个域组成，如图 5.9(a)所示。

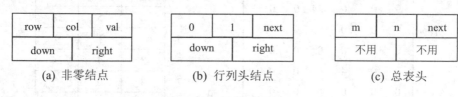

(a) 非零结点   (b) 行列头结点   (c) 总表头

图 5.9　十字链表结点

其中，行域(row)、列域(col)、值域(val)分别表示非零元素所在的行号、列号和数值。向下域(down)用于链接同一列中下一个非零元素的结点，向右域(right)用于链接同一行中下一个非零元素的结点。

这样一来，表示上一行中非零元素的结点之间构成一个链表，表示上一列中非零元素的结点之间也构成一个链表，把每行、列的链表用循环线性链表来表示，且使第 k 行和第 k 列的两个表头联合用一个表头结点。这种行(列)表头结点也由 5 个域组成，如图 5.9(b)所示，其中相应的 col、row 域内输入零，next 域链接下一行(列)循环线性链表的表头结点。为了使结点上格式统一，总表头结点也用 5 个域，如图 5.9(c)所示，其中 m、n 为稀疏矩阵的行数和列数。

如何实现建立十字链表的算法？

图 5.9(a)中的(row、col、val)简写为(r, c, v)，其中 r 为行号，c 为列号，v 为数值。建立十字链表的算法描述如下。

(1) 输入稀疏矩阵的行数 m、列数 n 及非零元素个数 t，然后使 s=max(m, n)。如 s=0 则只建立一个总表头便结束(此时矩阵没有非零元素)，否则建立 s 个行(列)表头结点。设立一个向量 h_1，其每个分量就是各行(列)表头指针 $h_1[i]$。

(2) 循环实现：以行优先顺序依次将 t 个非零元素输入，再插入相应行(列)的链表中。

(3) 建立完行(列)循环线性链表后，再建立总表头结点 h，最后完成行(列)循环线性链接。

稀疏矩阵及其十字链表表示如图 5.10 所示。

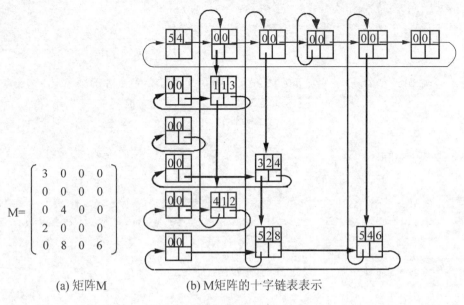

$$M = \begin{bmatrix} 3 & 0 & 0 & 0 \\ 0 & 0 & 0 & 0 \\ 0 & 4 & 0 & 0 \\ 2 & 0 & 0 & 0 \\ 0 & 8 & 0 & 6 \end{bmatrix}$$

(a) 矩阵M　　　　　　　(b) M矩阵的十字链表表示

图 5.10　十字链表表示稀疏矩阵

5.3.3　稀疏矩阵操作实例

【例 5.1】输入数据建立稀疏矩阵的三元组表示，对矩阵求其转置矩阵并输出。

算法分析：设原矩阵 M，转置后矩阵为 N。首先输入 M 矩阵的非零数据，存储为三元组表示。然后用 Transition()算法求出 M 的转置 N，最后输出 M 和 N。

算法包括如下操作。

(1) Initmatrix(M)：初始化 M 矩阵。

(2) Transition(M, N)：M 转置为 N。

(3) print(M)：输出矩阵的三元组表示 M。

C 语言实现稀疏矩阵转置的代码如下：

```c
#include <stdio.h>
#define MaxSize 100
typedef int Elemtype;
typedef struct                  /*三元组*/
{
    int i, j;                   /*行号、列号*/
    Elemtype v;                 /*非零元素*/
} tuple3tp;
typedef struct
{
    int mu, nu, tu;             /*行数、列数和非零元素的个数*/
    tuple3tp data[MaxSize];     /*三元组表*/
} sparmattp;
Initmatrix(sparmattp *M)    /*输入矩阵 M 三元组存储*/
{
    int i;
```

```
        printf("\n 输入行号    列号   非零元素个数：");
        scanf("%d %d %d", &M->mu, &M->nu, &M->tu);
        for(i=0; i<M->tu; i++)

        {

            printf("\n 第%d 个三元组的行号、列号、非零元素值(空格分隔)", i+1);
            scanf("%d %d %d", &M->data[i].i, &M->data[i].j, &M->data[i].v);

        }

}
print(sparmattp M)                              /*输出三元组表示的稀疏矩阵*/
{
    int i;
    for(i=0; i<M.tu; i++)
        printf("\n%d,%d ,%d", M.data[i].i, M.data[i].j, M.data[i].v);

}
Transition(sparmattp M, sparmattp *N)
/*M 为转置前的三元组表示的稀疏矩阵，N 是转置后的三元组表示的稀疏矩阵*/
{
    int p, q, col;
    N->mu = M.nu;                              /*行数值转为列数值*/
    N->nu = M.mu;                              /*列数值转为行数值*/
    N->tu = M.tu;                              /*非零元素个数不变*/
    if(N->tu != 0)
    {
        q = 0;                                    /* q 为 N 矩阵三元组的下标值 */
        for(col=1; col<=N->nu; col++)        /* col 为三元组列号 */
        {
            for(p=0; p<N->tu; p++)      /* p 为 M 矩阵三元组的下标值 */
            {
                if(M.data[p].j == col)    /* M 矩阵中列下标值从最小的开始 */
                {
                    N->data[q].i = M.data[p].j;          /*列号转为行号*/
                    N->data[q].j = M.data[p].i;          /*行号转为列号*/
                    N->data[q].v = M.data[p].v;          /*数组元素复制*/
                    q++;
                }
            }
        }
    }
}
void main(void)
{
    sparmattp M, N;
    Initmatrix(&M);
    Transition(M, &N);
    printf("\n 原矩阵: \n");
    print(M);
    printf("\n 转置后矩阵");
    print(N);
}
```

【例 5.2】求两个三元组表示的稀疏矩阵相加。

算法分析：设两个三元组表示的稀疏矩阵分别为 M 和 N，数据类型为 sparmattp，相加的结果存储在三元组表示的稀疏矩阵 T 中。矩阵 M、N 和 T 的三元组下标分别为 i、j、k(i=j=1，k=0)，相加过程为两个三元组的合并过程，其中分为如下 3 种情况。

(1) 当 M.data[i].i < N.data[j].i 时，T.data[k] = M.data[i]; k++; i++;。

(2) 当 M.data[i].i == N.data[j].i 时，

① 若 M.data[i].j < N.data[j].j，T.data[k] = M.data[i]; k++; i++;

② 若 M.data[i].j == N.data[j].j 时，T.data[k] = M.data[i]+N.data[j];。

$$\text{if (T.data[k] != 0) k++; i++; j++;}$$

③ 若 M.data[i].j > N.data[j].j，T.data[k] = N.data[j]; k++; j++;。

(3) 当 M.data[i].i > N.data[j].i 时，T.data[k] = N.data[j]; k++; j++;。

三元组表示的稀疏矩阵的相加算法如下：

```
int AddMatrix(sparmattp M, sparmattp N, sparmattp *T)
{   /*矩阵 M 和矩阵 N 相加，矩阵 T 为相加结果*/
    if (M.mu!=N.mu || M.nu!=N.nu) ruturn 0;
    i=j=1; k=0;
    while (i<=M.tu && j<=N.tu)
    /*矩阵 M 和矩阵 N 相加过程为两个三元组的有序合并过程*/
    {
        switch
        {
        case M.data[i].i<N.data[j].i:          /* M 的当前项 i 比 N 的当前项 j 小 */
            T->data[k] = M.data[i];
            k++; i++; break;
        case M.data[i].i==N.data[j].i:         /* M 的当前项 i 等于 N 的当前项 j */
            switch
            {
            case M.data[i].j<N.data[j].j:
                T->data[k] = M.data[i];
                k++; i++; break;
            case M.data[i].j==N.data[j].j:
                T->data[k] = M.data[i]+N.data[j];
                if (T.data[k]!=0) k++;
                i++; j++; break;
            case M.data[i].j>N.data[j].j:
                T->data[k] = N.data[j];
                k++; j++; break;
            }
        case M.data[i].i==N.data[j].i:         /* M 的当前项 i 比 N 的当前项 j 大 */
            T->data[k] = N.data[j];
            k++; j++; break;
        }
    }
    while (i <= M.tu )                         /*将 M 的剩余部分加入 T 中*/
    {
```

```
        T->data[k] = M.data[i];
        k++; i++;
    }
    while (j<=N.tu)                      /*将 N 的剩余部分加入 T 中*/
    {
        T->data[k] = N.data[j];
        k++; j++;
    }
    T->mu=M.mu; T->nu=M.nu; T->tu=k; /* T 的行号、列号、非零元素个数赋值 */
    return 1;
}
```

用 C 语言实现两个三元组表示的稀疏矩阵相加的代码如下：

```
#include <stdio.h>
#define MaxSize 100
typedef int Elemtype;
typedef struct                    /*三元组定义*/
{
    int i, j;                     /*行号、列号*/
    Elemtype v;                   /*非零元素*/
} tuple3tp;
typedef struct
{
    int mu, nu, tu;               /*行数、列数和非零元素的个数*/
    tuple3tp data[MaxSize];       /*三元组表*/
} sparmattp;
Initmatrix(sparmattp *M)          /*矩阵 M 的三元组存储结构初始化*/
{
    int i;
    printf("\n 输入矩阵的行号、列号、非零元素个数(空格间隔)");
    scanf("%d %d %d", &M->mu, &M->nu, &M->tu);
    for(i=0; i<M->tu; i++)        /*输入 M 的三元组数据*/
    {
        printf("\n 第%d 行的行号、列号、非零元素值(空格间隔)", i+1);
        scanf("%d %d %d", &M->data[i].i, &M->data[i].j, &M->data[i].v);
    }
}
int compare(int m, int n)
/* 比较函数，m<n，函数值 0；m==n，函数值 1；m>n，函数值 2 */
{
    int t;
    if (m < n) t = 0;                    /* m<n 返回值为 0 */
    else if(m == n) t = 1;               /* m==n 返回值为 1 */
    else t = 2;                          /* m>n 返回值为 2 */
    return t;
}
print(sparmattp M)                       /* 输出矩阵 M*/
{
    int i;
```

```
    for(i=0; i<M.tu; i++)
        printf("\n%d,%d ,%d", M.data[i].i, M.data[i].j, M.data[i].v);
}
int AddMatrix(sparmattp M, sparmattp N, sparmattp *T)
{
    int i, j, k;                    /*矩阵 M 和矩阵 N 相加，矩阵 T 为相加结果*/
    if (M.mu!=N.mu || M.nu!=N.nu) return 0;
    i=j=0; k=0;
    while (i<M.tu && j<N.tu) /*矩阵 M 和矩阵 N 相加过程为两个三元组的有序合并过程*/
    {
        switch(compare(M.data[i].i, N.data[j].i)) /*M 的 i 项和 N 的 j 项比较*/
        {
        case 0:
            T->data[k] = M.data[i];
            k++; i++; break;
        case 1:
            switch(compare(M.data[i].j, N.data[j].j))
            {
            case 0:
                T->data[k] = M.data[i];
                k++; i++; break;
            case 1:
                T->data[k].i = M.data[i].i;
                T->data[k].j = M.data[i].j;
                T->data[k].v = M.data[i].v + N.data[j].v;
                if (T->data[k].v != 0) k++;
                i++; j++; break;
            case 2:
                T->data[k] = N.data[j];
                k++; j++; break;
            }
            break;
        case 2:
            T->data[k] = N.data[j];
            k++; j++; break;
        }
    }
    while (i < M.tu)
    {
        T->data[k] = M.data[i];
        k++; i++;
    }
    while (j < N.tu)
    {
        T->data[k] = N.data[j];
        k++; j++;
    }
    T->mu=M.mu; T->nu=M.nu; T->tu=k;
    return 1;
```

```
}
void main(void)
{
    sparmattp M, N, T;                      /* 定义矩阵 M、N 和 T */
    printf("\n 输入 M 矩阵");
    Initmatrix(&M);                         /*矩阵 M 初始化*/
    printf("\n 输入 N 矩阵");
    Initmatrix(&N);                         /*矩阵 N 初始化*/
    AddMatrix(M, N, &T);                    /* 矩阵 M+N 的结果送 T */
    printf("\nM 矩阵: \n");
    print(M);                               /*输出 M 矩阵*/
    printf("\nN 矩阵");
    print(N);                               /*输出 N 矩阵*/
    printf("\nM+N 矩阵");
    print(T);                               /*输出 T 矩阵*/
}
```

单 元 测 试

1. 单选题 三维数组 A[1..4,1..5,1..6]按行序存储时，元素 a333 存储在所有元素排序中的位置____。

    A. 70　　　　　　　B. 78　　　　　　　C. 80　　　　　　　D. 75

2. 单选题 对称方阵 A[1..n,1..n]压缩到一维数组 S[]中，A11 存储在 S1 中。用行方式存储下三角元素，则下三角元素 Aij 在数组 S 中的位置 k 对应关系为____。

    A. k=i(i−1)/2+j　(i≥j)　　　　　　　B. k=i(i−1)/2+j　(i<j)

    C. k=j(j−1)/2+I　(i≥j)　　　　　　　D. k=j(j−1)/2+i　(i<j)

3. 填空题 二维数组 A[1..m, 1..n]以行为主序存储，数组首元素地址为 LOC(a11)，每个元素占用 L 单元空间，则元素 aij 的存储位置为____。

4. 填空题 n 阶对称矩阵压缩存储时，存储的元素个数为____。

习 题

1. 已知二维数组 A[−1..2, −2..3]，按行优先顺序存储在 100 开始的地址空间，若每个元素都占用 2 个存储单元，计算元素 A[−1, −1]存储的地址。

2. 假设有三维数组 A，它的三维界偶分别为(4, 9)，(−1, 5)，(−9, −2)，基地址为 20，每个元素占 3 个存储单元，试计算元素 A[6, 0, −5]的存储位置。

3. 按各维下标均从小到大的存储方式，依次列出数组 A[2..3, −4..−3, −1..1, 7..9]中所有元素，并求任意一个元素 $A_{i,j,u,v}$ 在数组中的存储位置序号(写出计算公式)。

4. 设有三对角方阵 $(A)_{n×n}$，将其三条对角线上的元素存于数组 B(−1..1, 1..n)中，B_{uv} = a_{ij}，试推导出用 i, j 表示 u, v 的下标变换公式。

5. 设有三对角方阵 $(A)_{n×n}$，将其三条对角线上的元素逐行地存于数组 B(1:3n−2)中，使

得 $B_k=A_{ij}$，求：用 k 表示 i,j 的下标变换公式。

6. 试设计一个算法，将数组 A(0:n-1)中的元素循环右移 k 位，并要求只用一个元素大小的附加存储。

7. 若矩阵 $M_{m×n}$ 中的某个元素 M[i, j]是第 i 行中的最小值，同时又是第 j 列中的最大值，则称此元素为该矩阵中的一个马鞍点。假设以二维数组存储矩阵 $M_{m×n}$，试编写算法求出矩阵中的所有马鞍点，并分析你编写的算法在最坏情况下的时间复杂度。

8. 设稀疏矩阵 A 和 B 均以三元组表作为存储结构，试分别写出满足条件的矩阵相加的算法。另设三元组表 C 存放结果矩阵。假设三元组表 A 的空间足够大，将矩阵 B 加到矩阵 A 上，不增加 A、B 之外的附加空间。

9. 三元组表的一种变形是从三元组表中去掉行下标域得到二元组表，另设一个行起始向量，其每个分量是二元组表的一个下标值，指示一行中非零元素的起点。试编写一个算法，由矩阵元素的下标值 i,j 求矩阵元素。试讨论这种方法与三元组表相比有什么优缺点。

10. 设稀疏矩阵 A 存储为三元组表示，编写算法，求 A 的转置。

实　　验

实验 稀疏矩阵相加。

(1) 问题描述：两个稀疏矩阵 A 和 B 采用十字链表方式存储，计算 C=A+B，C 也采用十字链表方式存储。

(2) 基本要求：输入稀疏矩阵 A 和 B，输出矩阵 C(C=A+B)。

(3) 测试数据如下：

	5 0 0			1 4 0
矩阵1：	0 0 0	矩阵2：		0 3 0
	0 2 0			0 0 0

(4) 程序运行结果如图 5.11 所示。

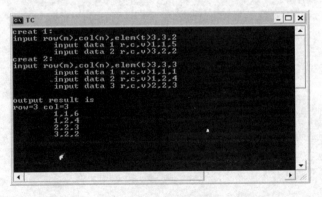

图 5.11　程序运行结果

(5) 提示：根据矩阵相加的法则，C 中的非零元素 c_{ij} 只可能有 3 种情况：$a_{ij}+b_{ij}$，$a_{ij}(b_{ij}=0)$，$b_{ij}(a_{ij}=0)$。因此，当 B 加到 A 上时，对 A 的十字链表来说，或者是改变结点的 val 域值($a_{ij}+b_{ij}\neq0$)，或者不变($b_{ij}=0$)，或者插入一个新结点($a_{ij}=0$)，还可能是删除一个结点

($a_{ij}+b_{ij}=0$)。整个运算可从矩阵的第一行逐行进行。对每一行都从行表头出发，分别找到 A 和 B 在该行中的第一个非零元素结点后开始比较，然后按以下 4 种不同情况分别处理(假设 pa 和 pb 分别指向 A 和 B 的十字链表中行值相同的两个结点)。

① 若 pa->col = pb->col 且 pa->val+pb->val≠0，则只要将 $a_{ij}+b_{ij}$ 的值送到 pa 所指结点的值域中即可。

② 若 pa->col = pb->col 且 pa->val+pb->val=0，则需要 A 矩阵的十字链表中删除 pa 所指结点，此时需改变同一行中前一结点的 rptr 域值，以及同一列中前一结点的 cptr 域值。

③ 若 pa->col < pb->col 且 pa->col≠0(即不是表头结点)，则只需要将 pa 指针往右推进一步，重新加以比较。

④ 若 pa->col > pb->col 且 pa->col=0，则只需要在 A 矩阵的十字链表中插入一个值为 b_{ij} 的结点。

(6) 程序清单如下：

```c
#include "stdio.h"
#define MAX 100
typedef struct lnode            /*数据类型定义*/
{
    int row, col;
    struct lnode *cptr, *rptr;
    union                       /*用共用体定义两种结点：非零元素行，列首结点*/
    {
        struct lnode *next;
        int val;
    } uval;
} mat;
mat* creatmat(mat *h[])         /*建立十字链表算法*/
{                               /* h 是建立的十字链表各行首指针的数组 */
    int m, n, t, s, i, r, c, v;
    mat *p, *q;
    printf("input row(m),col(n),elem(t)");
    scanf("%d,%d,%d", &m, &n, &t);
    p = (mat*)malloc(sizeof(mat));
    h[0] = p;
    p->row=m; p->col=n;
    s=m>n ? m : n;
    for (i=1; i<=s; i++)
    {
        p = (mat*)malloc(sizeof(mat));
        h[i] = p;
        h[i-1]->uval.next = p;
        p->row = p->col = 0;
        p->cptr = p->rptr = p;
    }
    h[s]->uval.next = h[0];
    for (i=1; i<=t; i++)
    {
        printf("\tinput data %d r,c,v)", i);
        scanf("%d,%d,%d", &r, &c, &v);
        p = (mat*)malloc(sizeof(mat));
```

```
            p->row = r; p->col = c;
            p->uval.val = v;
            q = h[r];
            while (q->rptr!=h[r] && q->rptr->col<c) q = q->rptr;
            p->rptr = q->rptr;
            q->rptr = p;
            q = h[c];
            while(q->cptr!=h[c] && q->cptr->row<r) q = q->cptr;
            p->cptr = q->cptr;
            q->cptr = p;
        }
    return (h[0]);
}
void prmat(mat *hm)                        /*输出十字链表表示的矩阵*/
{
    mat *p, *q;
    printf("\noutput result is\n");
    printf("row=%d col=%d\n", hm->row, hm->col);
    p = hm->uval.next;
    while (p != hm)
    {
        q = p->rptr;
        while (p != q)
        {
            printf("\t%d,%d,%d\n", q->row, q->col, q->uval.val);
            q = q->rptr;
        }
        p = p->uval.next;
    }
}
mat* colpred(int i, int j, mat *h[])      /*找非零元素在十字链表中的前驱结点*/
{
    mat *d;
    d = h[j];
    while (d->cptr->col!=0 && d->cptr->row<i) d = d->cptr;
    return(d);
}
mat* addmat(mat *ha, mat *hb, mat *h[])       /*十字链表表示的矩阵相加*/
{
    mat *p, *q, *ca, *cb, *pa, *pb, *qa;
    if (ha->row!=hb->row || ha->col!=hb->col)
    {
        printf("ERROR!\n");
        exit(0);
    }
    else
    {
        ca = ha->uval.next;
        cb = hb->uval.next;
        do
        {
            pa = ca->rptr;
            pb = cb->rptr;
```

```
                qa = ca;
                while (pb->col != 0)
                if(pa->col<pb->col && pa->col!=0)
                {
                    qa = pa;
                    pa = pa->rptr;
                }
                else
                    if (pa->col>pb->col || pa->col==0)
                    {
                        p = (mat*)malloc(sizeof(mat));
                        *p = *pb;
                        p->rptr = pa;
                        qa->rptr = p;
                        qa = p;
                        q = colpred(p->row, p->col, h);
                        p->cptr = q->cptr;
                        q->cptr = p;
                        pb = pb->rptr;
                    }
                    else
                    {
                        pa->uval.val += pb->uval.val;
                        if (pa->uval.val == 0)
                        {
                            qa->rptr = pa->rptr;
                            q = colpred(pa->row, pa->col, h);
                            q->cptr = pa->cptr;
                            free(pa);
                        }
                        else qa = pa;
                        pa = pa->rptr;
                        pb = pb->rptr;
                    }
                ca = ca->uval.next;
                cb = cb->uval.next;
        } while (ca->row == 0);
    }
    return (h[0]);
}
/*主程序*/
void main()
{
    mat *hm, *hm1, *hm2;
    mat *h[MAX], *h1[MAX];
    clrscr();
    printf("creat 1:\n");
    hm1 = creatmat(h);                      /*创建第一个十字链表表示的矩阵*/
    printf("creat 2:\n");
    hm2 = creatmat(h1);                     /*创建第二个十字链表表示的矩阵*/
    hm = addmat(hm1, hm2, h);
    prmat(hm);                              /*两个矩阵相加*/
    }
```

高职高专立体化教材 计算机系列

第 6 章　树与二叉树

本章要点：

- 树和二叉树的逻辑结构和基本概念。
- 二叉树的性质和二叉树的存储形式。
- 二叉树的遍历与线索操作。
- 树的存储及树与二叉树的转换。
- 哈夫曼树与哈夫曼编码。

线性结构的特点是结点间具有唯一前驱和唯一后继。而非线性结构的特点是表示结点间关系的前驱、后继不具有唯一性。

树是非线性结构，结构中的结点间关系是前驱唯一而后继不唯一，结点之间的数据关系是一对多的关系。直观地看，树结构是指具有分支关系的结构。树状结构特别是二叉树应用非常广泛，在文件系统、编译系统、目录组织等方面更加突出。

6.1　树的逻辑结构和基本操作

现实生活中树结构的例子很多，如家庭成员关系、单位人员组织机构等都是树结构。

例如，某家庭成员关系如下：李奶奶(为描述方便用 A 表示)有三个儿子，分别用 B、C、D 表示；大儿子 B 有两个孩子，分别用 E、F 表示；二儿子 C 有一个孩子，用 G 表示；三儿子 D 有三个孩子，分别用 H、I、J 表示；李奶奶的孙子 E 有两个孩子，分别用 K、L 表示；另一个孙子 H 也有一个孩子 M。

李奶奶的家庭关系就是树结构，如图 6.1 所示为这棵树的结构。

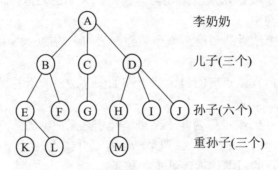

图 6.1　李奶奶的家庭关系树

树(Tree)T 是 n(n≥0)个结点的有限集合。如果 n=0，就是空树；否则，满足如下两个条件：第一，有且只有一个称为根(Root)的结点，根结点无前驱；第二，除根之外其余 n-1 个结点可以划分成 m 个互不相交的有限集 $T_1, T_2, T_3, ..., T_m$，其中 T_i(i=1..m(其中 m≥0))又是一棵树，称为根的子树。

描述图 6.1 所示的家庭关系树的数据结构为：Tree=(D, R)，其中：

数据元素 D = {V_a, V_b, V_c, V_d, V_e, V_f, V_g, V_h, V_i, V_j, V_k, V_l, V_m}

数据关系 R = {<V_a, V_b>, <V_a, V_c>, <V_a, V_d>, <V_b, V_e>, <V_b, V_f>, <V_c, V_g>, <V_d, V_h>, <V_d, V_i>, <V_d, V_j>, <V_e, V_k>, <V_e, V_l>, <V_h, V_m>}。树的根为 A，根结点无前驱。{D-{A}} 存在 3 个不相交的划分：

D_1 = {V_b, V_e, V_f, V_k, V_l}

D_2 = {V_c, V_g}

D_3 = {V_d, V_h, V_i, V_j, V_m}

与数据结点相应的关系{R-{<V_a, V_b>, <V_a, V_c>, <V_a, V_d>}}存在 3 个不相交的划分：

R_1 = {<V_b, V_e>, <V_b, V_f>, <V_e, V_k>, <V_e, V_l>}

R_2 = {<V_c, V_g>}

R_3 = {<V_d, V_h>, <V_d, V_i>, <V_d, V_j>, <V_h, V_m>}

且(D_1, R_1)、(D_2, R_2)、(D_3, R_3)分别组成 3 棵树，是根的子树。

显然在这个描述中根是李奶奶，3 棵子树(D_1, R_1)、(D_2, R_2)、(D_3, R_3)所描述的是李奶奶的 3 个儿子的家庭关系。

图 6.2(a)是只有一个根结点的树，图 6.2(b)、(c)、(d)是不同的树。

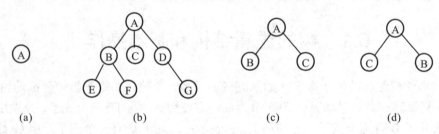

图 6.2　树的示例

1．树的有关术语

(1) 结点：包含一个数据元素及描述与其他结点关系的信息(如前驱、后继指针)，一般是出现在链式存储结构中。

(2) 结点的度：一个结点的后继结点个数称为该结点的度。在如图 6.2(b)所示的树中，A 结点的度为 3。

(3) 树的度：树中所有结点度的最大值。在如图 6.2(b)所示的树中，各个结点中最大的度为 3，树的度为 3。

(4) 叶结点：度为 0 的结点称为叶子结点。叶子是无后继的结点，也称为终端结点。在如图 6.2(b)所示的树中，E、F、C、G 四个结点都是叶结点。

(5) 孩子：一个结点的后继称为该结点的孩子。

(6) 双亲：一个结点的前驱称为该结点的双亲。孩子和双亲是相对的，如图 6.2(b)所示的树中，结点 B 是结点 A 的孩子，而结点 B 是结点 E 的双亲。

(7) 结点的层次：规定根结点的层次为 1(也可以为 0，本书中均按根结点层次为 1)，根结点的后继结点的层次为 2，依次类推。在如图 6.2(b)所示的树中，结点 A 的层次为 1；结点 B、C、D 的层次为 2；结点 E、F、G 的层次为 3。

(8) 兄弟：同一双亲的孩子结点之间互称兄弟。在如图6.2(b)所示的树中，结点 B、C、D 为兄弟。

(9) 堂兄弟：同一层上的结点，但这些结点的双亲不同，这些结点互称为堂兄弟。在如图6.2(b)所示的树中，F、G 互为堂兄弟。

(10) 子孙：一个结点的直接后继和间接后继称为该结点的子孙。在如图 6.1 所示的树中，结点 D 的子孙是结点 H、I、J、M。

(11) 祖先：从该结点开始追溯前驱直到根结点，经历的所有结点为该结点的前驱。在如图6.2(b)所示的树中，结点 F 的祖先是 A、B。

(12) 树的高度(深度)：树中所有结点的层次的最大值。如图 6.1 和 6.2(b)所示树的高度分别为 4 和 3。

(13) 有序树：在树 T 中，如果各子树之间是有先后次序的，则称为有序树。例如在如图 6.1 所示的树中，子树 T_1、T_2、…、T_n 有一定的相对次序，若交换次序则由这些子树构成另外一棵树，在这种意义下，称该树是有序的。如图 6.2(c)、6.2(d)所示的树是不同的两棵树。本章讨论的树均为有序树。

(14) 森林：m(m≥0)棵互不相交的树的集合，称为森林。将一棵非空树的根结点删去，例如，从如图 6.1 所示的树中，删除根结点 A，就变成一个森林；反之，给森林增加一个统一的根结点，森林就变成一棵树。

2. 树的抽象数据类型的定义

树的抽象数据类型的定义如下：

```
ADT Tree
{
    数据对象 D：一个集合，该集合中的所有元素具有相同的特性。
    数据关系 R：若 D 为空或 D 中仅含有一个数据元素，则 R={Φ}，否则 R={H}，H 关系如下。
    (1) 在 D 存在唯一的称为根的数据元素 root，它在关系 H 下没有前驱。
    (2) 除 root 以外，D 中其余结点存在 m(m≥0)个不相交的划分，每个划分都是一棵树，
    是根的子树。
    树的基本操作如下。
    InitTree(Tree)：初始化一棵树，树根为 Tree。
    DestoryTree(Tree)：销毁以 Tree 为根的树，并释放所占内存空间。
    CreateTree(Tree)：创建一棵以 Tree 为根的树。
    TreeEmpty(Tree)：判断以 Tree 为根的树是否为空，如果为空返回 TRUE,否则返回 FALSE。
    Root(S)：求一棵树的根，S 是某树中的一个结点，返回 S 所在的树的根。
    Depth(Tree)：以 Tree 为根的树已经存在，求树 Tree 的深度并以函数值返回。
    Parent(Tree, x)：以 Tree 为根的树已经存在，x 是 Tree 中的某个结点。若 x 为非根结点，
    则返回它的双亲，否则返回"空"。
    FirstChild(Tree, x)：以 Tree 为根的树已经存在，x 是 Tree 中的某个结点。若 x 为非
    叶子结点，则返回它的第一个孩子结点，否则返回"空"。
    NextSibling(Tree, x)：x 是 Tree 中的某个结点。若 x 不是其双亲的最后一个孩子结点，
    则返回 x 后面的下一个兄弟结点，否则返回"空"。
    InsertChild(Tree, p, Child)：以 Tree 为根的树已经存在，p 指向 Tree 中的某个结点，
```

非空树 Child 与 Tree 不相交。将 Child 插入 Tree 中，成为 p 所指向结点的子树。
　　DeleteChild(Tree, p, i)：以 Tree 为根的树已经存在，p 指向 Tree 中的某个结点，
　　1≤i≤d, d 为 p 所指向结点的度。删除 Tree 中 p 所指向结点的第 i 棵子树。
　　TraverseTree(Tree, Visit())：以 Tree 为根的树已经存在，Visit() 是对结点进行访
　　问的函数。按照某种次序对树 Tree 的每个结点调用 Visit() 函数访问一次且仅一次。
　　若 Visit() 失败，则操作失败。
} ADT Tree

6.2　二　叉　树

在讨论树的存储结构及操作之前，先讨论一种比较重要的树——二叉树。它具有许多良好的性质和简单的物理表示。

6.2.1　二叉树的定义及逻辑结构

二叉树是 n(n≥0) 个结点的有限集合，是每个结点的度都不大于 2 的树。从这个定义可以看出，这个集合或是空的，或是由特殊的称为根结点以及两个不相交的左子树和右子树构成。很明显这是递归定义，由此不难看出：二叉树存在空树，每个结点可以有 0、1 或 2 个孩子。二叉树的具体形式如图 6.3 所示。

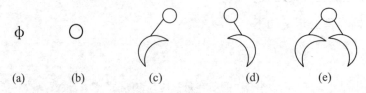

图 6.3　二叉树的基本形态

二叉树有 5 种形式，图 6.3(a) 为空树，图 6.3(b) 为只有一个结点的二叉树，图 6.3(c) 为只有左子树的二叉树，图 6.3(d) 为只有右子树的二叉树，图 6.3(e) 为左、右子树都存在的二叉树。

二叉树的抽象数据类型定义如下：

```
ADT binary_tree {
    数据对象 D：一个集合，该集合中的所有元素具有相同的特性。
    数据关系 R：若 D 为空集，或 D 中仅含有一个数据元素，则 R={Φ}；否则 R={H}，H 是如下的
    二元关系。
    (1) 在 D 中存在唯一的称为根的结点 root，它在关系 H 下没有前驱。
    (2) 除 root 以外，D 中其余结点存在 m(0≤m≤2) 个不相交的划分，每个划分都是一棵二叉
    树，称为根的子树。

    数据操作如下。
    InitTree(bt)：初始化空二叉树，bt 表示根结点的指针。
    CreateTree(bt)：创建一棵二叉树，bt 表示二叉树的根。
    DestoryTree(bt)：销毁以 bt 为根的二叉树，释放空间。
```

TreeEmpty(bt)：判断以 bt 为根的二叉树是否为空，若为空则返回 TRUE，否则返回 FALSE。

Root(P)：求 P 结点所在的二叉树根。若二叉树非空，函数返回根，否则返回"空"。

Depth(bt)：求以 bt 为根的二叉树深度。如果二叉树非空，函数返回 bt 深度，否则返回 0。

Parent(bt, x)：求以 bt 为根的二叉树中结点 x 的双亲结点。若结点 x 有双亲，则返回双亲结点；若结点 x 是二叉树的根或二叉树 bt 中无结点 x，则返回"空"。

LeftChild(bt, x)：bt 为二叉树的根结点，x 为二叉树中的一个结点，求结点 x 的左孩子。若结点 x 无左孩子或 x 不在 bt 中，则返回"空"。

RightChild(bt, x)：求以 bt 为根的二叉树中结点 x 的右孩子。若结点 x 无右孩子或结点 x 不存在，则返回"空"。

InsertChild(bt, p, child)：以 bt 为根的二叉树已存在，p 指向 bt 为根的二叉树中某个结点，非空树 child 与 bt 不相交。将 child 子树插入根为 bt 的二叉树，成为 p 所指向结点的子树。

DeleteChild(bt, p, i)：以 bt 为根的二叉树已存在，p 指向 bt 中某个结点，1≤i≤d≤2，d 为 p 所指向结点的度。删除 bt 中 p 所指向结点的第 i 棵子树。

LevelorderTraversetree(bt)：以 bt 为根的二叉树已存在，水平遍历二叉树中每个结点一次且仅一次。

PreorderTraversetree(bt)：以 bt 为根的二叉树已存在，按先序遍历二叉树中每个结点一次且仅一次。

InorderTraversetree(bt)：以 bt 为根的二叉树已存在，中序遍历二叉树中每个结点一次且仅一次。

PostorderTraversetree(bt)：以 bt 为根的二叉树已存在，后序遍历二叉树中每个结点一次且仅一次。

} ADT binary_tree;

6.2.2　二叉树的性质

性质 1：在二叉树中，第 i 层结点数最多为 2^{i-1} 个。下面用数学归纳法证明。

证明：当 n=1 时，$2^{n-1}=1$ 命题成立，因为二叉树第一层上只有根结点。

设当 n=i 时成立，即第 i 层上最多有 2^{i-1} 个结点。

则第 i 层上每个结点最多可以有两个孩子，所以第 i+1 层上最多有 $2\times2^{i-1}=2^{(i+1)-1}$ 个结点，所以命题成立。

性质 2：深度为 k 的二叉树结点总数最多为 2^k-1 个。

证明：因为二叉树中，第 i 层结点数最多为 2^{i-1} 个，所以深度为 k 的二叉树总结点数 $=2^0+2^1+...+2^{k-1}$

$$=\sum_{i=1}^{k}(i\text{ 层上结点的最大数})$$

$$=\sum_{i=1}^{k}2^{i-1}=2^k-1$$

证毕。

性质 3：对任一棵二叉树，如果叶结点数为 n_0，度为 2 的结点数为 n_2，则 $n_0=n_2+1$。

证明：设二叉树中总结点数为 n，分枝总数为 B，一度结点为 n_1，则

$n=n_0+n_1+n_2$　　　　①

B=n-1   ②

B=n₁+2n₂   ③

将 ②代入③得：

n=n₁+2n₂+1   ④

将④代入①得：

$n_0=n_2+1$

证毕。

在介绍性质 4 前，先介绍两个概念：满二叉树和完全二叉树。

● 满二叉树：一棵二叉树如果深度为 k，就有 2^k-1 个结点，则二叉树是满二叉树。如图 6.4(b)所示的二叉树深度为 4，有 $2^4-1=15$ 个结点，是满二叉树。

● 完全二叉树：先对满二叉树的结点从根开始自上而下、从左至右进行连续编号，根结点编号为 1，第 K 层上的结点从左到右的编号为：$2^{k-1}\sim2^k-1$；当以同样的方式对一棵二叉树结点编号时，与满二叉树中相同层次及相应位置的结点编号一一对应，称为完全二叉树，如图 6.4(a)所示。

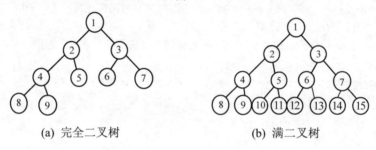

(a) 完全二叉树   (b) 满二叉树

图 6.4   完全二叉树与满二叉树

性质 4：有 n 个结点的完全二叉树，如果深度为 K，那么：

$$K = \lfloor \log_2 n \rfloor + 1$$

证明：由于深度为 K 的完全二叉树可能有结点 $2^{k-1}\sim2^k-1$ 个，于是有：

$$\log_2 n \leqslant \log_2(2^k-1) = \log_2\left[2^{(k-1)}\left(2-\frac{1}{2^{(k-1)}}\right)\right]$$

$$= (k-1) + \log_2\left(2-\frac{1}{2^{(k-1)}}\right)$$

$$\log_2 n \geqslant \log_2(2^{k-1}) = k-1$$

当 K>1 时：

$$1 < 2 - \frac{1}{2^k-1} < 2$$

则： $\log_2\left(2-\dfrac{1}{2^k-1}\right) < 1$

故： $\log_2\left(2-\dfrac{1}{2^k-1}\right)$ 是小数部分。

因此： $\lfloor \log_2 n \rfloor = K-1$

$$K = \lfloor \log_2 n \rfloor + 1$$

证毕。

性质 5：如果完全二叉树有 n 个结点，则对任意结点 i(1≤i≤n)，有如下关系。

(1) 若 i>1，则 i 的双亲是 $\lfloor i/2 \rfloor$；若 i=1，则 i 是根结点无双亲。

(2) 若 2i≤n，则 i 的左孩子是 2i；若 2i>n，则 i 无左孩子。

(3) 若 2i+1≤n，则 i 的右孩子是 2i+1；若 2i+1>n，则 i 无右孩子。

用数学归纳法很容易证明(略)。

6.2.3　二叉树的存储结构

二叉树的结构是非线性的，每一结点最多可有两个后继。有两种存储结构来存储二叉树，分别是顺序存储结构和链式存储结构。

1．顺序存储结构

用一组连续的存储单元存储二叉树的数据元素，数据类型可以使用线性表顺序存储结构。第 2 章中定义的 SeqList 为存储类型。图 6.5(a)中的完全二叉树可以用一维数组按完全二叉树编号顺序存储，如图 6.6(a)所示。根据完全二叉树的性质 5，可以求出二叉树中数据间的关系(每个结点的双亲、左孩子、右孩子)。用一维数组作为存储结构，将完全二叉树中编号为 i 的结点存放在数组的第 i 个分量中。如图 6.5(a)所示中的 B 结点在完全二叉树中的编号为 2，对应存储单元为 2，如图 6.6(a)所示。B 结点的左孩子 2i(i 为存储单元号)为 4，右孩子为 2i+1=5，双亲为 i/2=1。

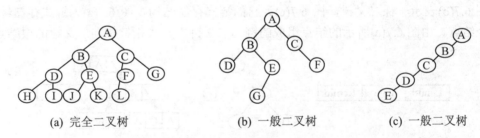

(a) 完全二叉树　　　　　　(b) 一般二叉树　　　　　　(c) 一般二叉树

图 6.5　几种不同的二叉树

显然，这种存储方式对于一棵完全二叉树来说是非常方便的，既不浪费空间，又可以根据公式计算出每一个结点的双亲，左、右孩子结点。这样在该存储结构中实现了数据与关系的存储。但是，一般的二叉树如何存储？首先，必须按照完全二叉树结点的对应位置进行存储，图 6.5(b)的存储结构如图 6.6(b)所示。在图 6.6(b)中，与完全二叉树对应缺少的部分是 6.5(b)中 C 结点(存储在 3 号单元中)的左孩子(存储在 6 号单元)，D 结点(存储在 4 号单元中)的左、右孩子(8、9 号单元)，用空集符号"φ"表示。如果一棵二叉树结点不多却很深，就要存储很多的空集符号，从而造成空间浪费。二叉树树形的一种极端的情况如图 6.5(c)所示，存储结构如图 6.6(c)所示。

可以看出，对于一个深度为 k 的二叉树，在最坏的情况下(每个结点只有右孩子或只有左孩子)需要占用 2^k-1 个存储单元，而实际该二叉树只有 k 个结点，空间的浪费太大。这是顺序存储结构的一大缺点。

(a) 图 6.5(a)所示二叉树的顺序存储

(b) 图 6.5(b)所示二叉树的顺序存储

(c) 图 6.5(c)所示二叉树的顺序存储

图 6.6 顺序结构存储的二叉树

2. 链式存储结构

最简单的链式结构中的每个结点由基本元素、左孩子、右孩子三个域组成，定义如下：

```
typedef struct tnode
{
    Elemtype data;           /*数据元素*/
    struct tnode *Lchild;    /*指向左孩子的指针*/
    struct tnode *Rchild;    /*指向右孩子的指针*/
}
tnode *BiTree;
```

图 6.7(b)表示一棵二叉树，图 6.7(c)为它的链式存储结构，图 6.7(a)为链式存储结构中的一个结点。由图 6.7(a)所示的结点组成的链为二叉链表，头指针指向二叉树的根结点。

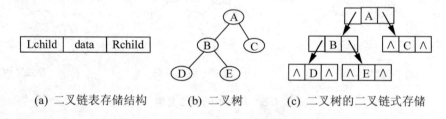

(a) 二叉链表存储结构　　(b) 二叉树　　(c) 二叉树的二叉链式存储

图 6.7 二叉链表及存储示例

在图 6.7 所示二叉链表表示的二叉树中，存储了一个数据域和两个指针域，且两个指针都是指向孩子的，即后继指针。在这种存储结构中只能查找后继(孩子)结点，不能查找前驱(双亲)结点，要想得到双亲结点，还要从根开始查找。根据需要，可为每个结点加入一个双亲域，那么二叉链表就可以形成三叉链表。

二叉树的三叉链表数据类型定义如下：

```
typedef struct tnode
{
    Elemtype data;              /*数据元素*/
    struct tnode *parents;      /*指向双亲的指针*/
    struct tnode *Lchild;       /*指向左孩子的指针*/
```

```
    struct tnode *Rchild;              /*指向右孩子的指针*/
}tnode *DBiTree;
```

如图 6.8(a)所示是三叉链表的存储结构，如图 6.8(b)所示是用三叉链表表示如图 6.7(b)
所示的二叉树。

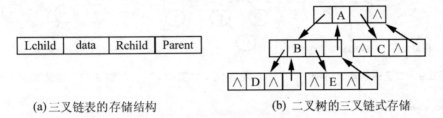

(a)三叉链表的存储结构   (b) 二叉树的三叉链式存储

图 6.8   二叉树的带双亲的链式存储

6.3   遍历二叉树和线索二叉树

6.3.1   遍历二叉树

在二叉树中经常要检索全部结点，进行处理，这就是遍历二叉树的问题。遍历二叉树是按照某种搜索路径巡访二叉树中的每个结点，使得每个结点均被访问一次。访问的含义是对结点做某种处理，如输出结点信息等。

由二叉树的定义可知，二叉树中的每个结点由 3 个基本单元组成——根结点、左子树和右子树，如图 6.9 所示。因此，若能依次遍历这 3 个部分，就可遍历整个二叉树。假如以 L、R、D 分别表示左子树、右子树和根结点。则有 6 种遍历二叉树的方案：LDR、LRD、RDL、RLD、DLR、DRL。在 6 种方案中，有三种遍历是左子树在右子树前(LDR、LRD、DLR)，另外 3 种遍历右子树在左子树前(RDL、RLD、DRL)。如果规定遍历时左子树在前、右子树在后，那么根结点位于前、中、后三个位置，由此形成了三种遍历：先序遍历、中序遍历和后序遍历。

若二叉树非空，先序遍历二叉树的操作定义为：先访问根结点；再先序遍历左子树；然后先序遍历右子树。

以同样方式可得到中序遍历、后续遍历二叉树的操作。二叉树非空中序遍历的操作如下。

(1) 中序遍历左子树。

(2) 访问根结点。

(3) 中序遍历右子树。

对于如图 6.10 所示的二叉树，先序、中序和后序遍历的序列如下。

先序遍历：A、B、D、E、G、C、F、H。

中序遍历：D、B、G、E、A、C、F、H。

后序遍历：D、G、E、B、H、F、C、A。

最早提出的遍历问题是对存储在计算机中的表达式求值。例如，表达式(a+b*c)-d/e，用二叉树表示，如图 6.11 所示。当对此二叉树进行先序、中序、后序遍历时，便可获得表达式的前缀、中缀、后缀书写形式。

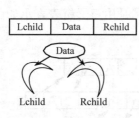

图6.9 二叉树的基本结构

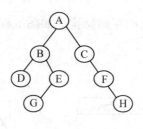

图6.10 二叉树

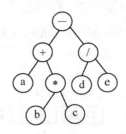

图6.11 表达式的二叉树

前缀表达式：$- + a * b c / d e$
中缀表达式：$a + b * c - d / e$
后缀表达式：$a b c * + d e / -$

其中，中缀形式是算术表达式的通常形式，只是没有括号。算术表达式的前缀表达式称为波兰表达式。算术表达式的后缀表达式被称作逆波兰表达式。在计算机内，一般利用后缀表达式实现求值过程。

以下用二叉链表 BiTree 类型为存储结构，实现二叉树遍历和线索算法。

1. 遍历二叉树

(1) 递归算法

有三种递归算法，分别为先序遍历、中序遍历、后序遍历。

先序遍历递归算法如下：

```
void PreorderTraverse(BiTree root)          /*先序遍历以 root 为根的二叉树*/
{
    if(root != NULL)
    {
        visit(root->data);                  /*访问根结点*/
        PreorderTraverse(root->lchild);     /*先序遍历左子树*/
        PreorderTraverse(root->rchild);     /*先序遍历右子树*/
    }
}
```

这是一个先序遍历二叉树的递归过程。中序遍历、后序遍历的算法与此相同，只是 visit() 函数的位置不同。

中序遍历递归算法如下：

```
void InorderTraverse(BiTree root)           /*中序遍历以 root 为根的二叉树*/
{
    if(root != NULL)
    {
        InorderTraverse(root->lchild);      /*中序遍历左子树*/
        visit(root->data);                  /*访问根结点*/
        InorderTraverse(root->rchild);      /*中序遍历右子树*/
    }
}
```

从二叉树的遍历定义可知，先序、中序、后序算法的不同之处仅在于，访问根结点和遍历左、右子树的先后顺序不同。如果在算法中暂且抹去与递归无关的 visit( )函数，则三种遍历算法完全相同。由此从递归角度来看，中序遍历、先序遍历和后序遍历是相同的。

图 6.12(a)是表达式(a/b+c)的二叉树表示，图 6.12(b)表示三种遍历算法的递归执行过程，其中虚线按所指的箭头表示递归执行过程，向下的箭头表示更深一层的递归调用，向上的箭头表示递归返回，虚线旁的三角形、圆形和方形内的字符分别表示在先序、中序和后序遍历二叉树过程中访问结点时输出的信息。例如，中序遍历中访问结点是在遍历左子树之后，遍历右子树之前进行。带圆形的字符标在左递归返回和向右递归调用之间，顺序为a+b+c。由此，只要沿虚线从起点出发到终点结束将沿途所见的三角形、圆、方框，按递归顺序分别标出，便可得 3 种遍历。

- 三角形序列：先序遍历序列
- 圆形序列：中序遍历序列
- 方框形序列：后序遍历序列

显然，表达式的先序遍历和后序遍历结果分别是表达式的波兰式和逆波兰式。

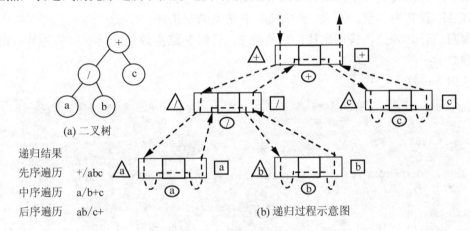

图 6.12 二叉树的递归过程

用递归方式描述算法简明清晰，但算法执行的时间长，占用的空间也较多，影响的主要因素是二叉树的深度。

(2) 非递归遍历二叉树

① 先序遍历的非递归算法：先序遍历顺序中第一个访问根结点，当根访问后将根的右孩子入栈，然后先序访问左子树。当左子树访问完后将栈里的右子树出栈，并先序遍历右子树，操作如下。

步骤一：初始化栈，根压入栈。

步骤二：若栈非空出栈，出栈结点为 P，访问 P 结点数据；若栈空结束。

步骤三：若 P 结点的右指针非空压栈；若 P 结点的左指针非空压栈，返回步骤二。

算法如下：

```
void PreorderTraverse1(BiTree root)/*先序遍历根为 root 的二叉树的非递归算法*/
{
    InitStack(S);                      /*初始化栈 S*/
```

```
    push(S, root);                    /*根结点 root 进栈*/
    while (!EmptyStack(S))            /*栈非空执行循环体*/
    {
        Pop(&S, &p);                  /* 退栈, 将栈顶赋值给 P */
        Visit(p->data);               /*访问 P 结点*/
        if (p->Rchild != NULL)        /* P 结点右孩子不空进栈 */
            Push(S, p=p->Rchild);
        if (p->Lchild != NULL)
            Push(S, p=p->Lchild);     /* P 结点左孩子不空进栈*/
    }
}
```

② 中序遍历的非递归算法: 中序遍历非递归处理与先序遍历递归过程相似, 但是访问结点的位置不同。当结点 P 的左子树遍历完成, 遍历 P 结点, 然后遍历右子树。

操作如下。

步骤一: 初始化栈, P 赋值为根指针。

步骤二: 若栈或 P 非空, 执行步骤三, 若栈或 P 空则结束。

步骤三: 若 P 为非空, 入栈, P 赋值为 P 结点的左指针。

步骤四: 若 P 为空, 栈顶出栈, 赋值给 P。访问 P 结点数据, 且 P 赋值为其右指针, 返回步骤二。

算法如下:

```
void InOrderTraverse(BiTree root)     /*中序遍历二叉树的非递归算法*/
{
    InitStack(S);                     /* 初始化栈 S */
    p = root;                         /*从根结点 root 开始*/
    while (p!=NULL || !EmptyStack(S)) /* P 非空或栈非空执行循环体 */
        if (p != NULL)
        {
            Push(S, p);               /*进栈, 遍历左子树*/
            p = p->Lchild;
        }
        else
        {
            Pop(&S, &p); Visit(p->data); /*退栈, 将栈顶赋值给 P, 并访问 P 结点*/
            p = p->Rchild;               /*遍历右子树*/
        }
}
```

图 6.13(a)为中序遍历二叉树的非递归算法流程, 按算法的执行顺序共设置 6 个途经结点。图 6.13(b)显示了 6 个结点处非递归算法执行中栈的变化。

③ 后序遍历的非递归算法: 后序遍历的非递归算法要复杂一些。在先序遍历中, 每遇到一个结点即可输出; 在中序遍历中, 结点在出栈时输出。但在后序遍历中, 在输出一个结点之前, 要两次经历该结点。第一次是从该结点出发沿其左孩子指针遍历其左子树, 第二次是沿其右孩子指针遍历其右子树。只有右子树遍历完成之后, 才能访问该结点。也就是说, 在后序遍历中要区分是从左子树返回还是从右子树返回, 为实现这种区分, 在结

点入栈时必须同时压入一个标记 mark 域。

步骤一：初始化栈，(根+ mark=0)入栈。

步骤二：若栈非空，出栈 P，若栈空，结束。

步骤三：若 P 的标记为 0，修改标记为 1，左子树入栈。

步骤四：若 P 的标记为 1，修改标记为 2，右子树入栈。

步骤五：若 P 的标记为 2，访问 P 结点，返回步骤二。

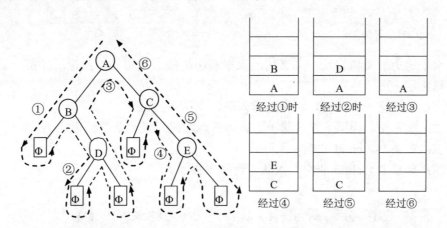

(a) 遍历时程序顺序经过 6 个结点设置　　　　(b) 程序在 6 个结点处栈 S 的变化

图 6.13　中序遍历二叉树的非递归算法流程和栈的变化

后续遍历入栈的数据类型如下：

```
typedef struct                  /*有 mark 域的结点指针类型*/
{
    BiTree ptr;
    enum {0,1,2} mark;          /* 0、1、2 表示刚刚访问、左子树返回、右子树返回 */
} PMTree;
```

mark=0 表示刚刚访问此结点，mark=1 表示左子树处理结束返回，mark=2 表示右子树
处理结束返回。每次根据栈顶元素的 mark 域值决定相应的操作。

算法如下：

```
void PostOrderTraverse(BiTree root) /*后续遍历二叉树的非递归算法*/
{
    PMTree a;
    InitStack(S);                       /*S 的元素为 PMType 类型*/
    Push(S, {root, 0});                 /*根结点入栈*/
    while(!StackEmpty(S))
    {
        Pop(S, a);                      /* 栈顶退栈，赋值给 a */
        switch(a.mark)
        {
        case 0:
            Push(S, {a.ptr, 1});            /*修改 mark=1 表示从左子树入栈*/
            if(a.ptr->lchild) Push(S,{a.ptr->lchild,0}); /*访问左子树*/
```

```
            break;
        case 1:
            Push(S, {a.ptr, 2});              /*修改 mark=2 表示从右子树入栈*/
            if(a.ptr->rchild) Push(S, {a.ptr->rchild, 0}); /*访问右子树*/
            break;
        case 2:
            visit(a.ptr);                     /*访问结点，返回*/
        }
    }
}
```

④ 水平遍历二叉树算法：二叉树的水平遍历是按二叉树的层次遍历，第一层遍历完成再遍历第二层……

步骤一：初始化一个队列，将根结点入队。

步骤二：队不空，出队一个元素 P，访问 P 点数据元素。队空结束。

步骤三：如果 P->lchild 非空，入队。

步骤四：如果 P->rchild 非空，入队。返回步骤二。

算法如下：

```
void LevelorderTraverse(Bitree root)      /*按层次遍历二叉树*/
{
    InitQueue(Q);                              /*初始化队列*/
    EnQueue(Q, root);                          /*根入队列*/
    while(!QueueEmpty(Q))                       /*队列非空，执行循环体*/
    {
        DeQueue(Q, p);                          /*出队并访问该结点*/
        visit(p);
        if(p->lchild) EnQueue(Q, p->lchild);  /*左子树非空，入队*/
        if(p->rchild) EnQueue(Q, p->rchild);  /*右子树非空，入队*/
    }
}
```

遍历操作是二叉树各种操作的基础，在遍历过程中可以对结点进行各种操作，如求结点的双亲、求结点的孩子、判定结点所在的层次、创建一个链式存储的二叉树等。

2. 遍历算法的运用

1) 寻找满足条件的结点——输出叶子结点

在遍历二叉树时，每个结点都会访问到，当要寻找某些符合条件的结点时，通过设定条件进行判断就能找到满足条件的结点。当输出二叉树中的叶子结点时，可以通过遍历时按叶子结点的条件判断是否是叶子，如果满足条件，就输出该结点。下面是按先序遍历的递归算法实现判断二叉树中的结点是否是叶子结点。

算法如下：

```
void Pre-output-leaf(BiTree root) /*输出根为 root 的二叉树中的所有叶子结点*/
{
    if (root != NULL)
    {
```

```
        if(root->LChild==NULL && root->RChild==NULL)  /*判断叶子条件*/
            printf(root->data);                    /*输出叶子结点*/
        PreOrder(root->LChild);                    /*以先序遍历顺序，输出左子树中的叶子*/
        PreOrder(root->RChild);                    /*以先序遍历顺序，输出右子树中的叶子*/
    }
}
```

如果按先序遍历的非递归算法实现判断二叉树中的结点是否是叶子结点，算法如下：

```
void Pre-output-leaf1(BiTree root)  /*输出根为root的二叉树中的所有叶子结点*/
{
    InitStack(S);  push(S, root);
    while (!EmptyStack(S))                          /*栈非空执行循环体*/
    {
        Pop(&S, &p);                               /* 退栈，将栈顶赋值给P */
        if(p->LChild==NULL && p->RChild==NULL)      /*判断叶子条件*/
            printf(p->data);                        /*输出叶子结点*/
        if p->Rchild!=NULL Push(S, p->Rchild);
        if p->Lchild!=NULL Push(S, p->Lchild);
    }
}
```

2) 统计叶子结点数目

用遍历二叉树的方法求叶子结点的数目，设置全局变量 Count 统计叶子结点的个数。下面是利用先序遍历的递归算法求叶子结点的个数。

算法如下：

```
int trav-leaf(BiTree root)        /* Count 是全局变量，统计叶子个数，初值为 0 */
{
    if (root==NULL) return Count;    /* 如果是空树，叶子个数为 0 */
    else
    {
        if (root->Lchild==NULL && root->Rchild==NULL) Count++;
        trav-leaf(root->Lchild);  /*统计左子树中叶子结点的个数，累加到 Count 中*/
        trav-leaf(root->Rchild);  /*统计右子树中叶子结点的个数，累加到 Count 中*/
    }
}
```

如果用中序遍历采用非递归算法，则求叶子结点个数的算法如下：

```
int trav-leaf1(BiTree root)           /*非递归中序遍历二叉树时，求叶子个数*/
{
    InitStack (S); Count=0;            /* 初始化栈 S，叶子计数器 Count 赋初值 0 */
    p = root;                          /*从根结点 root 开始*/
    while (p || !EmptyStack(S))        /* P 非空或栈非空，执行循环体 */
        if (p)
        {
            Push(S, p);                /*进栈，遍历左子树*/
            p = p->Lchild;
        }
```

```
    else
    {
        Pop(&S, &p);                    /*退栈，将栈顶赋值给 P，并访问 P 结点*/
        if (p->Lchild==NULL && p->Rchild==NULL)
            Count++;;                   /*判断是否是叶子结点，若是则计数器加 1*/
        p = p->Rchild;                  /*遍历右子树*/
    }
    return Count;                       /*函数返回叶子结点个数*/
}
```

3) 求二叉树的高度

设 bt 表示二叉树的根，根结点为第 1 层的结点，high 为二叉树的高度，如图 6.14 所示。

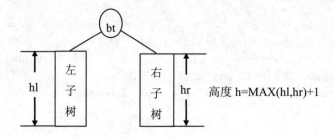

高度 h=MAX(hl,hr)+1

图 6.14　二叉树高度示意

若 bt=NULL，high=0。

若 bt!=NULL，high=MAX(左子树高度，右子树高度)+1。

所有 h 层的结点的左右孩子结点在 h+1 层，可以通过遍历计算二叉树中的每个结点的层次，其中最大层次是二叉树的高度。下面是递归算法求二叉树的高度。

算法如下：

```
int PostTreeDepth(BiTree bt)           /*后序遍历求二叉树的高度递归算法*/
{
    if (bt != NULL)             /*设 high 为二叉树的高度，hl、hr 分别为左右子树高度*/
    {
        hl = PostTreeDepth(bt->LChild);   /*求左子树的深度*/
        hr = PostTreeDepth(bt->Rchild);   /*求右子树的深度*/
        high = hl>hr ? hl : hr;           /* 左、右子树深度较大者赋 h */
        return (high + 1);                /*返回树的深度*/
    }
    else return 0;                        /*如果是空树，树的高度为 0，返回*/
}
```

4) 将二叉树的左右子树交换

利用二叉树的非递归遍历，实现左右子树交换，具体过程与二叉树的非递归算法相同。因为每个结点均访问一次，所以当访问结点时，将结点的左右子树交换即可实现。下面是先序遍历二叉树的非递归算法实现。

二叉树左右子树交换算法如下：

```
void swapTree(BiTree *root)             /*将以 root 为根的二叉树左右子树交换*/
{
```

```
InitStack(S);
push(S, root);
while (!EmptyStack(S))                /*栈非空执行循环体*/
{
    Pop(&S, &p);
    p->Rchild ←→ p->Lchild;          /*将P结点左右子树交换*/
    if p->Rchild != NULL Push(S, p->Rchild);
    if p->Lchild != NULL Push(S, p->Lchild);
}
}
```

5）创建二叉树

下面是在链式存储结构上，按先序序列建立二叉树的过程。算法是按遍历二叉树的递归算法的思想实现的。

先序创建二叉树的算法如下：

```
CreatTree(BiTree *t)                  /*创建一棵二叉树*/
{
    scanf(&ch);
    if(ch=='')                        /*输入''表示无左孩子*/
    { t=NULL; return; }
    else
    {
        if (!(*t=(BiTree)malloc(sizeof(Node))))  exit( );
        *t->data=ch;
        CreatTree(*t->Lchild);        /*递归产生左子树*/
        CreatTree(*t->Rchild);        /*递归产生右子树*/
    }
}
```

按先序算法建立二叉树，如图 6.15 所示二叉树应输入序列为 A B CΦΦ D EΦ GΦΦ FΦΦΦ(Φ 表示空格)。

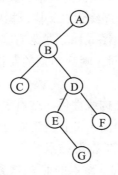

图 6.15　先序遍历序列创建二叉树

遍历二叉树能实现很多相关的操作。不论按先序、中序、后序进行遍历，对含 n 个结点的二叉树，时间复杂度均为 O(n)，所用辅助空间为遍历过程中栈的最大容量，即树的深度。最坏情况下时间复杂度为 n，此时二叉树已经退化为线性表。

6.3.2　线索二叉树

遍历二叉树是以一定的规则将二叉树中的结点排列成一个线性序列，得到二叉树中结点的某种遍历的线性序列，如先序序列、中序序列、后续序列，这就是对非线性结构进行线性化操作的过程。

以二叉链表作为存储结构时，二叉树中的结点只存储数据信息和结点的左、右孩子信息。不能直接得到结点在任一序列中的前驱和后继信息，前驱和后继信息只有在遍历的动态过程中才能得到。

如何保存这种信息呢？一个最简单的方法是在每个结点上增加两个指针域：前驱域 pre 和后继域 next。这两个域分别指向结点在任一次遍历(可以是中序、后序、先序)时得到的任一结点的前驱和后继信息。显然，这样做使得结构的存储密度大大降低，存储开销大大增加。另一方面，具有 n 个结点的二叉链中必有 n+1 个空域。由此设想这些空链域存放结点的前驱和后继信息。这样一个指针是孩子信息还是线索信息需增加标识位加以区别，位指针域增加一个标志 tag，则结点共有 5 个域，依次是左指针、左标志位、数据域、右标志位和右指针。

结点结构如下：

Lchild	Ltag	data	Rtag	Rchild

其中，

$$Ltag = \begin{cases} 0 & Lchild 域指示结点的左孩子 \\ 1 & Lchild 域指示结点的前驱 \end{cases}$$

$$Rtag = \begin{cases} 0 & Rchild 域指示结点的右孩子 \\ 1 & Rchild 域指示结点的后继 \end{cases}$$

在这种存储结构中，利用指针分别指向前驱或后继。指向前驱和后继的指针叫线索。以这种存储结构组成的二叉链表叫作线索链表。以二叉树的某一种遍历顺序给空指针加线索的过程叫作线索化。线索化了的二叉树称为线索二叉树。线索常常以虚线表示。如图 6.16 所示为二叉树及线索树。6.16(b)是先序线索二叉树，树中的虚线部分是线索。图 6.16(c)、图 6.16(d)是中序和后续线索二叉树，图 6.16(e)是带有哨兵结点的线索二叉树，哨兵结点的结构与二叉树中的其他结点结构相同。哨兵结点的左孩子指向树根，右孩子指向线索化的尾。

线索是按某种遍历顺序将层次结构线性化，结点都有了前驱或后继。在线索树中如何查找前驱和后继？下面以中序线索为例，设 p 是线索树中的某结点指针。

1)　在中序线索树中查找某结点的前驱结点

当 p->Ltag=1 时，p->LChild 指向 p 结点的前驱(线索)。

当 p->Ltag=0 时，p->LChild 指向左孩子。这时如何找到前驱？

p 的前驱结点是中序遍历 p 的左子树所访问的最后一个结点，是 p 的左子树中的最右侧分支上，没有右孩子的末端结点。形象地说，是以 p 为根的左子树中的"最右侧最下端"结点，此结点的右线索 Ltag=1。

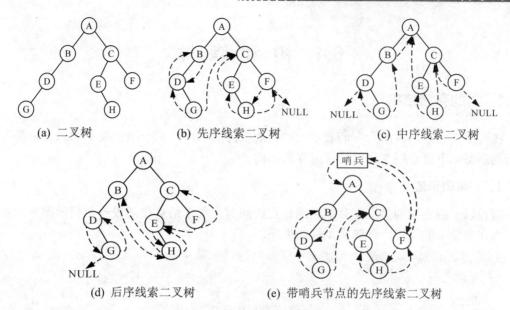

(a) 二叉树   (b) 先序线索二叉树   (c) 中序线索二叉树

(d) 后序线索二叉树   (e) 带哨兵节点的先序线索二叉树

图6.16 二叉树及线索树

算法如下：

```
void InPre(BiTNode *p, BiTNode *pre)    /*在中序线索树中查 p 的前驱, pre 返回*/
{
    if(p->Ltag == 1)  pre = p->Lchild;        /*直接利用线索*/
    else             /* 在 p 的左子树中查找"最右侧下端"结点，这个结点的 q->Rtag==1 */
    {
        for(q=p->Lchild; q->Rtag==0; q=q->RChild)
            pre = q;
    }
}
```

2)   在中序线索树中查找某结点的后继结点

当 p->Rtag=1 时，p->RChild 指向 p 结点的后继。

当 p->Rtag=0 时，p->RChild 指向右孩子，与前驱相似，此时 p 的中序后继结点为其右子树的"最左侧下端"的结点。

算法如下：

```
void InSucc(BiTNode *p, BiTNode *next) /*在中序线索树中查 p 的后继, next 返回*/
{
    if (p->Rtag == 1) next = p->Rchiid;        /*直接利用线索*/
    else             /* 在 p 的右子树中查找"最左侧下端"结点，这个结点的 q->Ltag==1 */
    {
        for (q=p->Rchild; q->Ltag==0; q=q->Lchild)
            next = q;
    }
}
```

6.4 树 和 森 林

6.4.1 树的存储结构

在实际生活中,树成为人们表示一种客观信息的手段,但一般的树不像二叉树那样有规则的形态。下面介绍 3 种树的常用存储结构。

1. 双亲表示法

假设以一组连续向量空间存储树的结点,同时在每个结点中附设一个指示器指示其双亲结点在向量中的位置,存储类型说明如下:

```
#define MAXSIZE 50
typedef struct node
{
    Elemtype data;          /*存储数据信息的值*/
    int parent;             /*存储双亲位置*/
} node;                     /*双亲表示法中一个结点的数据类型*/
typedef struct
{
    node pt[MAXSIZE];       /*向量数据*/
    int n;                  /*存储树中结点的个数*/
} Ptree;
```

数据类型的定义按线性表顺序存储结构的定义方式,将结点的个数有机地结合在一起。图 6.17(a)是一棵树;图 6.17(b)展示一棵树其双亲表示的存储结构。

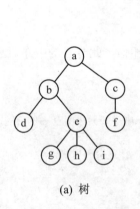

结点序号	data	parent
1	a	0
2	b	1
3	c	1
4	d	2
5	e	2
6	f	3
7	g	5
8	h	5
9	i	5
...	...	

(a) 树　　　　　　　　　　　　(b) 树的双亲表示

图 6.17 树的双亲表示的存储结构

这种存储结构利用了每个结点有唯一双亲的性质,根结点无双亲可以用空(0)表示。以双亲表示法为存储结构时,Parent(T, X)操作方便实现。从某点开始找结点的双亲,反复判断双亲结点,双亲的双亲,直到双亲为空,就可以找到树的根,这就是 ROOT(x)操作。在这种表示法中,求结点的孩子结点时需要遍历整个向量。

2．孩子表示法

由于树中的每个结点可能有多棵子树，模仿二叉树的二叉链表，可用多重链表，即每个结点有多个指针域，其中每个指针指向一棵子树的根结点，此时链表中的结点如下：

data	child$_1$	child$_2$	...	child$_i$

其中，data 存储数据；child$_1$、child$_2$、...、child$_i$ 存储 i 个指针。

i 为树的度。由于树中很多结点的度小于 i，所以链表中有很多链域为空。不难推出，在一棵有 n 个结点、度为 k 的树中必有 n(k-1)+1 个空链域，浪费较大。如果在结点中增加一个域表示每个结点的度，就可以减少空间浪费，但是链表中的结点度不同，是不同构的。此时，虽能节约存储空间，但操作不方便。

另一种孩子表示法是把每个结点的孩子结点排列起来，使之成为一个线性表，以单链表作存储结构，则 n 个结点有 n 个孩子链表(叶子的孩子链表为空表)。而 n 个头指针又组成一个线性表，存储结构描述如下：

```
#define MAXSIZE 50
typedef struct node
{
    int child;                   /*指向孩子的存储位置(数组下标序号)*/
    struct node *next;           /*指向下一个孩子*/
} node;                          /*树中一个孩子结点的数据类型*/
typedef struct
{
    Elemtype data;               /*树的数据元素*/
    node *firstadjvex;           /*指向第一个孩子，即孩子链表的首指针*/
} Ct;                            /树中一个结点的数据类型*/
typedef struct
{
    Ct childt[MAXSIZE];          /*树中的结点向量*/
    int n, r;                    /*树中结点个数及树根的位置*/
} Ctee;
```

将图 6.17(a)所示的树用孩子表示法表示，如图 6.18 所示。

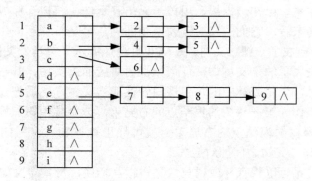

图 6.18 树的孩子表示法

与双亲表示法相反，孩子表示法便于查找孩子操作的实现。为了使各种操作能方便地实现，可以把双亲表示法和孩子表示法结合起来。如果将双亲向量与孩子表示法的向量结合在一起，各种操作就会变得很简单。

3. 孩子兄弟表示法

孩子兄弟表示法又称二叉链表表示法，即以二叉链表作为树的存储结构。链表中结点的两个链域分别指向该点的第一个孩子(First Child)结点和下一个兄弟(Next Sibling)结点，分别命名为 fch 域和 nsib 域：

```
typedef struct node
{
    Elemtype data;                  /*数据域*/
    struct node *fch, *nsib;        /*指针域，分别指第一个孩子和右兄弟*/
} CStree;
```

图 6.19 为图 6.17(a)树的孩子兄弟表示法，容易看出，这是一个二叉链表。这种存储结构便于各种树的操作实现。例如，要访问结点 x 的第 i 个孩子，只要先从结点的 fch 域开始，再沿 nsib 域连续走 i-1 步，便可找到 x 的第 i 个孩子。与二叉树的链式表示相同，孩子兄弟表示法也缺乏结点的前驱，所以查找双亲较麻烦。如果为每个结点增设一个 Parent 域，同样能方便地实现 Parent(T, x)操作。

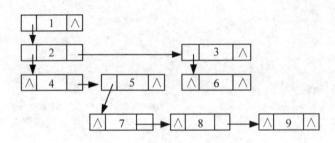

图 6.19　树的孩子兄弟表示法

6.4.2　森林与二叉树的转换

由于二叉树和树都可用二叉链表作为存储结构，以二叉链表作为媒介可导出树与二叉树之间的一个对应关系。已知一棵树，用孩子兄弟表示法，将树存储成一棵二叉树与这棵树对应。从物理结构来看，它们的二叉链表是相同的，只是解释不同。通过将树用孩子兄弟表示法，就将树转换成了一棵二叉树。图 6.20 直观地展示了树与二叉树之间的对应关系。

从树的二叉链表表示的定义可知，任何一棵树对应的二叉树，其右子树必空。将一个森林转换成二叉树时，先将森林中的每一棵树转换成二叉树，然后把森林中第二棵树转化成的二叉树的根结点作为第一棵树的根结点的右兄弟，把森林中第三棵树转化成的二叉树的根结点作为第二棵树的根结点的右兄弟，就可导出森林和二叉树的对应关系。例如，图 6.21 展示了森林与二叉树之间的对应关系。

通过这个对应关系可以将森林或树与二叉树相互转换，形式定义如下。

1. 森林转换成二叉树

若 F={T1, T2, ..., Tm}(m≥0)是森林，则按如下规则转换成一棵二叉树 B=(root, lb, rb)。

如果 m=0，即 F 为空，则 B 为空树。

如果 m>0，即 F 非空，则 B 的根 root 即为森林中第一棵树的根 ROOT(T1)；B 根和 B 的左子树 LB 是森林 F 中 T1 转换成的二叉树；其右子树 RB 是从森林 F 中{T2, T3, ..., Tm} 转换而成的二叉树。

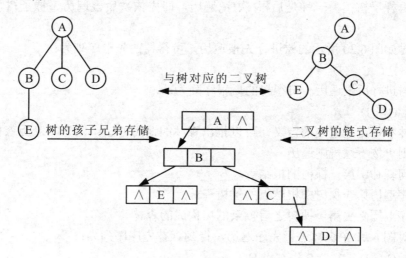

图 6.20　树与二叉树的对应关系

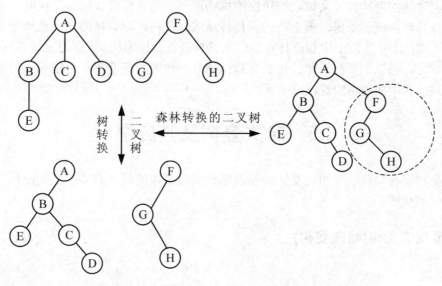

图 6.21　森林与二叉树的对应关系

2．二叉树转换成森林

若 B=(root, LB, RB)是一棵二叉树，则按如下规则转换成森林 F={T1, T2, ..., Tm}。

如果 B 为空，则 F 为空。

如果 B 非空，则二叉树 B 的根 root 和 B 的左子树是 F 中第一棵树 T1 转化的二叉树；F 中除 T1 外，其余树组成的森林{T2, T3, ..., Tm}是由 B 的右子树 RB 转换而成的森林。

从上述递归定义容易写出相互转换的递归算法，同时，森林和树的操作亦可转换成二叉树的操作来实现。

6.4.3 树的遍历

树的遍历方法有两种：一种是先根(次序)遍历树，即先访问树的根结点，然后依次先根遍历根的每棵子树；另一种是后根(次序)遍历，即先依次后根遍历每棵子树，然后访问根结点。

例如，对如图 6.20 所示的树进行先根遍历，可得树的先根序列为：

A   B   E   C   D

若对此树进行后根遍历，可得树的后根序列为：

E   B   C   D   A

按照森林和树相互递归的定义，可以推出森林的遍历方法，以先序遍历森林为例，若森林非空，则可按下述规则遍历。

(1) 访问森林中第一棵树的根结点。

(2) 先序遍历第一棵树中根结点的子树森林。

(3) 先序遍历除去第一棵树之后剩余的树构成的森林。

(4) 若对图 6.21 中森林进行先序遍历，得到森林先序序列为：

A   B   C   D   E   F   G   H

由前面讲述的森林与二叉树之间转换的规则可知，当森林转换成二叉树时，其第一棵树的子树森林转换成左子树，剩余树的森林转换成右子树，则森林的先序遍历即为对应的二叉树的先序。若对图 6.21 中和森林对应的二叉树进行先序遍历，可得与上述相同的序列。

由此可见，当以二叉链表作为树的存储结构时，树的先根遍历和后根遍历可借用二叉树的先序遍历和中序遍历的算法来实现。

6.5   哈夫曼树及其应用

哈夫曼树又称最优二叉树，是一类带权路径长度最短的树，有着广泛的应用。那么什么是最优二叉树呢？

6.5.1 最优二叉树(哈夫曼树)

1. 术语

这里介绍一下相关的术语。

(1) 路径：从树中一个结点到另一个结点之间的分支构成这两个结点之间的路径。

(2) 路径长度：路径上的分支数目。

(3) 树的路径长度：树中每个结点到树根结点的路径长度之和。同样结点的不同二叉树，路径长度最短的是前面描述过的完全二叉树。

(4) 权：在二叉树的结点上常常有一些有意义的值，称为权。

(5) 结点的带权路径长度：从该结点到树根之间的路径长度与结点上权的乘积。

(6) 树的带权路径长度：为树中所有叶子结点的带权路径长度之和，通常记作：

$$WPL = \sum_{k=1}^{n} w_k l_k$$

其中，w_k 为 k 结点的权值，l_k 为 k 结点到根的路径。

(7) 最优二叉树：由 n 个权值{w1, w2, ..., wn}作为叶子结点，构造一棵二叉树，其中带权路径长度 WPL 最小的二叉树称为最优二叉树(或哈夫曼树)。

例如，图 6.22 中的 3 棵二叉树，都有 4 个叶子结点 a、b、c、d，分别带权 7、5、2、4，它们的带权路径长度分别为：

WPL = 7×2+5×2+2×2+4×2=36

WPL = 7×3+5×3+2×1+4×2=46

WPL = 7×1+5×2+2×3+4×3=35

在如图 6.22 所示的三棵树中，图 6.22(c)的带权路径长度最小。可以验证它是哈夫曼树。

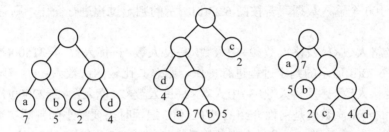

图 6.22 具有不同带权路径长度的二叉树

在解某些判定问题时，利用哈夫曼树可以得到最佳判定算法。例如，要编制一个将百分制转换成五级分制的程序。只要利用条件语句便可完成。例如：

```
if (a<60) b="bad";
else if(a<70) b="pass";
    else if(a<80) b="general";
        else if(a<90) b="good";
            else b="excellent";
```

这个判定过程可用如图 6.23(a)所示的判断树来表示。

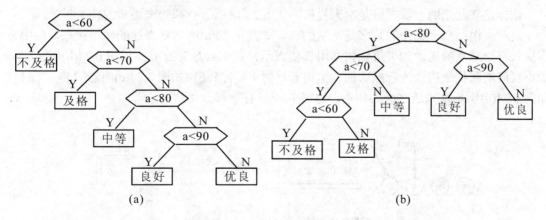

图 6.23 转换五级分制的判定过程

如果上述程序需反复使用，而且每次的输入数据量很大，则应考虑上述程序的执行效率。在实际考试中，学生的成绩在 5 个等级上的分布是不均匀的。

假设其分布规律如下表所示：

分 数	0~59	60~69	70~79	80~89	90~100
比例数	0.05	0.15	0.40	0.30	0.10
等 级	bad(不及格)	pass(及格)	general(中)	good(良)	excellent(优)

如果按图 6.23(a)所示判断树执行条件语句，80%的数据(大于 70 分人数占 80%)需进行三次或三次以上的比较才能得出结果。怎样能提高效率，减少判断次数？从分数分布表知道，如果将比例数(权值)较大的在条件语句的最前面判断，权值小的在后面判断，就能提高判断效率。如图 6.23(b)所示的判断树比如图 6.23(a)所示的判断树判断次数少。按此判定树可写出相应的程序。

假设现有 100 个输入数据，若按图 6.23(a)所示的判定过程进行操作，则总共比较的次数为：

不及格人数×1+及格人数×2+中人数×3+良人数×4+优人数×4=31500(次)

而若按图 6.23(b)所示的判定过程进行操作，则总共比较的次数为：

不及格人数×3+及格人数×3+中人数×2+良人数×2+优人数×2=22000(次)

上面所求的判断次数就是前面介绍的 WPL 值。编程时需要最小的判断次数，也就是求一棵 WPL 值最小的二叉树。而求最少判断次数可通过构造哈夫曼树来实现。

2. 哈夫曼树构造

哈夫曼(Huffman)最早给出了一个带有一般规律的算法，俗称哈夫曼算法。

(1) 给定的 n 个权值{w1, w2, ..., wn}构成 n 棵二叉树的集合，即森林 F={T1, T2, ..., Tn}，其中每棵二叉树 Ti 中只有一个权值为 wi 的根结点，其左右子树均空。

(2) 在 F 中选取两棵根结点的权值最小的树 minL、minR，作为左右子树，构造一棵新的二叉树 t，且置 t 二叉树的根结点的权值为 minL 和 minR 上根结点的权值之和。

(3) 在 F 中删除 minL、minR 这两棵树，同时将新的二叉树 t 加入 F 中。

(4) 重复(2)和(3)，直到 F 只含一棵树为止。

这样建立起来的一棵树就是哈夫曼树。图 6.24 展示了一棵哈夫曼树的构造过程。

其中，根结点上标注的数字是所赋的权。如图 6.24(a)所示是森林的初始状态，F 中有四棵只有根结点的树。如果每棵树都用权值表示，则 F={7, 5, 2, 4}；如图 6.24(b)所示是将最小权值的两棵子构造为一棵新的二叉树 t，这时 F={7, 5, 6}；如图 6.24(c)所示的 F={7, 11}；如图 6.24(d)所示是构造完成的状态，这时 F 中只有一棵二叉树。

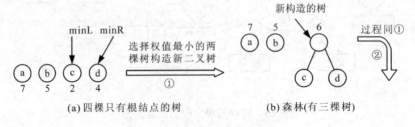

(a) 四棵只有根结点的树　　　(b) 森林(有三棵树)

图 6.24　哈夫曼树的构造过程

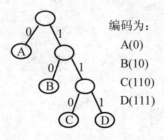

(d) 构造完成   (c) 森林(两棵树)

图 6.24 哈夫曼树的构造过程(续)

算法的具体实现和实际问题所采用的存储结构将在下面进行讨论。

6.5.2 哈夫曼编码

例如，需要从甲地向乙地传送的字符串为"ABACCDA"。串中有 4 种字符，用二进制位串对字符编码，只需两个 bit 位便可分辨。假设 A、B、C、D 这 4 个字符的编码分别为 00、01、10 和 11，则向乙地传送字符串的二进制串为"00010010101100"，总长 14 位，乙地接收时，可按编码方式二位二位地进行译码，就得到了甲地传送的字符串。

当然，在传送时，会希望总长尽可能地短。如果对每个字符设计长度不等的编码，且让电文中出现次数较多的字符采用尽可能短的编码，则传送电文的总长便可减少，如果设计 A、B、C、D 的编码分别为 0、00、1 和 01，则传送的字符串为"000011010"，长度为 9，较前面小了。但是这样的电文可有多种译法，可以翻译为"AAAACCACA"，或者翻译为"ABACCDA"或"BBCCDA"等。编码有二义性，原因是字符'A'的编码是字符'B'编码的前缀。因此，若要设计长短不等的编码，则必须是任一个字符的编码都不是另一个字符的编码的前缀，这种编码称为前缀编码。

利用二叉树来设计二进制的前缀编码。假设有一棵二叉树如图 6.25 所示，四个叶子结点分别表示 A、B、C、D 4 个字符，且约定左分支表示字符'0'，右分支表示字符'1'，从根结点到叶子结点经历的路径上将分支上的'0'和'1'组成的字符串作为该叶子结点的编码。可证明，如此得到的编码为二进制前缀编码。如图 6.25 所示，A、B、C、D 的二进制前缀编码分别为 0、10、110 和 111。

编码为：

A(0)

B(10)

C(110)

D(111)

图 6.25 前缀编码示例

那么，又如何得到传送总长最短的二进制前缀编码呢？假设每种字符在电文中出现的次数为 w_i，其编码长度为 l_i，电文中只有 n 种字符，则电文总长为 $\sum_{i=1}^{n} w_i l_i$。对应到二叉树上，若置 w_i 为叶子结点的权，l_i 恰为从根到叶子的路径长度，则 $\sum_{i=1}^{n} w_i l_i$ 为二叉树上带权路径长度。

由此可见，设计电文平均长度最短的二进制前缀编码，即为以 n 种字符出现的频率作权值，来设计一棵哈夫曼树，由此树得到的二进制前缀编码便称为哈夫曼编码。

下面介绍如何求哈夫曼编码。

首先建立哈夫曼树。根据哈夫曼树的构造过程，树中没有度为 1 的结点(这类树又称严格(Strict)或正则的二叉树)。在一棵有 n 个叶子结点的哈夫曼树中，二度结点有 n-1 个，共有结点 2n-1 个。用大小为 2n-1 的向量表示，每个结点结构可以根据具体操作需要设置。求编码时，要从叶子结点出发走一条从叶子到根的路径；而译码时从根出发走一条从根到叶子的路径。对每个结点而言，既需要双亲的信息，又需要孩子结点的信息。由此，设定如下存储结构：

```
typedef struct                      /*哈夫曼树存储结构*/
{
    int weigth;                     /*结点的权值*/
    int parent, lch, rch;           /*结点的双亲，左孩子，右孩子*/
} nodetype *Huftree;
typedef enum {0, 1} bit;
typedef struct                      /*哈夫曼编码存储结构*/
{
    bit bits[n];                    /*存储叶子结点的二进制编码*/
    int start;
} codetype *Hufcode;
```

算法如下：

```
huffman_code(Hufcode hc, Huftree ht, int w[n])
{   /* w 中是 n 个权值，构造哈夫曼树。ht 存储构造的哈夫曼树，hc 存储哈夫曼编码 */
    for (m=2*(n-1),i=1; i<=m; i++)     /* m 为哈夫曼树的结点个数，ht 初始化 */
    {
        *ht[i].partent = 0;
        *ht[i].lch = 0;
        *ht[i].rch = 0;
    }
    for (i=1; i<=n; i++)
        *ht[i].weight=w[i];                    /*初始化为只有 n 个根结点的森林*/
    for (i=n+1; i<=m; i++)                          /*构造哈夫曼树中间结点*/
    {
        select(i-1, ht, s1, s2);        /* 选择权值最小的两棵树 s1 和 s2) */
        *ht[s1].partent = i;            /* s1 和 s2 结点的双亲为 i */
        *ht[s2].partent = i;
        *ht[i].lch=s1; *ht[i].rch=s2;   /* i 的左、右孩子为 s1 和 s2 */
        ht[i].weigth =
          *ht[s1].wigth + *ht[s2].weigth;    /* i 的权值为 s1、s2 权值和 */
    }
    for (i=1; i<=n; i++)                    /*求哈夫曼编码*/
    {
```

```
        j=n; c=i;
        f = *ht[c].parent;
        while (f != 0)
        {
            if (*ht[f].lch==c)
                hc[i]->bits[j]=0;
            else
                hc[i]->bits[j]=1;
            j = j - 1;
            c = f;
            f = *ht[f].parent;
        }
        hc[i].start = j;
    }
}
select(int n, Huftree ht, int *s1, int *s2)
{    /*在 ht 前 n 个双亲为零的结点中选权值最小的两棵树*/
    min1 = min2 = MAM;              /* MAM 是一个比权值都大的值 */
    for(i=1; i<n; i++)
    {
        if(ht[i].parent == 0)      /*找双亲为零的结点*/
        {
            if(ht[i].weight < min1)
            {
                min2 = min1;
                min1 = ht[i].weight;
            }
            else
                if(ht[i].weight < min2)
                    min2 = ht[i].weight;
        }
    }
    *s1=min1;
    *s2=min2;
}
```

向量 ht 的前 n 个分量表示叶子结点，最后一个分量表示根结点，各字符的编码长度不等，但不超过 n，所以表示一个字符编码的 codetype 型变量中，bits 向量大小为 n，start 为 bit 向量中编码的开始位置。

译码的过程是分解电文中的字符串，从根出发，按字符'0'或'1'确定找左孩子或右孩子直至叶子结点，便求得相应的字符。此时可改变 hufcode 的结构，在分量类型的记录中加上字符信息，这样译码就简单了。

【例 6.1】已知某系统在通信联络中只可能出现 8 种字符，权值分别为 5、29、7、8、14、23、3、11，试设计哈夫曼编码。

按照哈夫曼算法，用给定的 8 个权值来构造 8 棵只有根结点的树。以这 8 棵树构成森林 w={5, 29, 7, 8, 14, 23, 3, 11}，n=8，m=2(n+1)=15。构造出的哈夫曼树，ht 是 Huftree 数据类型，为哈夫曼树的存储结构。

如图 6.26 所示是哈夫曼树的存储结构 ht 的初始状态，如图 6.26(a)所示，图 6.26(b)、

6.26(c)是建立哈夫曼树的中间过程。ht 的终结状态的存储结构如图 6.26(d)所示。建立的哈夫曼树如图 6.27 所示，哈夫曼编码如图 6.28 所示。

	weight	parent	lch	rch
1	5	0	0	0
2	29	0	0	0
3	7	0	0	0
4	8	0	0	0
5	14	0	0	0
6	23	0	0	0
7	3	0	0	0
8	11	0	0	0
9	0	0	0	0
10	0	0	0	0
11	0	0	0	0
12	0	0	0	0
13	0	0	0	0
14	0	0	0	0
15	0	0	0	0

(a) 初始化数据

	weight	parent	lch	rch
1	5	9	0	0
2	29	0	0	0
3	7	0	0	0
4	8	0	0	0
5	14	0	0	0
6	23	0	0	0
7	3	9	0	0
8	11	0	0	0
9	8	0	7	1
10	0	0	0	0
11	0	0	0	0
12	0	0	0	0
13	0	0	0	0
14	0	0	0	0
15	0	0	0	0

(b) i=9

	weight	parent	lch	rch
1	5	9	0	0
2	29	0	0	0
3	7	10	0	0
4	8	10	0	0
5	14	0	0	0
6	23	0	0	0
7	3	9	0	0
8	11	0	0	0
9	8	0	7	1
10	15	0	3	4
11	0	0	0	0
12	0	0	0	0
13	0	0	0	0
14	0	0	0	0
15	0	0	0	0

(c) i=10

	weight	parent	lch	rch
1	5	9	0	0
2	29	14	0	0
3	7	10	0	0
4	8	10	0	0
5	14	12	0	0
6	23	13	0	0
7	3	9	0	0
8	11	11	0	0
9	8	11	7	1
10	15	12	3	4
11	19	13	9	8
12	29	14	5	10
13	42	15	11	6
14	58	15	2	12
15	100	0	13	14

(d) 建立完成

图 6.26　建立哈夫曼树时的存储结构

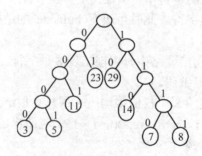

图 6.27　哈夫曼树

结点序号	bit							start
1				0	0	0	1	4
2						1	0	6
3				1	1	1	0	4
4				1	1	1	1	4
5					1	1	0	5
6						0	1	6
7				0	0	0	0	4
8					0	0	1	5

图 6.28 哈夫曼编码

单 元 测 试

1. 【填空题】一棵二叉树中结点的度有三种，分别是_____。

2. 【填空题】哈夫曼树中结点的度只有两种，分别是_____。

3. 【填空题】线索二叉树是利用原二叉树所有的空指针，指向_____或_____。

4. 【填空题】已知二叉树的先序遍历序列为 ABDFGHCE，中序遍历序列为 BFDHGAEC，二叉树的后序遍历序列为_____。

5. 【填空题】含有 N 个结点的一棵完全二叉树上，叶子结点的最小编号是_____。

6. 【填空题】高度为 K 的一棵完全二叉树中，结点的总个数至少是___个，至多是___个。

7. 【填空题】树的存储方法有三种，分别是_____。

8. 【填空题】哈夫曼树又称最优二叉树，是树的_____长度最短的二叉树。

9. 【填空题】二叉树顺序存储时，1 号结点的左孩子存储在 2 号，3 号结点的右孩子存储的单元号为_____。

10. 【判断题】中序遍历二叉树时，先遍历左子树、再遍历根结点，然后遍历右子树。

11. 【判断题】给出二叉树的后序遍历序列和中序遍历序列，能唯一确定这棵二叉树。

12. 【判断题】哈夫曼编码是平均传输长度最短的二进制前缀码。

习 题

1. 已知一棵树边的集合为{(I, M), (I, N), (E, I), (B, E), (B, D), (A, B), (G, J), (G, K), (C, G), (C, F), (H, L), (C, H), (A, C)}，画出这棵树，并回答下列问题：

① 哪个是根结点？

② 哪些是叶子结点？

③ 哪个是结点 G 的双亲？

④ 哪些是结点 G 的祖先？

⑤ 哪些是结点 G 的孩子？

⑥ 哪些是结点 E 的子孙？

⑦ 哪些是结点 E 的兄弟？哪些是结点 F 的兄弟？

⑧ 结点 B 和 N 的层次号分别是什么？

⑨ 树的深度是多少？

⑩ 以结点 C 为根的子树的深度是多少？

2. 一棵度为 2 的树与一棵二叉树有何区别？

3. 二叉树有几种形态？

4. 试分别画出具有 3 个结点的树和 3 个结点的二叉树的所有不同形态。

5. 一个深度为 k 的满二叉树有如下性质：第 k 层上的结点都是叶子结点，其余各层上的每个结点都有二棵非空子树。如果按层次顺序从 1 开始对全部结点编号，求：

(1) 各层的结点数目是多少？

(2) 编号为 n 的结点的双亲结点(若存在)的编号是多少？

(3) 编号为 n 的结点的第 i 个儿子结点(若存在)的编号是多少？

(4) 编号为 n 的结点有右兄弟的条件是什么？其右兄弟的编号是多少？

6. 已知一棵度为 m 的树中有 n1 个度为 1 的结点，n2 个度为 2 的结点，……，nm 个度为 m 的结点，问该树中有多少个叶子结点？

7. 假定用两个一维数组 L(1..n)和 R(1..n)作为有 n 个结点的二叉树的存储结构，L(i)和 R(i)分别指示结点 i 的左孩子和右孩子，0 表示空。试写一个算法判别结点 u 是否为结点 v 的子孙。要求先用 L 和 R 建立一维数组 T(1..n)，使 T 中第 i(i=1, 2, …, n)个分量指示结点 i 的双亲，然后再写出判断算法。

8. 试编写算法在一棵以二叉链表存储的二叉树中求这样的结点：它在中序序列中处于第 k 个位置。

9. 试以二叉链表作为存储结构，求二叉树中叶子结点数目的算法。

10. 以二叉链表作为存储结构，编写算法将二叉树中所有结点的左、右子树相互交换。

11. 已知一棵二叉树以二叉链表作为存储结构，编写完成下列操作的算法：对于树中每一个元素值为 x 的结点，删去以它为根的子树，并释放相应的空间。

12. 用二叉链表作为二叉树的存储结构，编写复制这棵二叉树的算法。

13. 试编写算法，水平遍历二叉树(按结点所在的层次号依次进行)。

14. 已知一棵以线索链表作为存储结构的中序线索化二叉树，试编写在此二叉树上找任意结点的后继算法。

15. 有如图 6.29 所示的二叉树，对图 6.29(a)画出中序线索化树，对图 6.29(b)画出后续线索化树。

16. 树和二叉树、森林和二叉树是可以相互转化的，试完成：

(1) 已知图 6.30 是由森林转换的二叉树，求对应的森林。

(2) 已知图 6.31 是森林，画出由森林转化的二叉树。

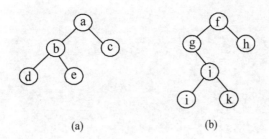

图 6.29　二叉树

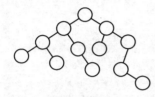 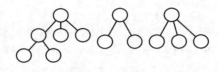

图 6.30　由森林转换的二叉树　　　图 6.31　画出由森林转化的二叉树

17. 以下三种存储结构，如何计算树的深度请分别讨论。

①双亲表示法。②孩子链表表示法。③孩子兄弟表示法。

18. 假设用于通信的电文由 a、b、c、d、e、f、g、h 8 个字母组成，字母在电文中出现的频率分别为 7、19、2、6、32、3、21、10。试为这 8 个字母设计哈夫曼编码。如果使用 0~7 的二进制表示形式是另一种编码方案，比较两种方案的优缺点。

19. 已知一棵二叉树的前序序列和中序序列分别存于两个一维数组中，试编写算法建立该二叉树的二叉链表。

实　　验

实验一　先序遍历二叉树。

(1) 问题描述：用二叉链表存储二叉树，对二叉树进行先序遍历。

(2) 基本要求：对一棵二叉树建立二叉链表存储结构，给出先序遍历序列。

(3) 测试数据：按先序算法建立如图 6.15 所示的二叉树，输入序列为 ABC##DE#G##F###。

(4) 程序运行结果如图 6.32 所示。

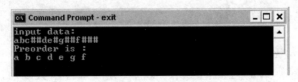

图 6.32　程序运行结果

(5) 提示：

● 采用先序的方法建立二叉树，将 n 个结点值输入，生成一棵二叉树。

● 对生成的二叉树进行先序遍历。

(6) 程序清单如下:

```
typedef char Elemtype;
typedef struct tnode
{
    Elemtype data;
    struct tnode *Lchild;
    struct tnode *Rchild;
} *BiTree;
void PreorderTraverse(BiTree root)          /*先序遍历以 root 为根的二叉树*/
{
    if(root != NULL)
    {
        printf("%c ", root->data);          /*访问根结点*/
        PreorderTraverse(root->Lchild);     /*先序遍历左子树*/
        PreorderTraverse(root->Rchild);     /*先序遍历右子树*/
    }
}
creat(BiTree *t)                            /*创建以 t 为根的二叉树*/
{
    char ch;
    scanf("%c", &ch);
    if (ch == '#') {*t=NULL; return;}
    else
    {
        *t = (BiTree)malloc(sizeof(struct tnode));
        (*t)->data = ch;
        creat(&((*t)->Lchild));
        creat(&((*t)->Rchild));
    }
}
main()
{
    BiTree t;
    clrscr();
    printf("input data:\n");
    creat(&t);                             /*创建以 t 为根的二叉树*/
    printf("Preorder is :\n");
    PreorderTraverse(t);                   /*先序遍历以 root 为根的二叉树*/
}
```

实验二 构造哈夫曼编码。

(1) 问题描述:对于给定的 n 个结点的权值,建立一棵哈夫曼树,给出哈夫曼编码。

(2) 基本要求:输入 n 个结点的权值,输出哈夫曼编码。

(3) 测试数据:7 个叶子结点 a、b、c、d、e、f、g,权值分别为 7、5、2、3、8、10、20,对应的哈夫曼树及哈夫曼编码如图 6.33 所示。

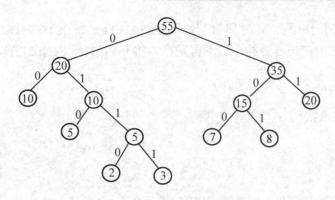

图 6.33　哈夫曼树与哈夫曼编码

(4) 程序运行结果：哈夫曼编码如图 6.34 所示。

图 6.34　程序运行结果

(5) 提示：

① 哈夫曼树的存储结构。用哈夫曼算法求得的哈夫曼树中共有 2n-1 个结点，其中 n 个叶结点是初始森林中的 n 个孤立结点，其余 n-1 个结点是构造过程中生成的度为 2 的结点。因此，有 2n-1 个结点的哈夫曼树可用大小为 2n-1 的向量来存储。每个结点包括 4 个域：权值域、左孩子域、右孩子域和双亲域，双亲域不但可用来存放双亲在向量中的下标，而且可区分该结点是否为根结点。因为在当前森林中合并两棵二叉树时，必须在森林的所有结点中先取两个权值最小的根结点，所以有必要为每个结点设置一个标记以区分根和非根结点。

② 步骤如下。

将哈夫曼树向量 tree 中的 2n-1 个结点初始化：即将各结点中的三个指针和权值均置为 0。读入 n 个权值，放入向量 tree 的前 n 个分量中，它们是初始森林中的 n 个孤立的根结点上的权值。对森林中的树进行 n-1 次合并，共产生 n-1 个新结点，依次放入向量 tree 的第 t 个分量中(n+1≤t≤m)(第 t 个分量的下标值为 t-1)。每次合并的步骤如下。

a. 在当前森林的所有结点 tree[j](0≤j≤i-1，i=t-1)中，选取具有最小权值和次小权值的两个根结点，分别用 p1 和 p2 记住这两个根结点在向量 tree 中的下标。

b. 将根为 tree[p1]和 tree[p2]的两棵树合并，使其成为新结点 tree[i]的左右孩子，得到一棵以新结点 tree[i]为根的二叉树。同时修改 tree[p1]和 tree[p2]的双亲域，使其指向新结点 tree[i]，这意味着它们在当前森林中已不再是根，将 tree[p1]和 tree[p2]的权值相加后，作为新结点 tree[i]的权值。

(6) 程序清单如下：

```c
#include <stdio.h>
#define max 21
typedef struct                          /*哈夫曼树存储结构*/
{
    char data;
    int weight, parent, left, right;
} huffnode;
typedef struct                          /*哈夫曼编码存储结构*/
{
    char cd[max];
    int start;
} huffcode;
huffnode ht[2*max];
huffcode hcd[max];
int n;
huffmantree()                           /*构造哈夫曼树*/
{
    int i, k, l, r, m1, m2;
    clrscr();
    printf("Yuan su num:");
    scanf("%d", &n);
    for(i=1; i<=n; i++)
    {
        getchar();
        printf("input %d data=>\tname:", i);
        scanf("%c", &ht[i].data);
        printf("\tweight:");
        scanf("%d", &ht[i].weight);
    }
    for(i=1; i<=2*n-1; i++)
        ht[i].parent = ht[i].left = ht[i].right = 0;
    for(i=n+1; i<=2*n-1; i++)
    {
        m1 = m2 = 32767;
        l = r = 0;
        for(k=1; k<=i-1; k++)
            if(ht[k].parent == 0)
                if(ht[k].weight < m1)
                {
                    m2=m1; r=l;
                    m1 = ht[k].weight;
                    l = k;
                }
                else if(ht[k].weight < m2)
                {
```

```
                m2 = ht[k].weight;
                r = k;
            }
        ht[l].parent = ht[r].parent = i;
        ht[i].weight = ht[l].weight + ht[r].weight;
        ht[i].left = l;
        ht[i].right = r;
    }
}
huffmancode()                          /*哈夫曼编码构造过程*/
{
    int i, c, k, f;
    huffcode d;
    for(i=1; i<=n; i++)
    {
        d.start = n + 1;
        c = i;
        f = ht[i].parent;
        while(f != 0)
        {
            if(ht[f].left==c) d.cd[--d.start]='0';
            else d.cd[--d.start] = '1';
            c = f;
            f = ht[f].parent;
        }
        hcd[i] = d;
    }
    printf("Output Huffmancode:\n");
    for(i=1; i<=n; i++)
    {
        printf(" %c:", ht[i].data);
        for(k=hcd[i].start; k<=n; k++)
        printf("%c", hcd[i].cd[k]);
        printf("\n");
    }
}
main()                                 /*主函数*/
{
    huffmantree();                     /*建立哈夫曼树*/
    huffmancode();                     /*构造哈夫曼编码*/
}
```

实验三 已知二叉树的中序、后序遍历次序，求二叉树的先序遍历序列。

(1) 问题描述：给定二叉树的中序遍历序列和后续遍历序列，就能唯一确定一棵二叉树。按给定的中序遍历、后续遍历序列，输出二叉树的先序遍历序列。

(2) 基本要求：输入中序遍历、后序遍历的两个由结点数据名构成的字符串，输出结点名构成的先序遍历序列。

(3) 测试数据：二叉树的中序遍历序列：DBEAC，后续遍历序列：DEBCA，如图6.35所示。

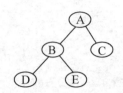

图 6.35 二叉树

(4) 程序运行结果: 先序遍历序列 ABDEC, 如图 6.36 所示。

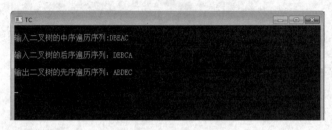

图 6.36 程序运行结果

(5) 程序清单如下:

```c
#include <stdio.h>
#include <string.h>
char s1[30], s2[30], s3[30]; /*全局变量s1、s2、s3分别存放中序、后序、先序序列*/
int k = 0;
int pos(char s[], char x)      /*查找x字符在串s中的位置并通过函数返回*/
{
    int i = -1;
    while(s[++i] != x) ;
    return i;
}
void solve(int begin1, int end1, int begin2, int end2)
{/*由s1串的begin1到end1位表示中序序列，s2串的begin2到end2位表示后续序列，求
先序序列*/
    int m;
    m = pos(s1, s2[end2]);
    s3[k++] = s2[end2];
    if (m > begin1)
        solve(begin1, m-1, begin2, begin2-begin1+m-1);
    if(m < end1)
        solve(m+1, end1, end2-end1+m, end2-1);
}
int main()
{
    clrscr();
    printf("\n输入二叉树的中序遍历序列:");
    gets(s1);                              /*输入中序序列*/
    printf("\n输入二叉树的后序遍历序列：");
    gets(s2);                              /*输入后序序列*/
    solve(0,strlen(s1)-1,0,strlen(s2)-1);  /*已知中序、后序，求先序*/
```

```
    printf("\n 输出二叉树的先序遍历序列: ");
    puts(s3);
}
```

实验三的另一种实现方法: 创建根据中序遍历和后序遍历序列确定的二叉树, 然后对二叉树先序遍历实现。

C 语言实现程序代码如下:

```
#include "stdio.h"
#include "stdlib.h"
#include "string.h"
typedef struct node
{
    char data;
    struct node *lchild;
    struct node *rchild;
} bnode;
void creat(char la[], int ps, int pe, char in[], int is, int ie, bnode **r)
{   /* 创建由中序遍历、后序遍历序列构成的二叉树 t */
    int i;
    if (ps>pe || is>ie) *r = NULL;
    else
    {
        *r = (bnode*)malloc(sizeof(bnode));
        (*r)->data = la[pe];
        for(i=is; i<=ie; i++)
        {
            if(in[i] == la[pe])
            {
                creat(la, pe-ie+i, pe-1, in,
                    i+1, ie, &(*r)->rchild); /*创建右子树*/
                creat(la, ps, ps+i-is-1, in,
                    is, i-1, &(*r)->lchild); /*创建左子树*/
                break;
            }
            if(i > ie)
            {
                printf("error: input contain an error!!!");
                exit(0);
            }
        }
    }
}
void preorder(bnode *t)                    /*先序遍历二叉树并输出*/
{
    if(t)
    {
        printf("%c", t->data);
        preorder(t->lchild);
```

```
            preorder(t->rchild);
    }
}
main()
{
    bnode *t;  char las[100],in[100];  int slen,len;
    printf("\n 输入后续序列串: ");  gets(las);  /*输入后序遍历串*/
    printf("\n 输入先序序列串: ");
    gets(in);                            /*输入中序遍历串*/
    slen = strlen(las);                  /*后序遍历串长度*/
    len = strlen(in);                    /*中序遍历串长度*/
    if(slen == len)                      /*两个串长度相等*/
    {
        creat(las, 0, slen-1, in,
           0, slen-1, &t);   /* 创建中序和后序遍历串构成的二叉树 t */
        preorder(t);                     /*先序遍历以 t 为根的二叉树*/
        printf("\n");
    }
    else
    {
        printf("your input error contains");
        getch();
        exit(0);
    }
    getch();
}
```

第 7 章　图

本章要点：

- 图的基本概念、图的逻辑结构。
- 图的存储结构的基本形式。
- 图的遍历操作。
- 图的最小生成树。
- 图的拓扑排序。
- 图的关键路径。

图作为一种非线性数据结构，被广泛应用于多种技术领域，如系统工程、化学分析、统计力学、遗传学、控制论、人工智能、编译系统等。这些技术领域把图作为解决问题的数学手段之一。离散数学侧重于对图的理论进行系统的研究。在本章中，主要是应用图论的理论知识来讨论如何在计算机上表示和处理图，以及如何利用图来解决一些实际问题。

7.1　图的定义与基本术语

7.1.1　图的定义

图是一种比线性表和树更为复杂的数据结构，图与它们的不同表现在结点之间的关系上。在图结构中，顶点之间的关系可以是多对多，即某一顶点与其他顶点间的关系是任意的，既可以有关也可以无关。图由两个集合 V 和 VR 组成，其中 V 是有限顶点的集合，VR 是顶点关系的有限集合。习惯上将图中的数据元素称为顶点(vertex)。

图的抽象数据类型定义如下：

```
ADT Graph
{
    数据对象 V：V 是具有相同特性的数据元素的集合，称为顶点集。
    数据关系 R：R={VR}
    VR={<v,w>|v,w∈V 且 P(v,w)，<v,w>表示从 v 到 w 的弧，P(v,w)定义了弧<v,w>的意义}
    基本操作如下。
    CreateGraph(*G, V, VR)：V 是图的顶点集，VR 是图中顶点关系的集合。按 V 和 VR 的定
    义构造图 G。
    DestroyGraph(*G)：已知图 G 存在，销毁图 G，并释放空间。
    LocateVex(G, u)：图 G 存在，u 和 G 中顶点类型相同，若 G 中存在顶点 u，则返回该顶点
    在图中的位置；否则返回零。
    GetVex(G, v)：图 G 存在，v 是 G 中的某个顶点序号，返回 v 顶点的值。
    PutVex(*G, v, value)：图 G 存在，v 是 G 中的某个顶点，将 value 值赋给 v。
    FirstAdjVex(G, V)：图 G 存在，v 是 G 中的某个顶点，返回 v 的第一个邻接顶点。若顶点
    在 G 中没有邻接顶点，则返回"空"。
```

NextAdjVex(G, v, w)：图 G 存在，v 是 G 中的某个顶点，w 是 v 的邻接顶点，返回 v 的(相对于 w 的)下一个邻接顶点。若 w 是 v 的最后一个邻接点，则返回"空"。

InsertVex(*G, v)：图 G 存在，v 和图中顶点有相同特征，在图 G 中增添新顶点 v。

DeleteVex(*G, v)：图 G 存在，v 是 G 中的某个顶点，删除 G 中顶点 v 及其相应的关系。

InsertArc(*G, v, w)：图 G 存在，v 和 w 是 G 中的两个顶点，在 G 中增添弧<v,w>，若 G 是无向的，则还增添对称弧<w, v>。

DeleteArc(*G, v, w)：图 G 存在，v 和 w 是 G 中的两个顶点，在 G 中删除弧<v, w>，若 G 是无向的，则还删除对称弧<w, v>。

DFSTraverse(G, Visit())：图 G 存在，Visit 是顶点的应用函数。对图进行深度优先遍历，每个顶点通过 Visit() 函数仅遍历一次。一旦 Visit() 访问失败，则操作失败。

BFSTraverse(G, Visit())：图 G 存在，Visit() 是顶点的应用函数，对图进行广度优先遍历。每个顶点通过 Visit() 函数仅遍历一次。一旦 Visit() 失败，则操作失败。

} ADTGraph

7.1.2 图的基本术语

1. 有向图和无向图

图的数据结构为 Graph =(V, VR)，其中 V 是顶点的有穷集合；VR 是两个顶点之间的关系集合。若<x, y>∈VR，则<x, y>表示从 x 到 y 的一条弧(arc)，且称 x 为弧尾或初始点，称 y 为弧头(head)或终端点，此时的图称为有向图(digraph)，如图 7.1(a)所示。

若<x, y>∈VR 必有<y, x>∈VR，即 VR 是对称的，则以无序对(x, y)代替有序对，表示 x 和 y 之间的一条边(edge)，此时的图称为无向图(undigraph)，如图 7.1(b)所示。

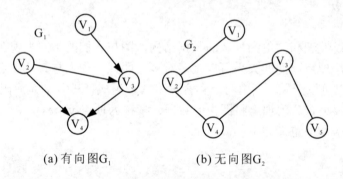

(a) 有向图G_1 (b) 无向图G_2

图 7.1　图的示例

其中：$G_1 = (V_1, R_1)$。

$V_1 = \{v_1, v_2, v_3, v_4\}$，$R_1 = \{<v_1, v_3>, <v_2, v_4>, <v_3, v_4>, <v_2, v_3>\}$。

$G_2 = (V_2, R_2)$。

$V_2 = \{v_1, v_2, v_3, v_4, v_5\}$，$R_2 = \{(v_1, v_2), (v_2, v_3), (v_2, v_4), (v_3, v_4), (v_3, v_5)\}$。

在图的讨论中不考虑顶点到自身的边，即若<v_1, v_2>是 G 的弧，则 $v_1 \neq v_2$ 并且也不允许一条边在图中重复出现。

2. 顶点的位置

顶点在图中的位置如何确定？从图的逻辑结构定义来看，图中的顶点是非线性序列，不能像线性序列排列有唯一的序列。在图中，可以将任一个顶点看成是图的第一个顶点，同理，对于任一顶点而言，它的邻接点之间也不一定存在顺序关系。为了对图的操作方便，需要将图中的顶点排列起来。所谓的"顶点在图中的位置"是指顶点在存储中形成的位置序号(如果是顺序存储，可能是数组下标；如果是链式存储，可能是存储的地址指针)。

3. 邻接点

对于无向图 $G=(V, \{E\})$，如果边 $(v_1, v_2) \in E$，则称顶点 v_1 与 v_2 互为邻接点，即 v_1 与 v_2 相邻接。边 (v_1, v_2) 依附于顶点 v_1 和 v_2，或者说边 (v_1, v_2) 与顶点 v_1 和 v_2 相关联。对于有向图 $G=(V, \{A\})$，若弧 $<v_1, v_2> \in A$，则称顶点 v_1 邻接到顶点 v_2，顶点 v_2 邻接顶点 v_1，或者说弧 $<v_1, v_2>$ 与顶点 v_1 和 v_2 相关联。图中某个顶点的邻接点有若干，当存储相邻的关系时，自然形成了顺序，即第 1 个到第 k 个邻接点，称第 k+1 个邻接点是第 k 个邻接点的下一个邻接点，而最后一个邻接点的下一个邻接点为"空"。

4. 完全图

一个具有 n 个结点的无向图，其边数小于或等于 $\frac{n(n-1)}{2}$。如果边数恰好等于 $\frac{n(n-1)}{2}$，n 个顶点的无向图称为完全图。如图 7.2 中的 G_3 是个完全图。

对于有向图而言，在一个 n 个顶点的有向图中，其边数的取值范围是 0~n(n-1)。称有 n(n-1) 条边(图中每个顶点和其余 n-1 个顶点都有弧相连)的有向图为有向完全图。如图 7.3 所示的 G_4 是个有向完全图。对于有很少条边的图，称为稀疏图，反之称为稠密图。

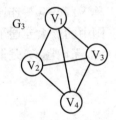

图 7.2 完全图示例

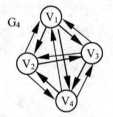

图 7.3 有向完全图示例

5. 度

顶点 V 的度(degree)是与 V 相关联的边(弧)的数目，记作 TD(V)。若 G 是一个有向图，则把以结点 V 为终端的弧的数目称作 V 的入度 ID(V)；把以 V 为起始端的弧数目称为 V 的出度 OD(V)，则有以下关系：

$$TD(V) = ID(V) + OD(V)$$

在图 7.1(a) 所示的 G_1 中，$ID(v_3)=2$，$OD(v_3)=1$，$TD(v_3)=3$。

设图中有 n 个结点，e 条边，则 $e = \frac{1}{2} \sum_{i=1}^{n} TD(v_i)$。

在有向图中，出度为 0 的结点称为终端结点(或叶子结点)。

6. 子图

在图 $G=(V, E)$，$G'=(V', E')$ 中，$V' \subseteq V$，$E' \subseteq E$，并且 E' 中的边所关联的结点都在 V' 中，则称图 G' 是图 G 的子图。

下面给出图 7.2 所示无向图 G_3 的几个子图,如图 7.4 所示。

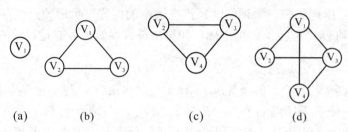

图 7.4 G_3 的子图示例

7. 路径与回路

在图 $G=(V, E)$ 中,如果有结点序列 V_p, V_{i1}, V_{i2}, ..., V_{in}, V_q,使得 $\{(V_p, V_{i1}), (V_{i1}, V_{i2}), ..., (V_{in}, V_q)\} \in E$(若对有向图,则存在一系列弧),则称从结点 V_p 到结点 V_q 存在一条路径,路径的长度就为这条路径上的边数。如果一条路径上的结点除 V_p 和 V_q 可以相同外,其他结点都不相同,则称此路径为简单路径。

把路径(V_1, V_2), (V_2, V_3), (V_3, V_4)缩写成 $V_1V_2V_3V_4$。在图 G_3 中,$V_1V_2V_3$ 和 $V_1V_3V_4V_1V_3$ 是两条路径,前者是一条简单路径,现在只研究简单路径。

当 $V_p=V_q$ 时,简单路径 V_p, V_{i1}, V_{i2}, ..., V_{in}, V_p 称为回路(也称环)。

8. 连通图与连通分量

对无向图 $G=(V, E)$ 而言,如果从 V_1 到 V_2 有一条路径,称 V_1 和 V_2 是连通的,若图 G 中任意两个结点都是连通的,则称无向图 G 是连通图。无向图中的极大连通子图称为该无向图的连通分量。例如,图 7.1(b)中的 G_2 是连通图。图 7.5 中的无向图 G_5 是非连通图,它有两个连通分量。

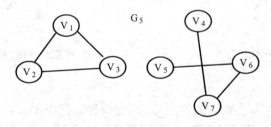

图 7.5 无向图 G_5

在有向图 $G=(V, \{A\})$ 中,若对于每对顶点 V_i、V_j 且 $V_i \neq V_j$,从 V_i 到 V_j 和从 V_j 到 V_i 都有路径,则称该有向图为强连通图。有向图的极大强连通子图称作有向图的强连通分量,如图 7.3 所示的 G_4 是强连通图。图 7.6 中的有向图 G_6 有两个强连通分量。

9. 权与网

在实际应用中,有时图的边或弧往往与具有一定意义的数值有关,与边(弧)相关的数称为权。例如权可以表示从一个顶点到另一个顶点的距离或耗费等信息。将这种带权的图称为网。网有无向网、有向网。如图 7.7 所示的为有向网。

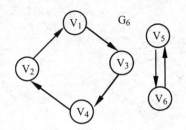
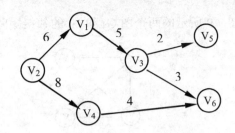

图7.6 有向图 G_6 及强连通分量　　　　图7.7 有向网与权

10. 生成树

生成树是无向连通图的一个极小连通子图，它含有图中的全部顶点和使任意顶点都连通的最少的边，如图7.8所示。如果在一棵生成树上添加一条边，则必定形成一个环(因为添加的这条边使得它依附的两个顶点之间有了第二条路径)。如果无向图有 n 个顶点，那么生成树有 n-1 条边。如果图中多于 n-1 条边，则一定有回路。但有 n 个顶点和 n-1 条边的图并非一定连通，不一定是生成树。如果一个图具有 n 个顶点且边数小于 n-1 条，则该图一定是非连通图，非连通图可以生成多个生成树。

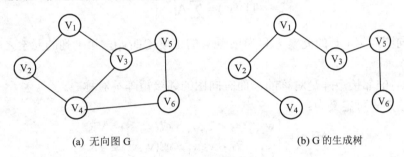

(a) 无向图 G　　　　(b) G 的生成树

图7.8 无向网与生成树

7.2 图 的 存 储

数据结构在存储时主要考虑两方面：①如何存储数据；②如何存储数据间的关系。当数据和关系都存储在存储器中时，就可以按数据间的关系，实现对数据的各种操作。图的存储方法多种多样，对于不同的应用问题有不同的表示方法。图有 4 种比较常用的存储方法：邻接矩阵、邻接表、邻接多重表、十字链表。

7.2.1 邻接矩阵

用邻接矩阵存储图是将数据间的关系用一个矩阵来表示，矩阵中的数据元素表示为 0、1(如果是带权图，表示两点间的权值)。表示结点之间关系的矩阵称为邻接矩阵。若 G 是有 n 个结点的图，则 G 的邻接矩阵是如下定义的 n×n 矩阵：

$$A[i,j] = \begin{cases} 1, & \text{若} <v_i, v_j> \text{或} (v_i, v_j) \text{是 G 的边} \\ 0, & \text{若} <v_i, v_j> \text{或} (v_i, v_j) \text{不是 G 的边} \end{cases}$$

如图 7.9 所示的两个图 G_7 和 G_8 的邻接矩阵如下。

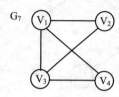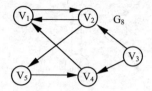

图 7.9　图 G_7 和 G_8

G_7 的邻接矩阵为 $\begin{pmatrix} 0 & 1 & 1 & 1 \\ 1 & 0 & 1 & 0 \\ 1 & 1 & 0 & 1 \\ 1 & 0 & 1 & 0 \end{pmatrix}$　　G_8 的邻接矩阵为 $\begin{pmatrix} 0 & 1 & 0 & 0 & 0 \\ 1 & 0 & 0 & 0 & 1 \\ 0 & 1 & 0 & 1 & 0 \\ 1 & 0 & 0 & 0 & 0 \\ 0 & 0 & 0 & 1 & 0 \end{pmatrix}$

借助于邻接矩阵,容易判定任意两个顶点之间是否有边(或弧)相连,并容易求得各个顶点的度。对于无向图,顶点 v_i 的度是邻接矩阵中第 i 行(或第 j 列)的元素之和,即

$$TD(v_i) = \sum_{j=0}^{n-1} A[i, j]$$

对于有向图,第 i 行的元素之和为顶点 v_i 的出度 $OD(v_i)$,第 j 列的元素之和为顶点 v_j 的入度 $ID(v_j)$。

无向图 G_7 的邻接矩阵是对称的,而有向图的邻接矩阵不对称。

网的邻接矩阵可定义为:

$$A[i, j] = \begin{cases} w_{i,j}, & \text{若} < v_i, v_j > \text{或}(v_i, v_j) \in VR \\ \infty, & \text{若} < v_i, v_j > \text{或}(v_i, v_j) \notin VR \end{cases}$$

例如,图 7.10 是一个无向网及其邻接矩阵。

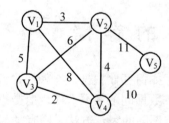

图 7.10　无向网及其邻接矩阵

在定义几种数据类型前,有两个常量说明,它们可以用于下面数据类型的定义。
图的邻接矩阵存储表示如下:

```
#define MAX_V_N 100                    /*最大顶点个数*/
typedef enum {DG, DN, UDG, UDN} GraphKind;  /*{表示图的种类:共四种}*/
typedef Struct ArcCell                 /*定义图的邻接矩阵*/
{
    VRType adj;                        /* VRType 是顶点关系类型 */
    InfoType *info;                    /*弧相关信息的指针*/
} ArcCell, AdjMatrix[MAX_V_N][MAX_V_N];
```

```
typedef struct                              /*图的邻接矩阵表示法的数据类型*/
{
    VertexType vexs[MAX_V_N]                 /*顶点数据*/
    AdjMatrix arcs;                          /*邻接矩阵*/
    int vexnum, arcnum;                      /*图的当前顶点数和弧数*/
    GraphKind kind;                          /*图的种类标志*/
} MGraph;
```

邻接矩阵表示法的特点如下。

(1) 对于无向图而言，它的邻接矩阵是对称矩阵(因为若$(v_i, v_j)\in E$，则$(v_j, v_i)\in E$)，因此可以采用特殊矩阵的压缩存储法。但对于有向图而言，其中的弧是有方向的，即若$<v_i, v_j>\in E$，不一定有$<v_j, v_i>\in E$，因此有向图的邻接矩阵不一定是对称矩阵，对于有向图的邻接矩阵的存储，则需要 n×n 个存储空间。

(2) 采用邻接矩阵表示法，便于判定图中任意两个顶点之间是否有边相连，即根据邻接矩阵中的信息来判断。另外还便于求得各个顶点的度。对于无向图而言，其邻接矩阵第 i 行元素之和就是图中第 i 个顶点的度：

$$TD(v_i) = \sum_{j=0}^{n-1} A[i, j]$$

对于有向图而言，其邻接矩阵第 i 行元素之和就是图中第 i 个顶点的出度：

$$OD(v_i) = \sum_{j=0}^{n-1} A[i, j]$$

对于有向图而言，其邻接矩阵第 i 列元素之和就是图中第 i 个顶点的入度：

$$ID(v_i) = \sum_{j=0}^{n-1} A[j, i]$$

下面是用邻接矩阵为存储结构实现的图的相关算法。

图中顶点定位算法：

```
int LocateVertex(MGraph G, VertexType v)          /*在图 G 中，求顶点 v 的位置*/
{
    i = 0;
    while (i<G->vexnum && G->vexs[i]!=v) ++i;
    if (G->vexs[i] == v) return i;
    else return -1;
}
```

无向网创建算法：

```
int Create_UDN(MGraph *G)                    /* 采用邻接矩阵表示法，构造无向网 G */
{
    scanf(&G.vexnum, &G.arcnum, &IncInfo);   /*IncInfo 为 0 则各弧不含其他信息*/
    for (i=0; i<G.vexnum; ++i)
        scanf(&G.vexs[i]);                    /*构造顶点数据表*/
    for (i=0; i<G.vexnum; ++i)                /*初始化邻接矩阵*/
        for (j=0; j<G.vexnum; ++j)
```

```
            G.arcs[i][j] = {INFINITY, NULL};
    for (k=0; k<G.arcnum; ++k)                      /*构造邻接矩阵*/
    {
        scanf(&v1, &v2, &w);                        /*输入一条边(v1, v2)及权值*/
        i = LocateVex(G, v1);
        j = LocateVex(G, v2);                       /*确定 v1 和 v2 在 G 中的位置*/
        G.arcs[i][j].adj = w;                       /*弧<v1, v2>的权值*/
        if (IncInfo) Input(*G.azrcs[i][j].info);   /*若弧含有相关信息，则输入*/
        G.arcs[j][i] = G.arcs[i][j];                /* 置<v1, v2>的对称弧<v2, v1> */
    }
    return OK;
}
```

有向图创建算法：

```
int Create_DN(MGraph *G)                        /* 采用邻接矩阵表示法，构造有向网 G */
{
    scanf("%d %d", &G.vexnum, &G.arcnum);       /*输入图的顶点数、边数*/
    scanf("%d", &IncInfo);                       /* IncInfo=0 则各弧不含其他信息 */
    for (i=0; i<G.vexnum; ++i)
        scanf(&G.vexs[i]);                       /*构造顶点向量*/
    for (i=0; i<G.vexnum; ++i)                   /*初始化邻接矩阵*/
        for(j=0; j<G.vexnum; ++j)
            G.arcs[i][j] = {INFINITY, NULL};
    for (k=0; k<G.arcnum; ++k)                   /*构造邻接矩阵*/
    {
        scanf(&v1, &v2, &w);                     /*输入一条边依附的顶点及权值*/
        i = LocateVex(G, v1);
        j = LocateVex(G, v2);                    /*确定 v1 和 v2 在 G 中的位置*/
        G.arcs[i][j].adj = w;                    /*弧<v1, v2>的权值*/
        if (IncInfo) Input(*G.arcs[i][j].info);  /*若弧含有相关信息，则输入*/
    }
    return OK;
}
```

7.2.2 邻接表

用邻接矩阵表示图时占用的存储单元个数只与图的结点个数有关，而与边的数目无关。一个 n 个结点的图，若其边数很少，那么它的邻接矩阵中就会有很多 0 元素占用空间存储零，造成存储空间浪费。用邻接表表示图，占用的存储单元与图中的结点个数有关，且与边数也有关，表示 n 个顶点的图，如果边数少，则占有的存储单元也少。

邻接表表示的图由两部分构成，即表示顶点的数据表和表示数据关系的边(弧)构成的表。

(1) 顶点数据表：由所有顶点数据信息以顺序结构的向量表形式存储，一个表元素对应图的一个结点，每个表元素包括两部分，一部分是表示数据，可以是数据或指向结点数据的指针；另一部分是表示边(弧)的指针，该指针(firstarc)指向相邻的第一条边(弧)，通过这个指针便可以访问第一个相邻顶点、第二个相邻顶点……及任意一个相邻顶点。表头结点的结构如图7.11(a)所示。

(2) 表示边的表：图中有n个顶点，就有n个表示边的链表，其中第i条链是由与第i个顶点相邻的边构成的链表。图的每个结点都有一个边链表，这个链表的表头是顶点数据表中第i个表目的指针域。边链表中结点的结构如图7.11(b)所示。它由3部分组成，邻接顶点域(adjvex)：用于存放与顶点 v_i 相邻接的顶点在顶点表中的位置(表中的向量序号)；链指针域(nextarc)：用于指向与顶点 v_i 相关联的下一条边或弧的结点；数据域(info)：用于存放与边或弧相关的信息。

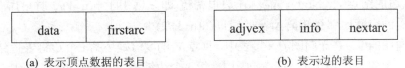

(a) 表示顶点数据的表目　　　　　　(b) 表示边的表目

图7.11 邻接表结点的结构

如图7.12所示的两个图的邻接表表示法如图7.13和图7.14所示。

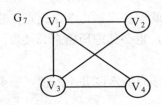
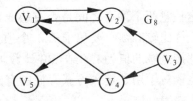

图7.12 图 G_7 和 G_8

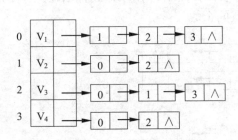
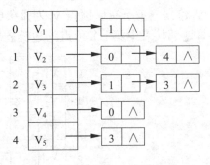

图7.13 G_7 的邻接表表示　　　　**图7.14 G_8 的出度邻接表表示**

一个图的邻接表存储结构说明如下：

```
typedef struct ArcNode
{
    int adjvex;                    /*该边(弧)所邻接的顶点的位置*/
    InfoType *info;                /*该边(弧)相关信息的指针*/
    struct ArcNode *nextarc;       /*指向下一条边(弧)的指针*/
} ArcNode;
typedef struct VNode
{
    VertexType data;               /*顶点数据信息*/
    ArcNode firstarc;              /*指向第一条依附该顶点的边(弧)的指针*/
```

```
} VNode AdjList[MAX_V_N];
typedef struct
{
    AdjList vertices;              /*图的顶点和弧的信息*/
    int vexnum, arcnum;            /*图的顶点数和弧数*/
    int kind;                      /*图的种类标志*/
} ALGraph;
```

采取邻接表作为存储结构的特点如下。

(1) n 个顶点 e 条边的无向图。若采取邻接表作为存储结构，需要 n 个顶点数据 VNode 和 2e 个表示边的结点 ArcNode。显然在边很稀疏(即 e 远小于 n(n-1)/2 时)的情况下，用邻接表存储所需的空间比邻接矩阵所需的空间(n(n-1)/2)少。

(2) 无向图的度。在无向图的邻接表中，顶点 V_i 的度恰好是第 i 个边链表上结点的个数。

(3) 有向图的入度和出度。在有向图中，第 i 个边链表上结点的个数是顶点 V_i 的出度，只需通过在表头向量表中找到第 i 个顶点的边链表的头指针，实现顺链查找计数即可。任意顶点 V 的入度是所有类型为 ArcNode 的边结点中，adjvex 数据域中出现 V 顶点序号的次数。

如果判定任意两个顶点之间是否有边或弧相连，就需要搜索与两个顶点关联的所有的边链表，但这样比较麻烦。要想求第 i 个顶点的入度，也必须遍历整个邻接表，在所有边链表中查找邻接点域的值为 i 的结点并计数求和。

由此可见，对于用邻接表方式存储的有向图，求顶点的入度并不方便，需要通过扫描整个邻接表才能得到结果。

一种解决的方法是建立逆邻接表法，可以对每一顶点 V_i 再建立一个逆邻接表，即对每个顶点 V_i 建立一个所有以顶点 V_i 为弧头的边链表，如图 7.15 所示。这样求顶点 V_i 的入度即是计算逆邻接表中第 i 个顶点的边链表中结点的个数。

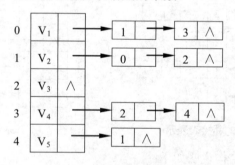

图 7.15　图 G_8 入度邻接表

在建立邻接表或逆邻接表时，若输入的顶点信息即为顶点的编号，则建立邻接表的时间复杂度为 O(n+e)，否则，需要通过查找才能得到顶点在图中的位置，则时间复杂度为 O(n·e)。

在邻接表上容易找到任一顶点的第一个邻接点和下一个邻接点，但要判定任意两个顶点(V_i 和 V_j)之间是否有边或弧相连，则需搜索第 i 个或第 j 个链表，因此，不如邻接矩阵方便。

7.2.3　十字链表

十字链表(orthogonal list)是表示有向图的一种存储结构，也可以把它看成是将有向图的邻接表和逆邻接表结合起来形成的一种存储形式。有向图中的一条弧对应十字链表中的一个弧结点，有向图中的每个顶点在十字链表中对应一个结点，这个结点被称为顶点结点。这两类结点构成十字链表的存储结构，如图 7.16 所示。

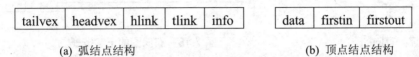

| tailvex | headvex | hlink | tlink | info |

(a) 弧结点结构

| data | firstin | firstout |

(b) 顶点结点结构

图 7.16　十字链表结点结构

对结构中的各项解释如下。

- tailvex：表示弧尾顶点的位置。
- headvex：表示弧头顶点的位置。
- hlink：指向以 headvex 为弧头结点的下一条弧。
- tlink：指向以 tailvex 为弧尾结点的下一条弧。
- info：弧的相关信息。
- data：用于存储与顶点有关的信息，如顶点的名字等。
- firstin：用于指向以 data 数据顶点作为弧头的第一条弧。
- firstout：用于指向以 data 数据顶点作为弧尾的第一条弧。

有向图的十字链表存储结构如下：

```
typedef struct ArcBox          /*图中弧结点定义如图7.16(a)所示的结构*/
{
    int  tailvex, headvex;     /*该弧的尾和头顶点的位置(数组元素的下标序号)*/
    struct ArcBox *hlink, *tlink;   /*分别为弧头相同和弧尾相同的弧的链域*/
    InfoType *info;            /*该弧相关信息的指针*/
} ArcBox;

typedef struct VexNode         /*图中每一个顶点定义如图7.16(b)所示的结构*/
{
    VertexType data;
    ArcBox *firstin, *firstout; /*表示入度、出度的弧指针*/
} VexNode;

typedef struct
{
    VexNode xlist[MAX_V_N];    /*表头向量*/
    int vexnum, arcnum;        /*有向图的当前顶点数和弧数*/
} OrGraph;
```

图 7.17 中有向图的十字链表如图 7.18 所示。

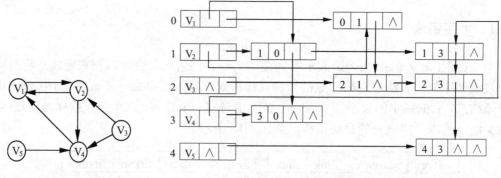

图 7.17　有向图　　　　　　　　　图 7.18　有向图的十字链表

建立有向图的十字链表，算法如下：

```
int Create_DG(OrGraph *G)                    /* 采用十字链表存储表示，构造有向图 G */
{
    scanf(&G.vexnum, &G.arcnum);             /*输入顶点和弧的个数*/
    for (i=0; i<G.vexnum; ++i)               /*构造顶点数据表*/
    {
        scanf(&G.xlist[i].data);             /*输入每个顶点数据*/
        G.xlist[i].firstin = NULL;           /*初始化指针*/
        G.xlist[i].firstout = NULL;
    }
    for (k=0; k<G.arcnum; ++k)               /*输入各条弧并构造十字链表*/
    {
        scanf(&V1, &V2);                     /*输入一条弧的起点和终点*/
        i = LocateVex(G, V1);
        j = LocateVex(G, V2);                /*确定 V1 和 V2 在 G 中的定位序号*/
        p = (ArcBox*)malloc(sizeof(ArcBox)); /*开辟空间，存储V1~V2 弧*/
        *p = {I,j,G.xlist[j].firstin,G.xlist[i].firstout,NULL}/*对弧赋值*/
        G.xlist[j].firstin=G.xlist[i].firstout=p;/*为逆序创建弧链表插入结点*/
        scanf(*p->info);                     /*输入弧相关的信息*/
    }
}
```

在十字链表中既容易找到以 V_i 为尾的弧，也容易找到以 V_i 为头的弧，因而容易求得顶点的出度和入度(可在建立十字链表的同时求出)。创建十字链表的时间复杂度与创建邻接表的时间复杂度是相同的。在有向图的应用中，十字链表是很有用的。

7.2.4　邻接多重表

邻接多重表(adjacency multilist)是无向图的一种存储结构，邻接多重表这种存储结构能够提供更方便的处理。

在无向图的邻接表表示法中，每一条边(v_i, v_j)在邻接表中都对应着两个结点，它们分别在第 i 个边链表和第 j 个边的两条链表中。这给图的操作带来不便，如检测某条边是否被访问过，则需要同时找到表示该条边的两个结点，而这两个结点又分别在两个边链表中。邻接多重表解决了这个问题，将图中的一条边用一个结点来表示，结点结构如图 7.19(a)所示，图中的每个顶点也对应一个顶点结点，结构如图 7.19(b)所示。

mark	ivex	ilink	jvex	jlink	info

data	firstedge

(a) 边结点结构 　　　　　　　　　(b) 顶点结点结构

图 7.19　邻接多重表的结点结构

对结构中的各项解释如下。

● 　mark：用以标记该边是否被访问过。

● 　ivex：为该边依附的一个顶点在图中的位置。

● 　ilink：指向下一条依附于顶点 ivex 的边。

● 　jvex：为该边依附的另一个顶点在图中的位置。

● 　jlink：指向下一条依附于顶点 jvex 的边。

● 　info：为该边信息指针。

● 　data：存储与顶点有关的信息。

● 　firstedge：指向第一条依附于该顶点的边。

无向图的邻接多重表的存储结构定义如下：

```
#define MAX_VERTEX_NUM                 /*最大顶点个数*/
typedef emnu {unvisited, visited} VisitIf;

typedef struct EBox               /*图中边表示的顶点的定义如图 7.19(a)所示*/
{
    VisitIf  mark;                 /*访问标记*/
    int ivex, jvex;               /*该边依附的两个顶点的位置*/
    struct EBox *ilink, *jlink;   /*分别指向依附这两个顶点的下一条边*/
    InfoType *info;               /*该边信息指针*/
} EBox;

typedef struct VexBox             /*图中每一个顶点定义如图 7.19(b)所示*/
{
    VertexType data;
    EBox *firstedge;              /*指向第一条依附该顶点的边*/
} VexBox;

typedef struct
{
    VexBox adjmulist[MAX_V_N];
    int vexnum, edgenum;          /*无向图的当前顶点数和边数*/
} AMLGraph;
```

在邻接多重表中，所有依附于同一顶点的边串联在同一链表中，由于每条边依附于两个顶点，则每个边结点同时链接在两个链表中。可见，对无向图而言，其邻接多重表和邻接表的差别，仅仅在于同一条边在邻接表中用两个结点表示，而在邻接多重表中只有一个结点。

因此，除了在边结点中增加一个标志域外，邻接多重表所需存储的信息与邻接表相同。在邻接多重表上，各种基本操作的实现亦与邻接表相似。

图 7.20 中的无向图的邻接多重表如图 7.21 所示。

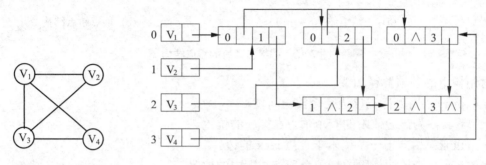

图 7.20　无向图　　　　　　　　　图 7.21　无向图的邻接多重表

以邻接多重表为存储结构的创建图的操作与十字链表相似，算法如下：

```
Status Create_UDG(AMLGraph *G)              /*建立图的邻接多重表*/
{
    printf("输入顶点个数，边的个数: ");
    scanf("%d, %d ", &G.vexnum, &G.edgenum);
    if(v=G.vexnum <0 || a=G.edgenum)
        return ERROR;                       /*顶点数、边数不能为负*/
    for(k=0; k<v; k++)
        G.adjmulist[k].data = getchar();       /*输入 v 个顶点*/
    for(k=1; k<=a; k++)                      /*输入 a 条边*/
    {
        t=getchar(); h=getchar();           /* 输入依附于一条边的顶点 t 和 h */
        if((i=LocateVex(G,t))<0 || (j=LocateVex(G,h))<0)
            return ERROR;                   /* t 或 h 顶点不存在 */
        p = (EBox*)malloc(sizeof(EBox));/*创建边结点 p 作为(t,h)边的存储空间*/
        p->ivex=i; p->jvex=j;               /* p 结点赋值: t、h 顶点序号 i 和 j */
        p->ilink=NULL; p->jlink=NULL;       /* 赋值两顶点邻接的下一条边*/
        if(!G.adjmulist[i].firstedge)
            G.adjmulist[i].firstedge = p;       /*新边为 i 号顶点的第一条邻接边*/
        else
        {
            q = G.adjmulist[i].firstedge; /*寻找 i 号顶点依附的边链*/
            while(q)
            {
                r = q;
                if(q->ivex==i) q=q->ilink;
                else q=q->jlink;
            }
            if(r->ivex==i) r->ilink=p; /*将 p 结点加入 i 号顶点的边链表中*/
            else r->jlink = p;
        }
        if(!G.adjmulist[j].firstedge)
            G.adjmulist[j].firstedge = p; /* j 号顶点的第一条邻接边结点赋值 p */
```

```
        else
        {
            q = G.adjmulist[j].firstedge; /* 寻找 j 号顶点的边链表尾，插入 p */
            while(q)
            {
                r = q;
                if(q->jvex == j) q = q->jlink;
                else q = q->ilnk;
            }
            if(r->jvex == j) r->jlink = p;
            else r->ilink = p;
        }
    }
    return OK;
}
```

上面介绍了 4 种存储方法，其中十字链表是针对有向图的，邻接多重表是针对无向图的，邻接矩阵和邻接表既可以存储有向图，也可以存储无向图。不同的存储结构针对不同的算法，4 种存储方式各有利弊，可以根据实际应用问题来选择合适的存储结构。

7.3 图 的 遍 历

与树的遍历类似，图的遍历(traversing graph)是从某一顶点出发按序访问图中所有结点，且使每个结点仅被访问一次。

遍历图比遍历树要复杂，因为图中的某一个顶点可能与图中其余顶点相邻接，即图中可能有回路。所以当从某一顶点访问其他顶点后，有可能顺着某一些边又回到了该顶点。因此在遍历图时，为了保证图中的各顶点在遍历过程中被访问且仅被访问一次，则需要为每个顶点设一个访问标志。设置一个数组，用于标示图中每个顶点是否被访问过，它的初始值全部为 0(假)，表示顶点均未被访问过；某一个顶点被访问后，置相应访问标志数组中的值为 1(真)，表示该顶点已被访问过。

按图中结点的访问顺序，图的遍历分两种：一种是深度优先遍历(搜索)，另一种是广度优先遍历(搜索)。

7.3.1 深度优先搜索

深度优先搜索(depth first search)是指按照深度方向搜索，它类似于树的先根遍历。

深度优先搜索的基本思想如下所述。

(1) 首先访问图中某个顶点 v_i。

(2) 找出顶点 v_i 的未被访问的邻接点 v_{j1}、v_{j2}、...、v_{ji}。然后从顶点 v_{j1} 开始深度遍历，找出顶点 v_{j1} 的未被访问的邻接点 v_{j11}、v_{j12}、...、v_{j1i}，然后深度访问从 v_{j11} 开始……重复本步骤，直到顶点 v_{j1} 的所有的邻接点都被访问完为止。

(3) 再从结点 v_{j1} 的下一个邻接点 v_{j2} 开始，进行深度遍历。重复(2)(3)步骤，直到当前结点的所有邻接点都访问完成进入步骤(4)。

(4) 若此时图中还有顶点未被访问,则另选图中一个未被访问的顶点作为起始点,重复上述搜索过程,直至图中所有顶点均被访问过为止。

图的遍历算法如下:

```
void Traver(Graph G)  /*对图 G 进行深度优先遍历,Graph 可以是图的任意一种存储结构*/
{
    for (vi=0; vi<G.vexnum; vi++)         /*初始化,各个顶点标记为 0*/
        visited[vi] = false;
    for (vi=0; vi<G.vexnum; vi++)
        if (!visited[vi]) DFS(G, vi);      /*如果 $v_i$ 没访问,就从 $v_i$ 开始深度遍历*/
}
```

其中从 v0 出发的递归过程算法如下:

```
void DFS(Graph G, int v0)                 /* 从 $v_0$ 出发深度优先遍历图 G */
{
    visit(v0); visited[v0]=TRUE;           /* 遍历 $v_0$ */
    w = Firstadj(G, v0);                   /* w 为 $v_0$ 的邻接点 */
    while (w > 0)                          /*当存在邻接点时*/
    {
        if (!visited[w]) DFS(G, w);
        w = Nextadj(G, v0, w);             /*找下一个邻接点*/
    }
}
```

算法中对于 Firstadj(G, v_0)以及 Nextadj(G, v_0, w)并没有具体实现。因为对于图的不同存储方法,两个操作的实现方法不同,时间复杂度也不同。

(1) 用邻接矩阵方式实现深度优先搜索:

```
void DFS(MGraph G, int v0)               /*图 G 存储为邻接矩阵类型的深度遍历算法*/
{
    visit(v0); visited[v0] = TRUE;
    for (vj=0; vj<G.vexnum; vj++)
        if (!visited[vj] && G.arc[v0][vj].adj==1)  /*找与 $v_0$ 相邻没访问的所有点*/
            DFS(G, vj);                   /*从 $v_j$ 深度遍历*/
}
```

(2) 用邻接表方式实现深度优先搜索:

```
void DFS(ALGraph, int v0)                      /*图 G 为邻接表类型的 DFS 算法*/
{
    visit(v0); visited(v0)=TRUE;
    p = G.vertices[v0].firstarc;               /*找到与 $v_0$ 相邻的第一个结点*/
    whiLe(p)
    {
        if (!visited(p->adjvex)) DFS(G, p->adjvex);
        p = p->nextarc;
    }
}
```

以邻接表作为存储结构,查找每个顶点的邻接点的时间复杂度函数为 O(e),其中 e 是无向图中的边数或有向图中的弧数，则深度优先搜索图的时间复杂度函数为 O(n+e)。递归算法进行深度遍历时，有两个过程，即 Traver() 和 DFS()。如果图是连通的，在 Traver() 中就可以省去循环，只调用一次 DFS() 过程；如果是不连通的，有几个连通分量 Traver() 就调用几次DFS() 过程。

用非递归过程实现深度优先遍历的算法如下：

```
void DFS(Graph G, int v₀)                    /* 从 v₀ 出发深度优先搜索图 G */
{
    InitStack(s);                            /*初始化空栈*/
    Push(s, v₀);
    while(!Empty(s))
    {
        v = Pop(s);
        if (!visited(v))                     /*栈中可能有重复顶点*/
        {
            visit(v);
            visited[v] = TRUE;
        }
        w = Firstadj(G, v);                  /*求 v 的第一个邻接点*/
        while(w > 0)
        {
            if (!visited(w)) Push(s, w);
            w = Nextadj(G, v, w);            /*求 v 相对于 w 的下一个邻接点*/
        }
    }
}
```

下面通过如图 7.22 所示的图 G 及其邻接表表示，描述对图 G 的深度遍历非递归过程。具体操作过程中栈的变化如图 7.23 所示。

(1) 初始化栈 S，将 v_1 入栈(设 v_1 为起点)。

(2) 栈顶出栈(v_1)，访问 v_1 并将其未被访问的邻接顶点压入 S 栈中(v_3 和 v_2 入栈)。

(3) 栈非空，栈顶 v_2 出栈，访问 v_2，然后将与 v_2 邻接的未访问顶点 v_5 和 v_4 压栈。

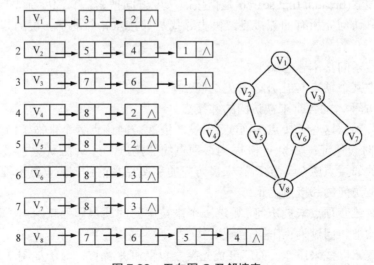

图 7.22 无向图 G 及邻接表

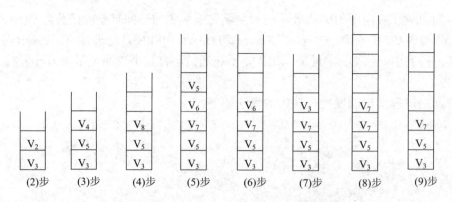

图 7.23　深度遍历非递归过程各操作步骤栈中的变化

(4) 栈非空，栈顶 v_4 出栈，访问 v_4，然后将与 v_4 邻接的未访问顶点 v_8 压栈。

(5) 栈非空，再弹出 v_8，访问 v_8，将与 v_8 邻接的未访问顶点 v_5、v_6、v_7 压栈。从这一步能看出，栈中可能有重复点(v_5)，所以访问顶点前要先判断标志位。

(6) 栈非空，故再弹出 v_5，由于 v_5 未被访问过，访问 v_5，将 v_5 没被访问的邻接点压栈。因为 v_5 的邻接点都被访问过，所以没有顶点进栈。

(7) 栈非空，弹出 v_6，v_6 未被访问，访问 v_6，再将 v_6 没被访问的邻接点 v_3 压栈。

(8) 栈非空，v_3 出栈，v_3 未被访问，访问 v_3，将 v_3 没被访问的邻接点 v_7 压栈。

(9) 栈非空，v_7 出栈，访问 v_7，将 v_7 没被访问的邻接点压栈，无进栈顶点。

(10) 栈非空，分别出栈，v_7、v_5、v_3 因都被访问过，且邻接顶点都被访问，出栈。此时栈空，搜索结束。

深度优先搜索顺序为 v_1　v_2　v_4　v_8　v_5　v_6　v_3　v_7，从算法的操作过程可以知道，深度优先搜索的顺序与存储结构和算法本身相关，不是唯一的。

7.3.2　广度优先搜索

广度优先搜索(breadth first search)是指按照广度方向搜索，与深度优先搜索不同的是：广度优先搜索先访问完所有的邻接点，再去寻找与邻接点相邻的下一层的其他顶点，类似于树的层次遍历。

广度优先搜索的基本思想如下。

(1) 从图中某个顶点 v_0 出发，首先访问 v_0。

(2) 依次访问 v_0 的各个未被访问的邻接点。

(3) 然后分别从这些邻接点(端结点)出发，依次访问该点各个未被访问的邻接点(新的端结点)。访问时应保证：如果 v_i 和 v_k 为该顶点的邻接点，且 v_i 在 v_k 之前被访问，则 v_i 的所有未被访问的邻接点应在 v_k 的所有未被访问的邻接点之前访问。重复步骤(3)，直到所有结点均没有未被访问的邻接点为止。

(4) 若此时还有顶点未被访问，则选一个未被访问的顶点作为起始点，重复上述过程，直至所有顶点均被访问过为止(图不连通时)。

深度优先搜索以栈来操作，而广度优先搜索以队列来操作。对于如图 7.22 所示的无向图，广度优先遍历过程如下所述。

(1) 初始化队列 q，先访问起始点 v_1，将 v_1 入队。

(2) 队不空，队头 v_1 出队，由于 v_1 的邻接顶点 v_2 和 v_3 未被访问过，访问 v_2 和 v_3 并将 v_2 和 v_3 入队。

(3) 队不空，队头 v_2 出队，由于 v_2 的邻接顶点 v_1 被访问过，而邻接顶点 v_4 和 v_5 未被访问过，访问 v_4 和 v_5 并将 v_4 和 v_5 入队。

(4) 队不空，队头 v_3 出队，由于 v_3 的邻接顶点 v_1 被访问过，而邻接顶点 v_6 和 v_7 未被访问过，访问 v_6 和 v_7 并将 v_6 和 v_7 入队。

(5) 队不空，队头 v_4 出队，由于 v_4 的邻接顶点 v_2 被访问过，而邻接顶点 v_8 未被访问过，访问 v_8 并将 v_8 入队。

(6) 最后 v_5、v_6、v_7、v_8 出队，由于其邻接顶点都被访问过，此时队空，表示搜索已结束。上述操作过程队中的变化情况如图 7.24 所示。

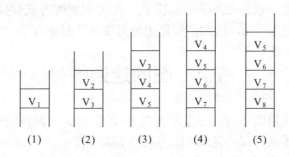

图 7.24 队中的变化情况

广度优先搜索顺序为 v_1　v_2　v_3　v_4　v_5　v_6　v_7　v_8。

图的广度优先遍历的算法如下：

```
void BFSTraver(Graph G)   /*对图 G 按广度优先进行遍历，Graph 表示图的一种存储结构*/
{
    for (vi=0; vi<vexnum; vi++)           /*初始化*/
        visited[vi] = flase;
    for (vi=0; vi<vexnum; vi++)
        if (!visited[vi]) BFS(G, vi);
}
BFS(Graph G, int v0)                      /* 从 v0 出发广度优先遍历图 G */
{
    visit(v0); visited[v0]=TRUE;
    Initqueue(q);                         /* 初始化设置完队列 q */
    Enqueue(q, v0);                       /* v0 进队列 q */
    while (!emptyqueue(q))
    {
        v = Dlqueue(q);                   /*队头元素 v 出队列*/
        w = Firstadj(G, v);               /* 求 v 的第一个邻接点 w */
        while (w > 0)
        {
            if (!visited[w])
            {
                visit(w);
                visited[w] = TRUE;
```

```
                Enqueue(q, w);
        }
        w = Nextadj(G, v, w);              /*找到下一个邻接点*/
    }
  }
}
```

如果 G 是连通图, 只要调用一次 DFS()或 BFS(), 就能遍历所有的顶点。若要判断 G 是否连通(connected); 只要调用一次 DFS()或 BFS(), 然后判断其是否还有没被访问的结点; 如果全部顶点都被访问过, 则此图是连通的, 否则不连通。

分析上述算法, 图中每个顶点至少入队一次, 外循环次数为 n。若图 G 采用邻接表方式存储, 则当结点 v 出队后, 内循环次数等于结点 v 的度 d_i。由于访问所有顶点的邻接点总的时间复杂度函数为 $O(d_0+d_1+d_2+...+d_{n-i})=O(e)$, 因此图采用邻接表方式存储, 广度优先搜索算法的时间复杂度函数为 $O(n+e)$; 若图 G 采用邻接矩阵方式存储, 由于找每个顶点的邻接点时, 内循环次数等于 n, 因此广度优先搜索算法的时间复杂度函数为 $O(n^2)$。

7.4　图的连通性

前面已经介绍了连通图和连通分量的概念。本节将讨论如何判断一个图是否为连通图, 如何求一个连通图的连通分量, 连通图在实际中的应用等; 利用遍历算法求图的连通性, 并讨论求解最小代价生成树的算法。

7.4.1　无向图的连通分量与生成树

在对图进行遍历时, 对于连通图, 无论是广度优先搜索还是深度优先搜索, 仅需要调用一次搜索过程, 即从任一个顶点出发, 便可以遍历图中的各个顶点。对于非连通图, 则需要多次调用搜索过程, 而每次调用得到的顶点访问序列恰为各连通分量中的顶点集。

例如, 图 7.25 是一个非连通图, 图 7.26 为其邻接表, 按照它的邻接表进行深度优先搜索, 需要调用 3 次 DFS()过程, 得到的访问顶点序列为 $V_1 V_2 V_4 V_5 V_6 V_3 V_7 V_8 V_9 V_{10} V_{11}$, 得到 3 个顶点集合, 这 3 个顶点集合分别加上依附于这些顶点的边, 构成了非连通图的 3 个连通分量。

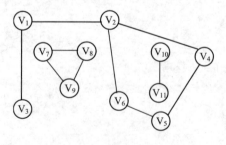

图 7.25　非连通无向图

设 E(G)为连通图 G 中所有边的集合, 则从图中任一顶点出发遍历图时, 必定将 E(G) 分成两个集合 T(G)和 B(G), 其中 T(G)是遍历图过程中历经的边的集合, B(G)是剩余的没有历经的边的集合。显然，T(G)和图 G 中所有顶点一起构成连通图 G 的极小连通子图，它是连通图的一棵生成树，并且由深度优先搜索得到的生成树为深度优先搜索生成树，由广度优先搜索得到的生成树为广度优先搜索生成树。

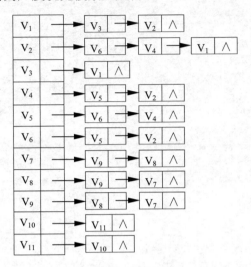

图 7.26 邻接表

如图 7.22 所示的无向连通图的深度优先搜索生成树和广度优先搜索生成树如图 7.27(a) 和图 7.27(b)所示，图中虚线为集合 B(G)中的边。

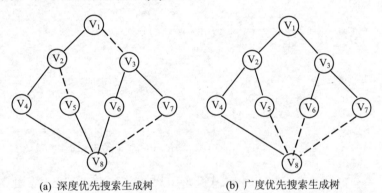

(a) 深度优先搜索生成树　　　　　(b) 广度优先搜索生成树

图 7.27 无向图的生成树

对于非连通图，每个连通分量中的顶点集，和遍历时走过的边一起构成若干棵生成树，这些连通分量的生成树组成非连通图的生成森林。例如，图 7.28 为图 7.25 所示图的深度搜索生成森林，它由 3 棵深度搜索生成树组成。

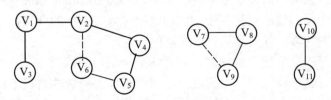

图 7.28 非连通无向图的生成森林

非连通图的深度搜索生成森林算法如下：

```
void DFSForest(Graph G, CSTree *T)
/* 建立图的深度生成森林，并将森林转换成二叉树 T */
{
    T = NULL;
    for (v=0; v<G.vexnum; ++v) visited[v] = FALSE;           /*标记各顶点*/
    for (V=0; v<G.vexnum; ++v)
        if (!visited[v])                             /*第 v 个顶点为新的生成树的根结点*/
        {
            p = (CSTree)malloc(sizeof(CSNode));          /*分配结点*/
            *p = {GetVex(G, V), NULL, NULL};            /*给该结点赋值*/
            if (!T) T = p;                      /*首次分配,是第一棵生成树的根(T 的根)*/
            else q->nextsibling = p; /*是另一颗生成树的根做前一棵的根的"兄弟"*/
            q = p;                             /* q 指示当前生成树的根 */
            DFSTree(G, v, p);                       /*建立以 p 为根的生成树*/
        }
}
void DFSTree(Graph G, int v, CSTree *T)
{    /*从第 v 个顶点出发深度搜索遍历图 G, 建立以 T 为根的生成树*/
    visited[V]=TRUE; first=TRUE;                            /*遍历结点并进行标记*/
    for (w=Fisrtadj(G,v); w>=0; w=Nextadj(G,v,w))    /* w 是 v 顶点的邻接点 */
        if(!v1isited[w])
        {
            p = (CSTree)malloc(sizeof(CSNode));             /*分配孩子结点*/
            *p = {GetVex(G, w), NULL, NULL};
            if (first)        /* w 是 v 的第一个未被访问的邻接顶点作为 T 的左子树 */
            {
                T->lchild = P;                        /*是根的左孩子结点*/
                first = FALSE;
            }
            else                           /* w 是 v 的非第一个未被访问的邻接顶点 */
                q->nextsibllng = p;                /*右兄弟结点作为右子树*/
            q = p;
            DFSTree(G, w, q); /* 从第 w 个顶点出发深度搜索遍历图 G,建立子生成树 q */
        }
}
```

7.4.2 最小生成树

带权图称为网，无向网的最小生成树(minimum cost spanning tree)就是边上权值之和为最小的生成树。一个图的边的权值对于不同的情况可以有不同的含义，结合上述的线路铺设问题，可把边上的权值解释为该边对应线路的开销。

假设要在 n 个城市之间建立通信网，则连通 n 个城市只需要 n-1 条线路，就能使这 n 个城市连通。这时，会涉及这样一个问题：如何在最节省经费的前提下建立这个通信网。在任意两个城市之间都可以设置一条通信线路，相应地要有一定的经济代价。n 个城市之间，最多可能设置 n(n-1)/2 条线路，那么在这些可能的线路中选择 n-1 条，以使总的耗费最少，并且使 n 个城市连通。

可以用一个连通网来表示 n 个城市间可能设置的通信线路，其中网的顶点表示城市，边表示两城市之间的线路，赋予边的权值表示相应的代价。对于 n 个顶点的连通网可以建立许多不同的生成树，每一棵生成树都可以是一个通信网。现在，要选择这样一棵生成树，也就是使总的耗费最少。这个问题就是构造连通网的最小代价生成树的问题。

构造最小生成树可以有多种算法。其中多数算法利用了最小生成树的下列称为 MST 的性质：假设 N=(V, {E}) 是一个连通网，U 是顶点集 V 的一个非空子集。若 (u, v) 是一条具有最小权值(代价)的边，其中 u∈U，v∈V−U，则一定存在一棵包含边 (u, v) 的最小生成树。

可以用反证法来证明。假设网 N 的任何一棵最小生成树都不包含 (u, v)。设 T 是连通网上的一棵最小生成树，当将边 (u, v) 加入到 T 中时，根据生成树的定义，T 中必存在一条包含 (u, v) 的回路。另一方面，由于 T 是生成树，则在 T 上必存在另一条边 (u', v')，其中 u'∈U，v'∈V−U，且 u 和 u' 之间，v 和 v' 之间均有路径相通。删去边 (u', v')，便可消除上述回路，同时得到另一棵生成树 T'。因为 (u, v) 的代价不高于 (u', v')，则 T' 的代价亦不高于 T，T' 是包含 (u, v) 的一棵最小生成树。由此与假设矛盾。

可以利用 MST 性质来生成一个连通网的最小生成树。普里姆(Prim)算法和克鲁斯卡尔(Kruskal)算法便是利用了这个性质。下面分别介绍这两种算法。

1. 普里姆算法

假设图 N=(V, {E}) 是连通网，其中 V 是顶点集，E 是图的边集合。T={U, {TE}} 是图 N 的最小生成树，其中 TE 是图 N 上最小生成树的边，U 是 N 上最小生成树顶点的集合。初始值 TE=Φ，U＝{u_0}(u_0∈V)。

算法采用如下步骤：

(1) 顶点 u∈U，v∈V−U，如果有边 (u, v)∈E，找出一条代价最小的边 (u_0, v_0)。

(2) 将边 (u_0, v_0) 加入边集合 TE，同时 v_0 加入顶点集合 U。

(3) 如果 U=V 则结束，否则返回步骤(1)。

此时 TE 中必有 n−1 条边，则 T=(V, {TE}) 为 N 的最小生成树。

为实现这个算法，需附设一个辅助数组 closedge，以记录从 U 到 V−U 具有最小代价的边。对每个顶点 v_i∈V−U，在辅助数组中存在一个相应分量 closedge[i−1]，它包括两个域，其中 lowcost 存储该边上的权。adjvex 域存储该边依附的在 U 中的顶点。显然：

$$closedge[i-1].lowcost = Min\{cost(u, v_i) \mid u∈U\}$$

辅助数组 closedge 的结构定义如下所述：

```
struct
{
    VertexType adjvex;
    VRType lowcost;
} closedge[MAX_V_N];
```

例如，如图 7.29 所示为按普里姆算法构造一棵最小生成树的过程，图 7.29(a) 所示图的存储结构如图 7.30 所示。在构造过程中，辅助数组中各分量值的变化如图 7.31 所示。

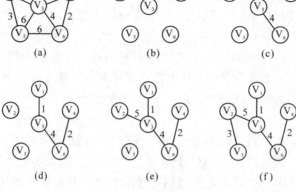

图 7.29 普里姆算法构造最小生成树的过程

(a) 图的顶点信息   (b) 图的邻接矩阵

图 7.30   图的存储结构

	1	2	3	4	5	U	V-U	k
adjvex	V_1	V_1	V_1			{V_1}	{V_2, V_3, V_4, V_5, V_6}	2
lowcost	6	1	5					
adjvex	V_3		V_1	V_3	V_3	{V_1, V_3}	{V_2, V_4, V_5, V_6}	5
lowcost	5	0	5	6	4			
adjvex	V_3		V_6	V_3		{V_1, V_3, V_6}	{V_2, V_4, V_5}	3
lowcost	5	0	2	6	0			
adjvex	V_3			V_3		{V_1, V_3, V_6, V_4}	{V_2, V_5}	1
lowcost	5	0	0	6	0			
adjvex			V_2			{V_1, V_3, V_6, V_4, V_2}	{V_5}	4
lowcost	0	0	0	3	0			
adjvex						{V_1, V_3, V_6, V_4, V_2, V_5}	{ }	
lowcost	0	0	0	0	0			

图 7.31   普里姆算法参量 closedge 数组的变化

其操作过程说明如下。

以 V_1 为起始顶点，先对数组 closedge 初始化，此时 $V=\{V_2, V_3, V_4, V_5, V_6\}$，$U=\{V_1\}$。closedge[0..5].adjvex=V1、closedge[0].lowcost=0(表示已扩充到集合 U 中)、closedge[1].lowcost=6、closedge[2].lowcost=1、closedge[3].lowcost=5、closedge[4..5].lowcost=∞。

对数组 closedge 进行操作，选择 closedg 中 lowcost 域非零且最小的权值边，closedge[2].lowcost=1 被选中，这条边加入 TE 中。最小权值边在 V-U 中的顶点下标序号 k=2 即 V_3 顶点，所以 V_3 顶点被扩充到集合 U 中。

V_3 加入 U 中，使 V-U 中的某些顶点到集合 U 中的最小权值改变，如果 V_3 顶点到 j 顶点的边上的权值小于 closedge[j].lowcost，进行相应的修改。j=1、4、5 几个元素满足条件，修改 closedge[1].lowcost=5、closedge[3].lowcost=5、closedge[4].lowcost=6、closedge[5].lowcost=4，并且相应的 closedge[j].adjvex=V_3。

循环进行，直到 U=V。

普里姆算法如下：

```
void MiniSpanTree_PRIM(MGraph G, VertexType u)
/*用普里姆算法从第 u 顶点出发构造网 G 的最小生成树 T，输出 T 的各条边*/
{
    k = LocateVex(G, u);          /*定位 u 顶点在存储中的位置(邻接矩阵中的下标序号)*/
    for (j=0; j<G.vexnum; ++j)      /*辅助数组初始化*/
        if (j != k) closedge[j] = {u, G.arcs[k][j].adj};
    closedge[k].lowcost = 0;          /*用 lowcost 域为 0 表示顶点扩充到 U 中*/
    for (i=1; i<G.vexnum; ++i)    /*选择 V-U 中的 G.vexnum-1 个顶点的过程*/
    {
        k = minimum(closedge);    /*求出 T 的下一个结点，条件 lowcost 域值最小*/
        printf(closedge[k].adivex, G.vexs[k]);        /*输出生成树的边*/
        closedge[k].lowcost = 0;                /*第 k 顶点加入 U 集*/
        for (j=0; j<G.vexnum; ++j)
            if (G.arcs[k][j].adj < closedge[j].lowcost)/*修改 closedge 数组*/
                closedge[j] = {G.vexs[k], G.arcs[k][j].adj};
    }
}
```

2．克鲁斯卡尔算法

克鲁斯卡尔算法是用另一种方法求无向连通图的最小生成树。假设连通图 N=(V,{E})，令最小生成树 T 的初始状态为只有 n 个顶点而无边的非连通图。设 T=(V,TE)，其中 TE=φ，连通网中每个顶点自成一个连通分量。

(1) 若边(u, v)∈E，两个顶点 u、v 落在 T 中不同的连通分量上。

(2) 在所有的边(u, v)∈E 中选择代价最小的边(u_0,v_0)，将此边加入到 TE 中。

(3) 如果 T 中所有顶点构成一个连通分量则结束，否则返回步骤(1)。

如图 7.32 所示为依照克鲁斯卡尔算法构造一棵最小生成树的过程。

其中代价分别为 1、2、3、4 的四条边由于满足上述条件，则先后被加入到 T 中，代价为 5 的两条边(1, 4)和(3, 4)被舍去。因为它们依附的两顶点在同一连通分量上，它们若加入 T 中，则会使 T 中产生回路。而下一条代价最小的边(2, 3)联结两个连通分量，则可加入 T。由此，构造成一棵最小生成树。

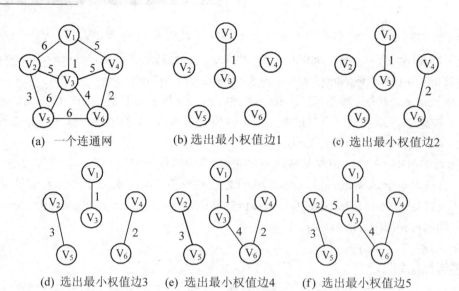

(a) 一个连通网　　　　(b) 选出最小权值边1　　　　(c) 选出最小权值边2

(d) 选出最小权值边3　　(e) 选出最小权值边4　　(f) 选出最小权值边5

图 7.32　克鲁斯卡尔算法构造最小生成树的过程

算法实现需要设置数组类型如下：

```
#define MAXEDGE <最大边数>
#define MAXVAX  <最大顶点数>
typedef struct
{
    int flag;                  /* 标识边是否是最小生成树中的边 */
    int vex1, vex2;            /* 与边关联的两顶点 vex1 和 vex2 */
    int weight;                /* 边的权值 */
} Edge;
```

设数组 E[]为 Edge 类型数据，E 有 4 个数据项，其中 flag 值为{0, 1}，表示该边是最小生成树中的边，flag 的初值为 0。vex1 和 vex2 数据项分别表示一条边关联的两个顶点，weight 是边的权值，初始状态时数组按 weight 数据项升序排列。求最小生成树时，从 E 数组中的第一条边(E 数组中边是升序排序的，第一条是最小边)开始选择。如果此边相邻接的两个顶点不在同一连通分量，将此边加入最小生成树中。算法如下：

```
Edge kruskal(Edge E[], int n, int e) /*克鲁斯卡尔算法生成连通图的最小生成树*/
{    /* 图顶点 n，边 e，E 是辅助数组，且是按 weight 域值由小到大排序，flag 初值为 0 */
    int vset[MAXVAX];              /* vset 数组值相同，表示顶点在同一个连通图中*/
    for(i=0; i<n; i++)             /*数组初值为 0..n-1，表示 n 个顶点有 n 个连通部分*/
        vset[i] = i;
    k = 1;                        /*构造最小生成树的第 k 条边，k=1 为第一条边*/
    j = 0;                        /* E 中边的下标，j=0 开始 */
    while(k < n)                  /*循环 n-1 次找出生成的 n-1 条边*/
    {
        ml=E[j].vex1; m2=E[j].vex2; /*取出 E[j]边的两个邻接顶点序号*/
        n1=vset[m1]; n2=vset[m2];     /*分别取出两个顶点所属的连通集的编号*/
        if(n1 != n2) /*如果两顶点分属于不同的连通部分，则该边是最小生成树的一条边*/
        {
            E[j].flag = 1;  /*将 E[j]边的标志赋值 1，表示该边是最小生成树的一条边*/
```

```
        k++;                        /*生成边数增1*/
        for(i=0; i<n; i++)          /*将E[j]边连接的两部分统一编号*/
            if (vset[i] == n2)      /* 集合编号为n2的改为n1 */
                vset[i] = n1;
    }
    j++;                            /*检查下一条边*/
    }
    return E;
}
```

【**例 7.1**】若在 n 个城市间建立通信网，n 个城市两两之间都可以铺设电缆使之连通，但各个城市间铺设电缆的成本不同，如何以最低代价求得 n 个城市的通信网？

算法分析：如果要 n 个城市两两都连通，则 n 个城市最少应铺 n-1 条线路；而 n 个城市间可能有 n(n-1)/2 条线路，那么，如何选择 n-1 条线路使总费用最少？这个问题就是求 n 个结点带权图的最小生成树问题。实现该题目的存储结构，图采用邻接矩阵；最小生成树采用辅助数组 closedge 设置为全局变量。

设计思路：实现本题需要编写的函数主要是创建一个图函数、使用普里姆算法最小生成树函数、图的定位函数、最小值函数、输出函数等。

用 C 语言实现例 7.1 程序的代码如下：

```
#include "stdio.h"
#include "stdlib.h"
#include "conio.h"
#include "string.h"
#define ING 23767                    /*设置权值无穷大*/
typedef Othertype int;
typedef struct ArcCell
{
    int adj;
    Othertype other;
} ArcCell, **AdjMatrix;               /*定义邻接矩阵类型*/
typedef struct
{
    char data[3];
} VertexType;                         /*定义顶点类型*/
typedef struct
{
    VertexType *vexs;
    AdjMatrix arcs;
    int vexnum,arcnum;
} MGraph;                             /*图的邻接矩阵类型定义*/
struct clos
{
    VertexType adjvex;
    int lowcost;
} *closedge;
void InitGraph(MGraph *G)             /* 初始化图邻接矩阵表示的图 G */
{
```

```
    int i, nu, mu;
    printf("\n 输入顶点的个数和(边)弧的个数: ");
    scanf("%d%d", &nu, &mu);               /*输入顶点和(边)弧的个数*/
    G->arcs = (ArcCell**)malloc(nu*sizeof(ArcCell*));
    for(i=0; i<nu; i++)
        G->arcs[i] = (ArcCell*)malloc(nu*sizeof(ArcCell));
    G->vexs = (VertexType*)malloc(nu*sizeof(VertexType));
    G->vexnum=nu; G->arcnum=mu;             /*图的顶点数和边数*/
}
void InsertGraph(MGraph *G, int i, VertexType e)  /*给图 G 的 i 顶点赋值*/
{
    if(i<0 || i>G->vexnum) return;
    strcpy(G->vexs[i].data, e.data);
}
int Locate(MGraph G, VertexType v1)                      /*图中顶点定位*/
{
    int i;
    for(i=0; i<G.vexnum; i++)
        if(strcmp(v1.data,G.vexs[i].data) == 0) return i;
    return -1;
}
void InitEdge(MGraph *G)                                 /*对图 G 中的边赋值*/
{
    int i, j, k, *p, d, w;
    VertexType v1, v2;
    p = (int*)malloc(G->vexnum * sizeof(int));
    for(i=0; i<10; i++) p[i] = 0;
    for(i=0; i<G->vexnum; ++i)
        for(j=0; j<G->vexnum; ++j)
            G->arcs[i][j].adj = ING;
    printf("按格式输入: 顶点 1(空格)权值(空格)顶点 2: \n");
    for(k=0; k<G->arcnum; ++k)                           /*对图 G 中的所有边赋值*/
    {
        printf("输入第 %d 条(边)弧: \n", k+1);
        scanf("%s%d%s", v1.data, &w, v2.data);
        i=Locate(*G,v1); j=Locate(*G,v2);               /*定位顶点 v1 和 v2 的序号*/
        G->arcs[i][j].adj = w;
        G->arcs[j][i].adj = G->arcs[i][j].adj;          /*邻接矩阵的对称位置赋值*/
    }
}
int minimum(MGraph G, struct clos *closedge)
{       /*求 closeedge 数组 lowcost 域非零的最小权值边*/
    int i, min, j, k;
    for(i=0; i<G.vexnum; i++)
        if(closedge[i].lowcost != 0)
        {
            min = closedge[i].lowcost;
            k = i;
            break;
```

```
    }
    for(j=i+1; j<G.vexnum; j++)                    /*选择最小权值边*/
        if(closedge[j].lowcost != 0)
        {
            if(min >= closedge[j].lowcost)
            {
                min = closedge[j].lowcost;
                k = j;
            }
        }
    return k;
}
void MiniSpanTree_prim(MGraph G,VertexType u)
{    /* 普里姆算法求图 G 从 u 点开始建立的最小生成树 closedge */
    int k, j, i;
    closedge = (struct clos*)malloc(G.vexnum * sizeof(struct clos));
    k = Locate(G, u);                      /* 定位顶点 u */
    for(j=0; j<G.vexnum; j++)              /*初始化 closedge 数组*/
        if(j != k)
        {
            strcpy(closedge[j].adjvex.data, u.data);
            closedge[j].lowcost = G.arcs[k][j].adj;
        }
    closedge[k].lowcost = 0;               /*将 u 扩充到最小生成树中*/
    for(i=1; i<G.vexnum; ++i)      /*循环 n-1 次，将其余结点扩充到最小生成树中*/
    {
        k = minimum(G, closedge);    /*在 closedge 数组中选取最小权值边*/
        printf(" %s , %s \n", closedge[k].adjvex.data, G.vexs[k].data);
        closedge[k].lowcost = 0;               /*将新结点扩充到最小生成树中*/
        for(j=0; j<G.vexnum; ++j)              /*在 closedge 数组中修正最小权值*/
            if(G.arcs[k][j].adj < closedge[j].lowcost)
            {
                strcpy(closedge[j].adjvex.data, G.vexs[k].data);
                closedge[j].lowcost = G.arcs[k][j].adj;
            }
    }
}
void Pint(MGraph G)                        /*输出图的邻接矩阵*/
{
    int i, j;
    for(i=0; i<G.vexnum; i++)
    {
        for(j=0; j<G.vexnum; j++)
            if(G.arcs[i][j].adj != ING)
                printf(" %d ", G.arcs[i][j].adj); /*输出邻接矩阵表示边的权值*/
            else printf(" ∞ ");                   /*输出无穷大∞*/
        printf("\n");
    }
}
```

```
void main()
{
    MGraph G; VertexType e; int i;    /*定义图的邻接矩阵存储结构*/
    InitGraph(&G);                     /*初始化图*/
    printf("顶点值: \n");
    for(i=0; i<G.vexnum; ++i)          /*输入图的顶点*/
    {
        scanf("%s", e.data);
        InsertGraph(&G, i, e);
    }
    InitEdge(&G);                      /*初始化无向图边*/
    printf("邻接矩阵为: \n");
    Pint(G);                           /*以邻接矩阵存储结构输出图*/
    printf("\n 输入任意一个顶点: ");     /*输入生成树起始结点*/
    scanf("%s", e.data);
    printf("输出生成树的所有边: \n");
    MiniSpanTree_prim(G,e);            /*建立最小生成树*/
    getch();
}
```

例 7.1 题中求最小生成树也可采用克鲁斯卡尔算法来实现。

设计思路: n 个城市两两都连通, 要选择 n−1 条线路, 使总费用最少, 即求最小生成树问题。如果采用克鲁斯卡尔算法实现存储结构, 图用邻接矩阵存储; 最小生成树用辅助数组 edge, 且数组 edge 设计为全局变量。

算法设计: 实现本题需要做的主要有, 创建一个图函数、使用克鲁斯卡尔算法最小生成树函数、权值排序函数等。图的存储结构可以选择邻接矩阵表示法。

用 C 语言实现例 7.1 题目的代码如下:

```
#include <stdio.h>
#include <stdlib.h>
#define M 20
#define MAX 20
typedef struct
{
    int begin, end;
    int weight;
} edge;
typedef struct
{
    int adj;
    int weight;
} AdjMatrix[MAX][MAX];
typedef struct
{
    AdjMatrix arc;
    int vexnum, arcnum;
} MGraph;
void CreatGraph(MGraph *G)                  /*创建一个邻接矩阵存储的图*/
```

```
{
    int i, j,n, m;
    printf("请输入边数和顶点数:");
    scanf("%d %d", &G->arcnum, &G->vexnum);
    for (i=1; i<=G->vexnum; i++)          /* 初始化图的邻接矩阵值为 0 */
    {
        for (j=1; j<=G->vexnum; j++)
            G->arc[i][j].adj = G->arc[j][i].adj = 0;
    }
    for (i=1; i<=G->arcnum; i++)     /*输入边和顶点 */
    {
        printf("\n 请输入有边的两个顶点");
        scanf("%d %d", &n, &m);
        while(n<0 || n>G->vexnum || m<0 || n>G->vexnum)/*输入错误，重新输入*/
        {
            printf("输入的数字不符合要求 请重新输入:");
            scanf("%d%d", &n,&m);
        }
        G->arc[n][m].adj = G->arc[m][n].adj = 1; /* 对应的边邻接矩阵赋值为 1 */
        printf("\n 请输入%d 与%d 之间的权值:", n, m);
        scanf("%d", &G->arc[n][m].weight);        /* 输入边的权值 */
    }
    printf("邻接矩阵为:\n");
    for (i=1; i<=G->vexnum; i++)                     /* 输出显示邻接矩阵 */
    {
        for (j=1; j<=G->vexnum; j++)
            printf("%d ", G->arc[i][j].adj);
        printf("\n");
    }
}
void Swap(edge *edges, int i, int j)                /* 交换权值以及头和尾 */
{
    int temp;
    temp = edges[i].begin;
    edges[i].begin = edges[j].begin;
    edges[j].begin = temp;
    temp = edges[i].end;
    edges[i].end = edges[j].end;
    edges[j].end = temp;
    temp = edges[i].weight;
    edges[i].weight = edges[j].weight;
    edges[j].weight = temp;
}
void sort(edge edges[], MGraph *G)                /* 对图边上的权值进行排序 */
{
    int i, j;
    for (i=1; i<G->arcnum; i++)
    {
        for (j=i+1; j<=G->arcnum; j++)
```

```
                if (edges[i].weight > edges[j].weight)
                    Swap(edges, i, j);
        }
        printf("排序后顶点1, 顶点2, 权值:\n");
        for (i=1; i<G->arcnum; i++)                    /*显示排序后的结果 */
        {
            printf("<< %d, %d >> ", edges[i].begin, edges[i].end);
            printf("%d\n", edges[i].weight);
        }
}
void MiniSpanTree(MGraph *G)                    /* 生成最小生成树 */
{
    int i, j, n, m, k=1, parent[M];
    edge edges[M];
    for (i=1; i<G->vexnum; i++)
    {
        for (j=i+1; j<=G->vexnum; j++)
        {
            if (G->arc[i][j].adj == 1)        /*将图中所有的边存放到edges数组中*/
            {
                edges[k].begin = i;
                edges[k].end = j;
                edges[k].weight = G->arc[i][j].weight;
                k++;
            }
        }
    }
    sort(edges, G);                              /*将图中的边按权值排序*/
    for (i=1; i<=G->arcnum; i++)
        parent[i] = 0;                           /*将图顶点形成n个连通部分*/
    printf("最小生成树为:\n");
    for (i=1; i<G->arcnum; i++)                  /*输出最小生成树 */
    {
        n = Find(parent, edges[i].begin);
        m = Find(parent, edges[i].end);
        if (n != m)
        {
            parent[n] = m;
            printf("<<%d,%d>>", edges[i].begin, edges[i].end);
            printf("%d\n", edges[i].weight);
        }
    }
}
int Find(int *parent, int f)        /*找尾*/
{
    while (parent[f] > 0)
        f = parent[f];
    return f;
}
```

```
main()                              /*主函数*/
{
    MGraph *G;
    G = (MGraph*)malloc(sizeof(MGraph));
    if (G == NULL)
    {
        printf("memory allcation failed,goodbye");
        exit(1);
    }
    CreatGraph(G);                  /* 创建图 G */
    MiniSpanTree(G);                /* 求图 G 的最小生成树 */
}
```

7.5　有向无环图及应用

有向无环图(directed acyclic graph)是指一个无环的有向图，简称 DAG。有向无环图可用来描述工程或系统的进行过程，如一个工程的施工图、学生课程间的制约关系图等。

检查一个有向图是否存在环要比无向图复杂，对于无向图来说，若深度优先遍历过程中遇到回边(即指向已访问过的顶点的边)，则必定存在环。对于有向图来说，如果从有向图上某个顶点 v 出发的遍历，在 DFS(v)结束之前出现一条从顶点 u 到顶点 v 的回边(如图 7.33 所示)，由于 u 在生成树上是 v 的子孙，则有向图中必定存在包含顶点 v 和 u 的环。

用有向无环图描述一项工程或系统的进行过程时，可以将工程(project)分为若干个称作活动(activity)的子工程，而这些子工程之间，通常受着一定条件的约束，如其中某些子工程的开始必须在另一些子工程完成之后。对整个工程和系统，人们关心的是两方面的问题：一方面是工程能否顺利进行；另一方面是估算整个工程完成所必需的最短时间，在有向图上的操作，即为求拓扑排序和关键路径。

7.5.1　拓扑排序(topological sort)

离散数学中有关于偏序和全序的定义。

若集合 X 上的关系 R 是自反的、反对称的和传递的，则称 R 是集合 X 上的偏序关系。

设 R 是集合 X 上的偏序，如果对每个 $x, y \in X$ 必有 xRy 或 yRx，则称 R 是集合 X 上的全序关系。

由某个集合上的一个偏序得到该集合上的一个全序，这个操作称为拓扑排序。

直观地看，偏序指集合中仅有部分成员之间可比较，而全序指集合中全体成员之间均可比较。

如图 7.34(a)所示为有向图。图中弧<V_1, V_2>表示 V_1 优先于 V_2，所以图 7.34(a)表示偏序，其中，顶点 V_2 和 V_3 是不可比较的。如果在顶点 V_2 和 V_3 之间人为地建立优先关系，从而使得 V_2 和 V_3 是可比较的，如图 7.34(b)所示，那么图 7.34(b)表示全序。

对于给定的有向图 G=(V, E)，V 中结点的线性序列为(V_{i1}, V_{i2}, ..., V_{in})，如果该序列满足如下条件：在有向图中从结点 V_i 到 V_j 有一条路径，则 V_i 必在 V_j 之前，则称此序列为拓扑序列。

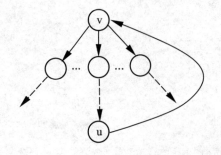
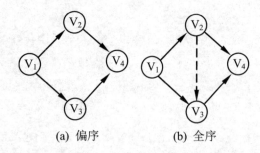

图 7.33　含有环的有向图的深度优先生成树　　　　图 7.34　偏序与全序

例如，计算机系学生的必修课及其选修课的关系如表 7.1 所示。

表 7.1　课程关系表

课程代号	课程名称	选 修 课
C_1	高等数学	
C_2	程序设计	
C_3	离散数学	C_1 C_2
C_4	数据结构	C_2 C_3
C_5	汇编语言	C_2
C_6	编译原理	C_4 C_5
C_7	操作系统	C_4 C_9
C_8	普通物理	C_1
C_9	微机原理	C_8

这些条件定义了课程之间的优先关系。这个关系可以用有向图更清楚地表示，如图 7.35 所示。图中顶点表示课程，有向边(弧)表示先决条件。若课程 C_i 是课程 C_j 的先决条件，则图中必有弧$<C_i, C_j>$。

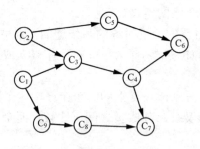

图 7.35　课程优先关系的有向图

从图 7.35 中可以看到，C_1 和 C_2 不存在选修课，所以先学习哪一门都可以，当 C_1 和 C_2 课程学习完后，对于 C_3、C_5 和 C_9 也是先学习哪一门都可以(这几门课程是无先后次序的)。也就是说，可以任意选择一门没有选修课的课程 C_i 开始学习，学习完 C_i 课程后，那些以 C_i 课程为先决条件的课程将删除 C_i 先决条件。这样就能得到一个关于课程学习的序列，这就是拓扑排序的应用。

拓扑排序可以为 $C_1C_2C_3C_5C_9C_8C_4C_7C_6$、$C_2C_1C_3C_5C_9C_8C_4C_6C_7$，它们都是合理的。所以说，一个有向图的拓扑序列不是唯一的。

在一个有向图中，每一顶点代表任务(Tasks)或活动(Activity)，而弧表示任务之间的优先关系，即弧$<V_i, V_j>$表示 V_i 任务处理完才能处理 V_j 任务，这种以顶点表示任务或活动的有向网(Activity On Vertex Network)称为 AOV 网。

在 AOV 网中进行拓扑排序，过程如下所述。

(1) 在 AOV 网中任意挑选没有前驱的顶点输出。

(2) 将输出顶点删除，并删除所有以输出顶点为弧尾的弧。

(3) 重复步骤(1)及步骤(2)，直到全部顶点都输出为止。

如果图中不存在环，可以得到全部顶点的有序序列；如果图中顶点没有全部输出，且剩余的顶点中不存在无前驱顶点，则该图中必定存在环。拓扑排序过程如图 7.36 所示。

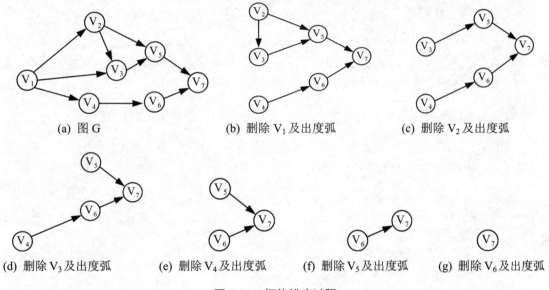

图 7.36　拓扑排序过程

排序过程中：

● 图 7.36(a)表示有向图的初始状态，V_1 是无前驱顶点，输出 V_1，并删除以 V_1 为弧尾的弧$<V_1, V_2>$、$<V_1, V_3>$、$<V_1, V_4>$。

● 图 7.36(b)中的 V_2 和 V_4 是无前驱顶点，选择 V_2 输出，删除$<V_2, V_3>$、$<V_2, V_5>$。

● 图 7.36(c)~(g)分别显示了其余顶点的输出过程。

一种拓扑排序序列为 V_1 V_2 V_3 V_4 V_5 V_6 V_7。

采用邻接表作为有向图的存储结构，且在头结点中增加一个存放顶点入度的数组(Indegree)。入度为零的顶点为没有前驱的顶点，删除入度为零顶点及以其为尾的弧(用弧头顶点的入度减 1 来实现)。

为了避免重复检测入度为零的顶点，可另设一栈来暂存所有入度为零的顶点，由此可得拓扑排序的算法如下：

```
int Topo_Sort(ALGraph G)
/* 若 G 无环,输出 G 中顶点的一个拓扑序列,返回 OK;否则返回 ERROR */
{
    FindInDegree(G, indegree);    /* 求各顶点入度 indegree[0..vernum-1] */
    InitStack(S);                 /* 初始化零入度顶点栈 S */
    for (i=0; i<G.vexnum; ++i)
        if (!indegree[i]) Push(S, i);   /*入度为零的顶点进栈*/
    count = 0;                           /*输出顶点计数*/
    while (!StackEmpty(S))
    {
        pop(S, i);                       /*栈顶出栈*/
        printf(i, G.vertices[i].data);   /*输出 i 号顶点并计数(格式串省略)*/
        ++count;
        for (p=G.vertices[i].firstarc; p; p=p->nextarc)
        {
            k = p->adjvex;               /* i 号顶点的每个邻接点的入度减 1 */
            if (!(--indegree[k])) Push(S, k);  /*入度减为零压入栈*/
        }
    }
    if (count < G.vexnum) return ERROR;  /*没有输出全部顶点则图有回路*/
    else return OK;
}
void FindInDegree(ALGraph G, int indegree[])   /*求各顶点的入度*/
{
    for (i=0; i<G.vexnum; i++) indgree[i] = 0;  /*初始化各顶点入度为零*/
    for (i=0; i<G.vexnum; i++)
    {
        P = G.vertexes[i].firstarc;             /*求出第 i 个顶点的第一条邻接弧*/
        while (p)
        {
            indegree[p->adjvex]++;              /* 与第 i 个顶点相邻的顶点入度加 1 */
            p = p->nextarc;
        }
    }
}
```

7.5.2 关键路径

有向图在工程计划和经营管理中有着广泛的应用。通常用有向图来表示工程计划时有两种方法:

- 用顶点表示活动,用有向弧表示活动间的优先关系,即 AOV 网。
- 用顶点表示事件,用弧表示活动,弧的权值表示活动所需要的时间。

其中第二种方法构造的用边表示活动的网(activity on edge network),简称 AOE 网。

在工程计划和管理中,经常使用 AOE 网。在研究实际问题时,人们通常关心的是:哪些活动是影响工程进度的关键活动?至少需要多长时间能完成整个工程?

在 AOE 网中存在唯一的、入度为零的顶点,称作源点;存在唯一的、出度为零的顶点,称作汇点。从源点到汇点的最长路径的长度即为完成整个工程任务所需的时间,该路径称作关键路径。关键路径上的活动称作关键活动。这些活动中的任意一项活动如果未能按期完成,就会影响整个工程的完成;相反,如果能够抓住关键活动的进度,就可以抓住整个工程进度。

在 AOE 网中,结点所表示的事件实际上就是它的入度弧代表的活动均已完成,它的出度弧代表的活动可以开始。如图 7.37 所示的 AOE 网包括 7 次活动,6 个事件,V_1 表示整个工程的开始,即源点;V_6 表示整个工程结束,即汇点。从 V_1 到 V_6 的路径有四条,最长为 $V_1 \rightarrow V_2 \rightarrow V_4 \rightarrow V_6$,即为关键路径。关键活动为 a_1、a_3、a_6,整个工程需要的总时间为 6+2+5=13。

利用 AOE 网可以进行工程安排估算,计算完成整个工程至少需要多少时间,以及为缩短整个工程的完成时间应该加快哪些活动的速度,哪些活动为关键活动。

分析关键路径的目的是找出关键活动。找到了关键活动就可以通过适当的调度,在关键活动上投入较合理的人力和物力,以保证整个工程按期完成。

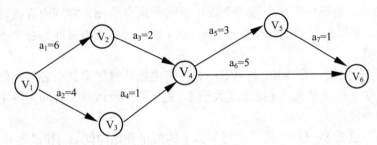

图 7.37 一个 AOE 网示例 1

下面介绍与 AOE 网有关的几个术语。

- 顶点 V_i 的**最早发生时间** Ve(i):是从结点 V_1 到结点 V_i 的最长路径长度。
- 顶点 V_i 的**最晚发生时间** Vl(i):是在保证汇点 V_n 在 Ve(n)时刻发生的前提下,事件 V_i 允许发生的最晚时间。
- 活动 a_i 的**持续时间** dut(<j, k>):如果活动 a_i 对应的弧为<j, k>,活动 a_i 的持续时间是 V_j 到 V_k 的路径的长度。
- 活动 a_i 的**最早开始时间** e(i):如果活动 a_i 对应的弧为<j, k>,则 e(i)等于从源点到顶点 j 的最长路径的长度,即 e(i)=Ve(j)。
- 活动 a_i 的**最迟开始时间** l(i):是在不推迟整个工程完成的前提下,活动 a_i 最迟必须开始进行的时间。
- 活动 a_i 的**时间余量**:活动 a_i 的最迟开始时间与活动 a_i 的最早开始时间之差。
- **关键活动和非关键活动**:把活动 a_i 的时间余量为零时(即 l(i)=e(i))的活动称作关键活动。如果 a_i 工期提前,则整个工程工期有可能提前;如果 a_i 延期,则整个工程延期。如果活动 a_i 的时间余量非零,就是非关键活动。

如何求关键路径?

如果活动 a_i 由弧<j, k>表示,则 Ve(j)、Vl(j)、e(i)、l(i)有如下关系:

e(i)=Ve(j)

l(i)=Vl(k)−dut(<j, k>)

求 Ve(j)和 Vl(j)分以下两步进行。

(1) 从 Ve(0)=0 开始。

Ve(j)=MAX{Ve(i)+dut(<i, j>)} <i, j>∈T，1≤j≤n-1

其中，T 是所有以顶点 j 为头的弧的集合。

(2) 从 Vl(n-1)=Ve(n-1)起回推。

Vl(i)=MIN{Vl(j)-dut(<i, j>)} <i, j>∈S，0≤i≤n-2

其中，S 是所有以顶点 i 为尾的弧的集合。

第(1)步求解是从源点开始，按拓扑排序顺序，Ve(j-1)必须在 V_j 的所有前驱的最早发生时间求得后才能确定；同理第(2)步求解是从最后的汇点开始，按拓扑排序顺序，Vl(i-1)必须在 V_j 的所有后继的最迟发生时间求得后才能确定。

求关键路径的算法描述如下。

(1) 建立 AOE 网的存储结构：输入 n 个顶点和 e 条弧。

(2) 从源点 V_0 出发，令 Ve[0]=0，按拓扑排序顺序，求其余各顶点的最早发生时间 Ve[i](1≤i≤n-1)。如果拓扑序列中顶点个数小于网中顶点数 n，则网中存在环，返回错误信息，算法结束。如果某顶点 i 的入度大于 1，则 i 顶点最早发生时间为各个入度边上最早发生时间的最大值。

(3) 从汇点 V_n 出发，令 Vl[n-1]=Ve[n-1]，按逆拓扑排序求其余各顶点的最迟发生时间 Vl[i](2≤i≤n-2)。如果某顶点 j 的出度大于 1，则 j 顶点最迟发生时间为各个出度边上最迟发生时间的最小值。

(4) 根据各顶点的 Ve 和 Vl 值，求每条弧 s 的最早开始时间 e(s)和最迟开始时间 l(s)。若某条弧满足条件 e(s)=l(s)，则为关键活动。

如上所述，计算各顶点的 Ve 值是在拓扑排序的过程中进行的，需对拓扑排序的算法做如下修改。

① 在拓扑排序之前设初值，令 Ve[i]=0 (0≤i≤n-1)。

② 在算法中增加一个计算 V_j 的直接后继 V_k 的最早发生时间的操作。

Ve[k]=Ve[j]+dut(<j, k>) | Ve[j]+dut(<j, k>)>Ve[k]

③ 为了能按逆拓扑有序序列的顺序计算各顶点的 V_1 值，须记下在拓扑排序的过程中求得的拓扑有序序列，增设一个栈以记录拓扑有序序列，在计算求得各顶点的 Ve 值之后，从栈顶至栈底就是逆拓扑排序序列。

例如，对于如图 7.38 所示的 AOE 网的计算结果如图 7.39 所示。

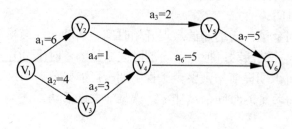

图 7.38　一个 AOE 网示例 2

顶点	Ve	Vl	活动	e	l	l-e
V_1	0	0	a_1	0	0	0
V_2	6	6	a_2	0	1	1
V_3	4	5	a_3	6	6	0
V_4	7	8	a_4	6	7	1
V_5	8	8	a_5	4	5	1
V_6	13	13	a_6	7	8	1
			a_7	8	8	0

图 7.39　事件的发生时间与活动的发生时间

关键路径为 $V_1 \rightarrow V_2 \rightarrow V_5 \rightarrow V_6$，关键活动为 a_1、a_3、a_7。

设有向网采用邻接表存储结构，关键路径算法如下：

```
int TopologicalOrder(ALGraph G, Stack *T, float *ve)
/*图 G 的拓扑排序序列压入栈 T 返回，函数值为 OK，否则为 ERROR，ve 返回最早发生时间*/
{
    FindlnDegree(G, indegree);              /*indegree 数组存放各顶点入度*/
    InitStack(S); count=0;            *初始化零入度顶点栈 T, count 计数输出顶点个数*/
    ve[0..G.vexrlum-1] = 0;                      /* 最早发生时间初值为 0  */
    for (i=0; i<G.vexnum; ++i)
        if (!indegree[i]) Push(S, i);               /*入度为零的顶点进栈*/
    while (!StackEmpty(S))
    {
        pop(S,j); Push(T,j); ++count;          /* j 号顶点入 T 栈并计数 */
        for(p=G.vertices[j].firstarc; p; p=p->nextarc)
        {
            k = p->adjvex;                   /* k 为 j 号顶点的一个邻接点 */
            if (--indegree[k] == 0) Push(S, k);   /*入度减为 0，则入栈*/
            if (ve[j]+*(p->info) > ve[k])   /*顶点入度>1 最早发生时间取最大值*/
                ve[k] = ve[j]+*(p->info);
        }
    }
    if (count < G.vexnum) return ERROR;             /*有回路*/
    else return OK;
}
int CriticalPath(ALGraph G)        /* G 为有向网，输出 G 的各项关键活动 */
{
    if (!TopologicalOrder(G, T, ve)) return ERROR;
    Vl[G.vexnum-1] = ve[G.vexnum-1];        /*初始化顶点事件的最迟发生时间*/
    while (!StackEmpty(T))                 /*按拓扑逆序求各顶点的 vl 值*/
        for (Pop(T,j),p=G.vertices[j].firstarc; p; p=p->nextarc)
        {
            k=p->adjvex; dut=*(p->info);
            if (vl[k]-dut < vl[j])    /*顶点出度>1 最迟发生时间取最小值*/
                vl[j] = vl[k]-dut;
        }
    for (j=0; j<G.vexnum; ++i)            /*求 ee、el 和关键活动*/
```

```
for (p=G.vertices[j].firstarc; p; p=p->nextarc)
{
    k=p->adjvex; dut=*(p->info);
    ee=ve[j]; el=vl[k]-dut;
    tag=(ee==el) ? '*' : ' ';          /*关键活动用*形式输出*/
    printf(j, k, dut, ee, el, tag);  /*输出关键活动*/
}
}
```

实践证明，用 AOE 网来估算某些工程完成的时间是非常有用的。但是，由于 AOE 网中各项活动是互相牵涉的，因此，影响关键活动的因素亦是多方面的。任何一项活动持续时间的改变都会影响关键路径的改变。关键活动的速度提高是有限度的。只有在不改变网的关键路径的情况下，提高关键活动的速度才有效。

另一方面，若图中有几条关键路径，那么，单是提高一条关键路径上的关键活动的速度，还不能导致整个工程缩短工期，而必须同时提高几条关键路径上的活动的速度。

【例 7.2】某校 2011 年入学的计算机专业学生所学课程的课程编号 C_1、C_2、C_3、C_4、C_5、C_6、C_7 的课程名称为：程序设计基础、离散数学、数据结构、汇编语言、语言设计和分析、计算机原理、编译原理，这些课程之间的关系如图 7.40 所示，求课程的拓扑有序序列。

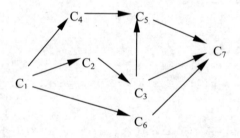

图 7.40　课程之间的关系图

设计分析：对如图 7.40 所示的课程关系图进行拓扑排序，首先要建立图的存储结构。可以选择图的邻接表表示，当拓扑排序运算时需要辅助运用栈结构。

算法设计如下。

(1) CreatGraph()：创建一个图。

(2) TopuSort()：拓扑排序。

(3) push()：栈的操作压栈。

(4) GetTop()：栈的操作取栈顶。

用 C 语言实现本例的程序代码如下：

```
#include <stdio.h>
#include <string.h>
typedef struct node
{
    int adjvex;
    struct node *next;
} EdgeNode;
typedef struct vnode
```

```
{
    int id;
    EdgeNode *link;
} vnode, Adjlist[100];
typedef Adjlist LGraph;
typedef struct snode
{
    int data;
    struct snode *next;
} Link_Stack;
Link_Stack *top, *s;
void Push(Link_Stack **top, int x)
{
    s = (Link_Stack*)malloc(sizeof(Link_Stack));
    s->data = x;
    s->next = (*top)->next;
    (*top)->next = s;
}
void GetTop(Link_Stack **top, int *x)
{
    s = (*top)->next;
    *x = s->data;
    (*top)->next = s->next;
    free(s);
}
int CreatGraph(LGraph gl)                    /*创建一个图*/
{
    int m, n, i=0, c, d;
    EdgeNode *p;
    printf("input start.\n");
    printf("please input how many vertex there had?\n", i);
    scanf("\n%d", &c);
    for(i=0; i<c; i++)
    {
        gl[i].link = NULL;
        gl[i].id = 0;
    }
    printf("please input EdgeNodes number?");
    scanf("%d", &d);
    for(i=0; i<d; i++)
    {
        printf("\nplease input Vi&Vj:=");
        scanf("\n%d,%d", &m, &n);
        if((m>=0) && (m<c) && (n>=0) && (n<c)) {
            p = (EdgeNode*)malloc(sizeof(EdgeNode));
            p->adjvex = n;
            p->next = gl[m].link;
            gl[m].link = p;
            gl[n].id++;
```

```
        }
    }
    return c;
}
void TopuSort(LGraph G, int n)
{
    int i,j,m=0; EdgeNode *p;
    top = (Link_Stack*)malloc(sizeof(Link_Stack));
    top->next = NULL;
    for(i=0; i<n; i++)
        if(G[i].id==0) Push(&top,i);
    while(top->next != NULL)
    {
        GetTop(&top, &i);
        printf(" %d ", i);
        m++;
        p = G[i].link;
        while(p)
        {
            j = p->adjvex;
            G[j].id--;
            if(G[j].id == 0) Push(&top, j);
            p = p->next;
        }
    }
    if(m < n) printf("The Graph has a cycle!!!\n");
}
main()
{
    LGraph GL;
    TopuSort(GL, CreatGraph(GL));
}
```

7.6 最 短 路 径

如果将交通网络画成带权图，假如用顶点表示城市，边表示公路段，则由这些顶点和边组成的图可表示沟通各城市的公路网。边的权用以表示两个城市之间的距离、走过这段公路所需要的时间、通过这段公路的难易程度等。作为汽车司机和乘车的人，自然关心如下两个问题：

● 从甲地到乙地是否有公路？

● 从甲地到乙地有几条公路，哪条公路距离最短或费用的代价最小？

这就是最短路径所要讨论的问题，所以下面探讨有向图的最短路径。路径的开始顶点：源点。路径的最后一个顶点：终点或目标点。除非特别说明，否则，所有的权大于0。

设有带权的有向图 $G=(V, \{E\})$，G 中的边权为 $w(e)$。已知源点为 v_0，求 v_0 到其他各顶点的最短路径。

如图 7.41 所示为带权有向图，图 7.42 为 v_0 到其他各顶点的最短路径。

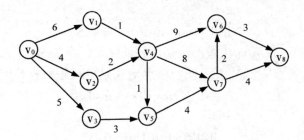

图 7.41　有向带权图

下面介绍由迪杰斯特拉(Dijkstra)提出的一个求最短路径的算法。其基本思想是：按路径长度递增的顺序，逐个产生各最短路径。

起点	终点	最短路径	长度
	v_1	$v_0\ v_1$	6
	v_2	$v_0\ v_2$	4
	v_3	$v_0\ v_3$	5
	v_4	$v_0\ v_2\ v_4$	6
v_0	v_5	$v_0\ v_2\ v_4\ v_5$	7
	v_6	$v_0\ v_2\ v_4\ v_5\ v_7\ v_6$	13
	v_7	$v_0\ v_2\ v_4\ v_5\ v_7$	11
	v_8	$v_0\ v_2\ v_4\ v_5\ v_7\ v_8$	15

图 7.42　最短路径

首先引进辅助向量 dist[]，它的每一个分量 dist[i]表示已经找到的且从起点 v_0 到每一个终点 v_i 的当前最短路径的长度。它的初态为：如果从 v_0 到 v_i 有弧，则 dist[i]为弧的权值；否则 dist[i]为无穷大。其中，长度为 dist[j]=min{dist[i] | $v_i \in V$}的路径是从 v_0 出发的到 v_i 长度最短的一条路径，此路径为 $(v_0, ..., v_j)$。

那么，如何得到下一条长度次短的路径？假设该次短路径的终点是 v_k，则这条路径或者是$(v_0, ...,v_k)$，或者是$(v_0, ..., v_j, v_k)$。它的长度或者是从 v_0 到 v_k 的弧上的权值，或者是 dist[j]和从 v_j 到 v_k 的弧上的权值之和。

一般情况下，假设 S 为已求得最短路径的终点的集合，可以证明：下一条最短路径(设其终点为 v_x)或者是弧(v_0, v_x)，或者是中间只经过 S 中的顶点而最后到达顶点 v_x 的路径。

因此，在一般情况下，下一条长度次短的路径的长度必为：

$$dist[j]=min\{dist[i]|\ v_i \in V-S\}$$

其中，dist[i]或是弧(v_0, v_i)上的权值，或是 dist[k]$(v_k \in S)$和弧(v_k, v_i)上的权值之和。

根据以上分析，描述的算法如下。

(1) 假设用 z 带权的邻接矩阵 arcs[i][j]来表示带权有向图，arcs[i][j]表示弧$<v_i, v_j>$上的权值。若$<v_i, v_j>$不存在，则置 arcs[i][j]为无穷大。S 为已找到的从 v_0 出发的最短路径的终点的集合，它的初始状态为空集。那么，从 v_0 出发到图上其余各顶点(终点) v_i 可能达到的最短路径长度的初值为：

$$dist[i]=arcs[Locate\ Vex(G,\ v_0)][i]\ v_i \in S$$

(2) 选择 v_j 得：

$$dist[j]=min\{dist[i]|\ v_i \in V\text{-}S\}$$

v_j 就是当前求得的一条从 v_0 出发的最短路径的终点。令 $S=S \cup \{j\}$。

(3) 修改从 v_0 出发到集合 V-S 上任一顶点 v_k 可达的最短路径长度。如果

$$dist[j]+arcs[j][k] < dist[k]$$

则修改 dist[k] 为

$$dist[k]=dist[j]+arcs[j][k]$$

(4) 重复操作(2)和(3)步骤，共 n-1 次。由此求得从 v_0 到图上其余各顶点的最短路径是依路径长度递增的序列。

用 Dijkstra 算法求有向网 G 的 v_0 顶点到其余顶点 v 的最短路径 P[v] 及其带权长度 D[v]。Dijkstra 算法如下：

```
void DIJ(MGraph G, int v0, PathMatrix *P, ShortPathTable *D)
/* 若 P[v][w]为 TRUE，则 w 是从 v0 到 v 当前求得最短路径上的顶点 */
/* final[v]为 TRUE 当且仅当 v∈S，即已经求得从 v0 到 v 的最短路径 */
{
    for (v=0; v<G.vexnum; ++v)
    {
        final[v]=FALSE; D[v]=G.arcs[v0][v];
        for (w=0; w<G.vexnum; ++w) P[v][w] = FALSE;    /*设空路径*/
        if (D[v] < INFINITY) { P[v][v0]=TRUE; P[v][v]=TRUE; }
    }
    D[v0]=0; final[v0]=TRUE;       /*初始化，v0 顶点属于 S 集*/
    /*主循环，每次求得 v0 到某个 v 顶点的最短路径，并加 v 到 S 集*/
    for (i=1; i<G.vexnum; ++i)     /*其余 G.vexnum-1 个顶点*/
    {
        min = INFINITY;      /*当前所知离 v0 顶点的最近距离*/
        for (w=0; w<G.vexnum; ++w)
            if (!final[w])    /* w 顶点在 V-S 中*/
                if (D[w] < min) { v=w; min=D[w]; }    /* w 顶点离 v0 顶点更近 */
        final[v] = TRUE;      /*离 v0 顶点最近的 v 加入 S 集*/
        for (w=0; w<G.vexnum; ++w)    /*更新当前最短路径及距离*/
            if (!final[w] && (min+G.arcs[v][w]<D[w]))
            /* 修改 D[w]和 P[w]，w∈V-S */
            {
                D[w] = min+G.arcs[v][w];
                P[w]=P[v]; P[w][w]=TRUE;
            }
    }
}
```

【例 7.3】用无向连通图表示某城市的景点平面图，图中顶点表示主要旅游景点，存放景点的编号、名称信息，图中的边表示景点间的道路长度，存放两个景点之间道路的长度信息。编写程序实现，求任意景点到图中其他景点间的最短路径。

设计思路：本题目中的问题可以归结为带权图求最短路径。可以用 Dijkstra 算法求最

短路径，将按路径长度递增的顺序，逐个产生各最短路径。引进数组 D[]，它的每一个分量 D[i]表示已经找到的且从起点 v_0 到每一个终点 v_i 的当前最短路径的长度。它的初态为：如果从 v_0 到 v_i 有弧，则 D[i]为弧的权值；否则 D[i]为无穷大。辅助数组 P[][]，若 P[v][w]为 TRUE，则 w 是从 v0 到 v 当前求得最短路径上的顶点。

设计算法步骤如下。

(1)　InitGraph(v, a)：初始化顶点数 v，边数是 a 的无向图。

(2)　ShortestPath(num)：求出发城市 num 到其他城市的最短路径。

(3)　output(city1, city2)：输出顶点 1 到顶点 2 的最短路径，打印出各点地名。

用 C 语言编写图最短路径的程序代码如下：

```c
#include "string.h"
#define N 5
#define E 7
typedef struct ArcCell
{
    int adj;
    char *info;
} ArcCell;                  /*定义边类型*/
typedef struct VertexType
{
    int number;
    char city[10];
} VertexType;               /*定义顶点类型*/
typedef struct
{
    VertexType vex[N];      /*定义顶点*/
    ArcCell arcs[N][N];     /*定义边*/
    int vexnum, arcnum;     /*图顶点和边的个数*/
} MGraph;                   /*图的类型是邻接矩阵*/
MGraph G;                   /*定义全局变量 G 为邻接矩阵*/
int P[N][N];   /*值为真时，是当前求得最短路径上的顶点*/
long int D[N];              /* 从 v0 出发到各点的最短路径 */
void InitGraph(int v, int a)  /*图的边和顶点赋初值*/
{
    int i, j, x, y;
    G.vexnum=v; G.arcnum=a;
    printf("\n 输入城市名称:\n");
    for(i=0; i<G.vexnum; ++i)
    {
        G.vex[i].number = i;
        scanf("%s", G.vex[i].city);
        printf("%s", G.vex[i].city);
    }
    for(i=0; i<G.vexnum; ++i)
        for(j=0; j<G.vexnum; ++j)
            G.arcs[i][j].adj = 20000;      /*赋初值，各点间为无穷大*/
    i = 0;
```

```
    while (i < a)
    {
        printf("\n 第%d 条边：城市 1(序号)、城市 2(序号) 权值:\n", i+1);
        scanf("%d %d %d", &x, &y, &j);
        G.arcs[x][y].adj = G.arcs[y][x].adj = j;
        i++;
    }
}
void narrate() /*打印函数*/
{
    int i, k=0;
    printf("\n 图中城市序号及名称:\n\n");
    for(i=0; i<N; i++)
    {
        printf("(%2d)%-15s", i, G.vex[i].city);
        k = k + 1;
        if(k%4 == 0) printf("\n\n");
    }
}
void ShortestPath(int num)        /*求出发城市 num 到其他城市的最短路径函数*/
{                                 /*最短路径存放在数组 D 中*/
    int v, w, i, t, min, final[N];
    for(v=0; v<N; ++v)
    {
        final[v]=0; D[v]=G.arcs[num][v].adj;
        for(w=0; w<N; ++w) P[v][w] = 0;
        if(D[v] < 20000)
        {
            P[v][num] = 1;
            P[v][v] = 1;
        }
    }
    D[num]=0; final[num]=1;
    for(i=0; i<N; ++i)
    {
        min = 20000;
        for(w=0; w<N; ++w)
            if(!final[w])
                if(D[w] < min)
                {
                    v = w;
                    min = D[w];
                }
        final[v] = 1;
        for(w=0; w<N; ++w)
            if(!final[w] && ((min+G.arcs[v][w].adj)<D[w]))
            {
                D[w] = min + G.arcs[v][w].adj;
                for(t=0; t<N; t++) P[w][t] = P[v][t];
```

```
                        P[w][w] = 1;
                }
        }
}
void output(int city1,int city2)
{       /*输出城市1(序号为city1)到目的城市2(city2)的最短路径的函数*/
    int a=city2, b, c, d, q=0;
    if(a != city1)
    {
        printf("\n 从%s 到%s 的最短路径\n",
          G.vex[city1].city, G.vex[city2].city);
        printf("\n 最短距离是%dkm.\n", D[a]);
        printf("\n 最短路径上顶点名称: ");
        printf("%s", G.vex[city1].city);
        d = city1;
        for(c=0; c<N; ++c)
        {
            gate:;
            P[a][city1] = 0;
            for(b=0; b<N; b++)
            {
                if(G.arcs[d][b].adj<20000 && P[a][b])
                {
                    printf("----->%s", G.vex[b].city);
                    q = q + 1;
                    P[a][b] = 0;
                    d = b;
                    if(q%4 == 0) printf("\n");
                    goto gate;
                }
            }
        }
    }
}
void main() /*主函数*/
{
    int k, c=1, i, j, v0, v1;
    InitGraph(N, E);
    while(c)
    {
        narrate();                      /*输出提示界面*/
        printf("\n 输入开始城市!\n");
        scanf("%d", &v0);
        printf("输入目的城市!\n");
        scanf("%d", &v1);
        ShortestPath(v0);               /*求从 v0 出发到其他点的最短路径*/
        printf("\n P 数组\n");          /*输出 P 数组*/
        for(i=0; i<N; i++)
        {
```

```
            for(j=0; j<N; j++)
                printf(" %d ", P[i][j]);
            printf("\n");
        }
        printf("\n D数组\n");              /*输出 D 数组*/
        for(j=0; j<N; j++)
            printf(" %d ", D[j]);
        output(v0, v1);
        printf("\n 继续测试 1, 结束 0\n");
        scanf("%d", &c);
    }
}
```

单 元 测 试

1. 单选题 在图结构中，每个结点_____。

   A. 只有一个前驱和多个后继　　　B. 只有一个前驱和一个后继

   C. 可以有多个前驱和多个后继　　D. 可以无直接前驱

2. 单选题 按结点之间的逻辑关系，属于非线性结构的是_____。

   A. 网、链式结构　　　　　　　　B. 树、顺序结构

   C. 网、树　　　　　　　　　　　D. 树、循环链表

3. 单选题 正确描述最小生成树的选项为_____。

   A. 由 n 个顶点和 n-1 条边构成的图

   B. 由 n 个顶点和权值和最小的 n-1 条边构成的图

   C. 由 n 个顶点和 n-1 条边构成的连通图

   D. 由 n 个顶点和权值和最小的 n-1 条边构成的连通图

4. 单选题 对关键路径描述正确的选项为_____。

   A. 关键路径只有一条

   B. 从源点到汇点的最长路径

   C. 从源点到汇点的最短路径

   D. 关键路径上的点的最早和最迟发生时间可以不同

5. 单选题 下面是对深度遍历、广度遍历的描述，正确的选项为_____。

   A. 如果深度遍历算法可以生成一棵生成树，那么这个图应该是个连通图

   B. 广度遍历是按层次遍历

   C. 深度遍历的生成树的高度比广度遍历生成树的高度一定小

   D. 深度遍历是按层次遍历

6. 填空题 列出图的存储结构，分别是_____。

7. 填空题 既可以表示有向图，也可以表示无向图的存储结构有_____。

8. 填空题 已知无向图的邻接矩阵，如何求各个顶点的度_____。

9. 填空题 已知无向图的邻接表，求各个顶点的度的方法为_____。

10. 填空题 无向图 G=(V,E)，其中顶点和边的个数分别为 n，e，如果用邻接表存储，

表示边的链表(包括空链表)的个数为_____。

11. **填空题** 拓扑排序时，第一个输出的结点为_____。

12. **填空题** 如果拓扑排序不能输出图中所有的点，则说明此图为_____。

习 题

1. 对于如图 7.43 所示的有向图，给出：①每个顶点的出度和入度；②图的邻接矩阵；③图的邻接表；④图的十字链表。

2. 对于一个具有 n 个顶点的连通无向图，如果此图中有一个简单回路，那么此图至少有几条边？

3. 如果 G 是一个具有 n 个顶点的连通无向图，那么 G 最多有几条边？最少有几条边？如果 G 是一个具有 n 个顶点的强连通有向图，那么 G 最多有几条边？最少有几条边？

4. 对于如图 7.44 所示的有向图，试给出从顶点 V_0 出发的深度优先遍历序列；从顶点 V_5 出发的广度优先遍历序列。

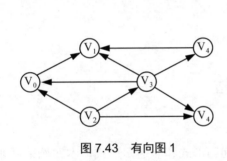

图 7.43 有向图 1　　　　　　　　　图 7.44 有向图 2

5. 若图以邻接矩阵为存储结构，编写判断给定有向图中是否存在简单有向回路的算法。

6. 写出判断无向图 G 中连通分量数的算法。

7. 试证当深度优先遍历算法应用于一个连通图时，所历经的边形成一棵树。

8. 试列出题图 7.45 中全部可能的拓扑排序。

9. 已知 AOE 网中顶点 V_1、V_2、V_3、V_4、V_5、V_6 和 V_7 分别表示 7 个事件，有向线段 a_1、a_2、a_3、a_4、a_5、a_6、a_7、a_8、a_9 和 a_{10} 分别表示 10 个活动，线段旁的数值表示每个活动花费的天数，如图 7.46 所示。请分别计算出各事件的最早发生时间、各事件的最晚发生时间、各活动的最早开始时间、各活动的最晚开始时间、各活动的松弛时间。用顶点序列表示出关键路径，给出关键活动。

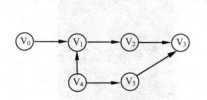

图 7.45 有向图 G

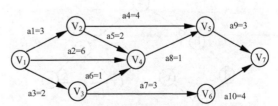

图 7.46 有向网 AOE 网

10. 一个地区的通信网如图 7.47 所示,边表示城市间的通信线路,边上的权表示线路的代价,如何选择能沟通每个城市且总代价最小的线路?

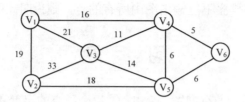

图 7.47 无向网 G

11. 下面是求无向连通图的最小代价生成树的一种算法,将图中所有边按权重从大到小排序为 e1,e2,...,em:

```
i = 1;
while(所剩边数 >= 顶点数)
{
    从图中删去 ei
    若图不再连通,则恢复 ei
    i = i + 1
}
```

试证明这个算法所得的图是原图的最小代价生成树。

实　　验

实验一　连通无向图的非递归遍历。

(1) 问题描述:图的深度优先遍历可以采用递归形式和非递归形式,本案例采用非递归算法实现图的深度优先搜索遍历。

(2) 基本要求:输入无向图连通图的顶点数、顶点信息、边数、顶点对序列及遍历的起始顶点序号,输出深度优先遍历序列。

(3) 测试数据:如图 7.48 所示,顶点数为 8,顶点信息为 abcdefgh,边数为 9,顶点对为(8 5)、(8 4)、(7 6)、(7 3)、(6 3)、(5 2)、(4 2)、(3 1)、(2 1),起始顶点序号为 1。

(4) 程序运行结果如图 7.49 所示。

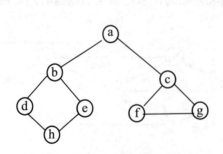

图 7.48　无向图 G

图 7.49　图的深度遍历运行截图

(5) 提示：无向图的非递归深度优先搜索需借用一个堆栈保存被访问过的顶点，以便回溯查找已被访问结点的未被访问过的邻接点。

① 访问起始顶点 v0，visited[v0]标记 1，v0 入栈，指针 p 指向 v0 对应的边表首结点。

② 从左到右扫描 p 所指的边表(邻接表)，查找边表中对应顶点的 visited 标志为 0 的结点。

③ 若找到所求结点，则对应的顶点记为 v，然后访问 v，visited[v]标记 1，v 入栈，p 指向 v 对应的边表首结点。否则，从栈中出栈一个顶点作为 v(即回溯)，p 指向 v 对应的边表首结点。

④ 重复步骤②、③直至所有的顶点都被访问一次。

(6) 程序清单如下：

```c
#include <malloc.h>
#define MAXVEX 16                       /*定义最大顶点数*/
typedef struct node
{
    int adjvex;
    struct node *next;
} edgenode;
typedef struct
{
    char vertex;
    edgenode *link;
} vexnode;
void creat_adjlist(vexnode ga[])        /*建立邻接表算法*/
{
    int i, v1, v2, vexnum, edgenum;
    edgenode *s;
    printf("input vetexnum:\n"); scanf("%d", &vexnum);
    getchar();
    if (vexnum <= 0) { printf("错误!"); exit(0); }
    printf("input vetex information:\n");
    for (i=1; i<=vexnum; i++)
    {
        ga[i].vertex = getchar();
        ga[i].link = NULL;
    }
    printf("input edge number:");scanf("%d", &edgenum);
    printf("input double vetexs:\n");
    for (i=1; i<=edgenum; i++)
    {
        scanf("%d%d", &v1, &v2);                    /*顶点序号从 1 开始*/
        s = (edgenode*)malloc(sizeof(edgenode));  /*生成表结点*/
        s->adjvex = v2; s->next = ga[v1].link;    /*将 s 插入顶点 v1 的边表头部*/
        ga[v1].link = s;
        s = (edgenode*)malloc(sizeof(edgenode));  /*生成表结点*/
        s->adjvex=v1; s->next=ga[v2].link;        /*将 s 插入顶点 v2 的边表头部*/
        ga[v2].link = s;
```

```
    }
}
void dfs(vexnode g[], int v0)              /*深度优先遍历的非递归算法*/
{
    int v, visited[MAXVEX]={0}, i;          /*定义标志数组并初始化*/
    int stack[MAXVEX], top=-1;              /*定义堆栈并初始化*/
    edgenode *p;
    printf("%c", g[v0].vertex);
    visited[v0]=1; top++; stack[top]=v0; p=g[v0].link;
    while (1)
    {
        while (p && visited[p->adjvex]==1) p = p->next;
        if (p)
        {
            v = p->adjvex; printf("%c", g[v].vertex);
            visited[v] = 1; top++; stack[top]=v; /*访问过的顶点入栈*/
            p = g[v].link;
        }
        else
            if (top > 0)
            {
                top--; v=stack[top]; /*回溯查找已被访问结点的未被访问过的邻接点*/
                p = g[v].link;
            }
            else break;
    }
}
void main()                    /*主程序*/
{
    vexnode ga[MAXVEX]; int v0;
    creat_adjlist(ga);
    printf("input start vetex:"); scanf("%d", &v0);
    printf("traverse orders:"); dfs(ga, v0);
}
```

实验二　求无向图中通过给定顶点的简单回路。

(1) 问题描述：利用深度优先搜索遍历图的方法输出一个无向图 G 中通过顶点 v 的简单回路。

(2) 基本要求：输入无向图的顶点数、边数、顶点对序列及遍历的起始顶点序号，输出找到的回路或未找到回路的提示。

(3) 测试数据：顶点数为 5，边数为 5，边的顶点对为(5 4)、(4 3)、(4 1)、(3 2)、(2 1)，起始顶点序号为 1，无向连通图如图 7.50 所示。

(4) 程序运行结果：简单回路为 1->2->3->4->1，如图 7.51 所示。

若测试数据中的起始顶点序号输入为 5，则输出"无此回路！"。

(5) 提示：算法思想是从给定顶点 v0 出发进行深度优先搜索，在搜索过程中判别当前访问的顶点是否为 v0，若是，则找到一条回路；否则继续搜索。算法中附设了一个顺序队列 cycle 记录构成回路的顶点序列，另设一个栈 stack 存放访问的顶点。

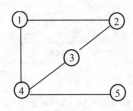

图 7.50　无向图 G

图 7.51　无向图简单回路运行截图

(6) 程序清单如下：

```c
#include <stdio.h>
#define MAXVEX 16                    /*最大顶点数*/
typedef struct node                  /*数据类型定义*/
{
    int adjvex;
    struct node *next;
} edgenode;
typedef struct
{
    int vertex;
    edgenode *link;
} vexnode;
void creat_adjlist(vexnode ga[])     /*建立无向图的邻接表*/
{
    int i, v1, v2, vexnum, edgenum; edgenode *s;
    printf("input vetex numbers:\n"); scanf("%d", &vexnum);
    if (vexnum <= 0){ printf("错误!"); exit(0); }
    for (i=1; i<=vexnum; i++)
    {
        ga[i].vertex=i; ga[i].link=NULL;
    }
    printf("input edge numbers:\n"); scanf("%d", &edgenum);
    printf("input double vetexs:\n");
    for (i=1; i<=edgenum; i++)
    {
        scanf("%d%d",&v1,&v2);
        s = (edgenode*)malloc(sizeof(edgenode));
        s->adjvex=v2; s->next=ga[v1].link; ga[v1].link=s;
        s = (edgenode*)malloc(sizeof(edgenode));
        s->adjvex=v1; s->next=ga[v2].link; ga[v2].link=s;
    }
}
void cycle(vexnode ga[], int v0)             /*求简单回路*/
{
    int v, i, found=0, cycle[MAXVEX], k=1, top=0, visited[MAXVEX]={0};
    edgenode *p, *stack[MAXVEX];
```

```
        visited[v0]=1; cycle[k]=v0; p=ga[v0].link;
        while ((p!=NULL || top>0) && !found)
        {
            while (p!=NULL && !found)
                if (p->adjvex==v0 && k>2) found = 1;
                else if(visited[p->adjvex] == 1) p = p->next;
                else
                {
                    v=p->adjvex; visited[v]=1; k++; cycle[k]=v;
                    top++; stack[top]=p; p=ga[v].link;
                }
            if (top>0 && !found)
            {
                p=stack[top--]; p=p->next; k--;
            }
        }
        if (found)
        {
            printf("simple circle:\n");
            for (i=1; i<=k; i++) printf("%d->", cycle[i]);
            printf("%d\n", v0);
        }
        else printf("no circle!\n");
}
void main()                              /*主程序*/
{
    vexnode ga[MAXVEX]; int v0, i;
    clrscr();
    creat_adjlist(ga);
    printf("input start vetex:\n"); scanf("%d", &v0);
    cycle(ga, v0);
}
```

第8章 查 找

本章要点：

- 静态查找表及其查找。
- 动态查找表及其查找。
- 查找效率及其分析。
- 哈希表。

在前几章介绍了基本的数据结构，包括线性表、树、图结构，并讨论了这些结构的存储映像，以及定义在其上的相应运算。从本章开始，将介绍数据结构中的重要技术——查找和排序。在我们遇到的数据操作中，查找和排序的数据处理量几乎占到总数据处理量的 80%以上，因此探讨学习查找和排序的性能，将直接影响到基本算法的有效性。

8.1 查找的基本概念

在正式介绍查找算法之前，首先说明几个与查找有关的基本概念。

查找表(列表)：由同一类型的数据元素(或记录)构成的集合。由于"集合"中的数据元素之间存在着完全松散的关系，因此查找表是一种非常灵便的数据结构。

关键字：数据元素的某个数据项，用它可以标识列表中的一个或一组数据元素。如果一个关键字可以唯一标识列表中的一个数据元素，则称其为主关键字，否则为次关键字。当数据元素仅有一个数据项时，数据元素就是关键字。

查找：根据给定的关键字值，在特定的列表中确定一个其关键字与给定值相同的数据元素，并返回该数据元素在列表中的位置。若找到相应的数据元素，则称查找是成功的，否则称查找是失败的，此时应返回空地址及失败信息。查找完成后可根据要求插入这个不存在的数据元素。

对查找表经常进行的操作有：①查询某个"特定的"数据元素是否在查找表中；②检索某个"特定的"数据元素的各种属性；③在查找表中插入一个数据元素；④从查找表中删去某个数据元素。若对查找表只做前两种统称为"查找"的操作，则称此类查找表为静态查找表。若在查找过程中同时插入查找表中不存在的数据元素，或者从查找表中删除已存在的某个数据元素，即允许表中元素有变化，则称此类表为动态查找表。

在日常生活中，人们几乎每天都要进行"查找"工作。例如，在电话号码簿中查阅"某单位"或"某人"的电话号码；在字典中查阅"某个词"的读音和含义等。其中，"电话号码簿"和"字典"都可视作一张查找表。

在各种系统软件或应用软件中，查找表也是一种最常见的结构。如编译程序中的符号表、信息处理系统中的信息表等。

查找算法中会涉及三类参数：①查找对象 K(找什么)；②查找范围 L(在哪找)；③K 在 L

中的位置(查找结果)。其中，第①、②类为输入参数，第③类为输出参数。

平均查找长度：为确定数据元素在列表中的位置，需与给定值进行比较的关键字个数的期望值，称为查找算法在查找成功时的平均查找长度。对于长度为 n 的查找表，查找成功时的平均查找长度为

$$ASL=p_1c_1+p_2c_2+...+p_nc_n=\sum_{i=1}^{n}p_ic_i$$

其中，p_i 为查找列表中第 i 个数据元素的概率，c_i 为找到列表中第 i 个数据元素时已经进行过的关键字比较次数。由于查找算法的基本运算是关键字之间的比较操作，所以可用平均查找长度来衡量查找算法的性能。

查找的基本方法可以分为两大类，即比较式查找法和计算式查找法。其中，比较式查找法又可以分为基于线性表的查找法和基于树的查找法；而计算式查找法也称为 Hash(哈希)查找法。下面分别介绍这两类查找法。

8.2　基于线性表查找

基于线性表的查找具体可分为顺序查找、折半查找和分块查找。

顺序查找的特点是：用所给的关键字与线性表中各个元素的关键字逐个比较，直到成功或失败。存储结构既可以是顺序存储结构，也可以是链式存储结构，通常采用顺序存储结构。

顺序存储结构有关数据类型的定义如下：

```
#define MAXSIZE 100
typedef struct
{
    keytype key;                 /*关键字项*/
    Elemtype otheritem;          /*另外的数据项*/
} rcdtype;
typedef struct
{
    rcdtype r[MAXSIZE + 1];      /* r[0]可用作哨兵单元或空闲 */
    int length;                  /*顺序表长度*/
} Seqlist;
```

8.2.1　顺序查找

线性表上最简单的查找方法是顺序查找。它虽然简单，却是最常用的。这种方法既适用于顺序存储的线性表，又适用于链式存储的线性表。

顺序查找的方法是：对于给定的关键字 k，从线性表的第一个元素(或最后一个元素)开始，依次向后(前)与记录的关键字相比较，如果某个记录的关键字等于 k。则查找成功，否则查找失败。

顺序查找算法如下。

(1) 算法一：采用监视哨的方法，将给定的关键字 k 放到数组中下标为 0 的位置，查找从线性表的最后一个位置开始：

```
int Search_seq(Seqlist L, keytype key)
{   /*在 L 中顺序查找关键字等于 key 的元素，查找成功返回元素在表中的位置，否则返回 0*/
    L.r[0].key = key;           /*将待查的关键字放在表的下标为 0 的位置上，设个监视哨*/
    for (i=l.length; L.r[i].key!=key; --i);/*从表的尾部开始向头部方向逐个比较*/
    return i;                   /*当 i 为 0 时，说明没有与给定 k 值相同的元素*/
}
```

(2) 算法二：查找从线性表的第一个位置开始，如果查找成功，返回数据元素的位置；否则，如果查找超出数据元素的位置界限，则返回 0：

```
int Search_seq1(Seqlist L, keytype key)
{ /*在 L 中查找关键字 key 的元素，查找成功，函数值返回该元素在表中的位置，否则返回 0*/
    i = 1;                              /*从表的头部开始向尾部方向逐个比较*/
    while (i<=L.length && L.r[i].key!=key) ++i;
    if (i > L.length) return 0;                    /*查找失败*/
    return i;
}
```

算法二每次循环时要进行两次判断，算法一增加哨兵单元，使算法更简洁明了。

查找操作的性能分析如下。

衡量一个算法好坏的量度有三个：时间复杂度、空间复杂度和算法的其他性能。对于查找算法来说，通常只需要一个或几个辅助空间。查找算法中的基本运算是"将记录的关键字和给定值进行比较"，因此，通常以"其关键字和给定值进行过比较的记录个数的平均值"作为衡量查找算法好坏的依据。

设 n=L.length，则顺序查找的平均查找长度为：

$$ASL=np_1+(n-1)p_2+...+2p_{n-1}+p_n$$

假设每个记录的查找概率相等，即 $p_i=\dfrac{1}{n}$，查找第 i 个数据元素时需进行 n−i+1 次比较，即 $c_i= n-i+1$。

则在等概率情况下顺序查找的平均查找长度为

$$ASL=\sum_{i=1}^{n} p_i c_i=\frac{1}{n}\sum_{i=1}^{n}(n-i+1)=\frac{n+1}{2}$$

有时，表中各个记录的查找概率并不相等。例如，将全校学生的病历档案建立一张表存放在计算机中，则体弱多病同学的病历记录的查找概率必定高于健康同学的病历记录。由于上式中的 ASL 在 $P_n\geqslant P_{n-1}\geqslant...\geqslant P_2\geqslant P_1$ 时达到极小值，因此，对记录的查找概率不等的查找表若能预先得知每个记录的查找概率，则应先对记录的查找概率进行排序，使表中的记录按查找概率由小至大重新排列，以便提高查找效率。

然而，在一般情况下，记录的查找概率预先无法测定。为了提高查找效率，可以在每个记录中附设一个访问频度域，并使顺序表中的记录始终保持按访问频度非递减有序的次序排列，使得查找概率大的记录在查找过程中不断往后移，以便在以后的逐次查找中减少比较次数。或者在每次查找之后都将刚查找到的记录移至表尾。

顺序查找与我们后面将要讨论的其他查找算法相比，其缺点是平均查找长度较大，特别是当 n 很大时，查找效率较低；然而，它很大的优点是算法简单且适应面广；它对表的结构无任何要求，无论记录是否按关键字有序均可应用，而且，上述所有讨论对线性链表也同样适用。

容易看出，上述对平均查找长度的讨论是在 $\sum_{i=1}^{n} p_i = 1$ 的前提下进行的，然而查找可能产生"成功"与"不成功"两种结果，但在实际应用的大多数情况下，查找成功的可能性比不成功的可能性大得多，特别是在表中记录数 n 很大时，查找不成功的概率可以忽略不计。当查找不成功的情形不能忽视时，查找算法的平均查找长度应是查找成功时的平均查找长度与查找不成功时的平均查找长度之和。

不论给定值 key 为何值，查找不成功时与给定值进行比较的关键字个数均为 n+1。假设查找成功与不成功的可能性相同，对每个记录的查找概率也相等，则

$$p_i = \frac{1}{2n}$$

此时顺序查找的平均查找长度为：

$$ASL = \frac{1}{2n} \sum_{i=1}^{n} (n-i+1) + \frac{1}{2}(n+1) = 3/4(n+1)$$

8.2.2　折半查找

折半查找又称二分查找(binary search)，折半查找对查找表有两个要求：①必须采取顺序存储结构；②必须是按关键字大小排序的有序表。

折半查找的基本思想是：先取表的中间位置的记录关键字与所给关键字 key 进行比较，若相等，则查找成功；否则，如果给定关键字比该记录的关键字大，则说明所要查找的记录只可能在表中数值较大的部分；如果给定关键字比该记录的关键字小，则说明所要查找的记录只可能在表中数值较小的部分。这样，每经过一次比较就可将查找范围缩小一半。如此反复进行，逐步缩小查找范围，直到找到给定关键字 key 的记录，查找成功；或者直至当前查找范围为空(即找不到给定关键字 key 的记录)为止。此时，查找不成功。

折半查找的过程可描述如下。

(1)　low=1；high=n。

(2)　若 low>high，则查找失败。

(3)　$mid = \left\lfloor \frac{low + high}{2} \right\rfloor$

若 key=L.r[mid].key，则查找成功，返回 mid。

若 key<L.r[mid].key，则 high=mid-1，转(2)。

若 key>L.r[mid].key，则 low=mid+1，转(2)。

其中 low 和 high 分别指示查找区间的起始位置和终止位置，mid 指示中间元素的位置。下面举例说明折半查找的过程。若在顺序存储的有序表中各记录的关键字为：

{14, 25, 35, 40, 45, 55, 62, 72, 77, 92}

(1)　要求查找关键字 key=55 的记录，查找过程如下。

low=1　　　high=10　　　mid=5

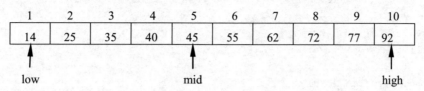

由于 L.r[5].key=45<55，在高半区找，取 low=mid+1=6　high=10　mid=8

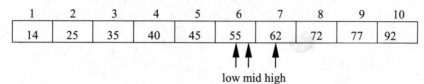

由于 L.r[8].key=72>55，在低半区找，取 low=6　high=mid-1=7　mid=6

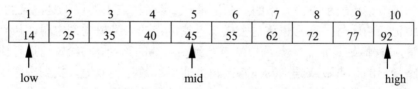

由于 L.r[6].key=55=55，所以查找成功。

(2)　若要求查找关键字 key=50 的记录，查找过程如下。

low=1　　　high=10　　　mid=5

由于 L.r[5].key=45<50，所以在高半区找：low=6　high=10　mid=8

由于 L.r[8].key=72>50，所以在低半区找：low=6　high=7　mid=6

由于 L.r[6].key=55>50，所以 low=6　high=5

由于 low>high，查找范围不存在，所以查找不成功。

折半查找算法如下：

```
int Search_bin(Seqlist L, keytype key)
/*在顺序表 L 中折半查找关键字为 key 的元素,若找到,函数返回 key 在表中的位置,否则为 0*/
{
    low=1; high=L.length;
    while (low <= high)
    {
        mid = (low + high) / 2;
        if (L.r[mid].key == key) return mid;  /*若找到元素,返回该元素的位置*/
        if (L.r[mid].key) > key) high = mid - 1; /*改在前半部分查找*/
        if (L.r[mid].key < key) low = mid + 1;  /*改在后半部分查找*/
    }
    return 0;
}
```

这个查找过程可用如图 8.1 所示的二叉树来描述。

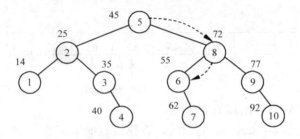

图 8.1 折半查找判定树

二叉树的每个结点表示查找表中的一个记录,二叉树结点中的值不是记录的关键字值,而是有序表中记录的序号,通常也称这个描述查找过程的二叉树为判定树,从判定树上可见,查找 55 的过程恰好是走了一条从根结点⑤到结点⑥的路径,与给定值进行比较的关键字个数为该路径上的结点数或结点⑥在判定树上的层次数。类似地,找到有序表中任一记录的过程就是走了一条从根结点到与该记录相应的结点的路径,与给定值进行比较的关键字个数恰为该结点在判定树上的层次数。因此,折半查找算法在查找成功时进行比较的关键字个数最多不超过这棵二叉树的深度。具有 n 个结点的判定树的深度为 $\lfloor \log_2 n \rfloor +1$,所以,折半查找法在查找成功时与给定值进行比较的关键字个数至多为 $\lfloor \log_2 n \rfloor +1$。

相应地,折半查找失败时的过程对应判定树中从根结点到某个含空指针的结点的路径,因此,折半查找不成功时,关键字比较次数最多也不超过判定树的深度 $\lfloor \log_2 n \rfloor +1$。为便于讨论,假定表的长度 $n=2^h-1$,则相应判定树必为深度是 h 的满二叉树,$h=\log_2(n+1)$。又假设每个记录的查找概率相等,则折半查找成功时的平均查找长度为

$$ASL=\sum_{i=1}^{n} p_i c_i = \frac{1}{n}\sum_{j=1}^{h} j \cdot 2^{j-1} = \frac{n+1}{n}\log_2(n+1)-1$$

折半查找法的优点是比较次数少,查找速度快,平均性能好;其缺点是要求待查表为有序表,且插入删除困难。因此,折半查找法适用于不经常变动而查找频繁的有序列表。

在如图 8.1 所示的查找判定树中,记录所在的层次即为找到此记录时所进行比较的次数。查找到第 5 个记录比较的次数为 1 次;而查找到第 2 个和第 8 个记录比较的次数是 2 次;查找到第 1 个、第 3 个、第 6 个、第 9 个记录比较的次数是 3 次;查找到第 4 个、第

7 个、第 10 个记录比较的次数是 4 次；假设每个记录的查找概率相同，对上述有 10 个记录的顺序存储的有序表进行折半查找时的平均查找长度为

$$ASL = (1+2+2+3+3+3+3+4+4+4)/10= 2.7(次)$$

8.2.3 分块查找

分块查找(Blocking Search)也称索引查找，其特点是按照表内记录的某种属性把表分成 n(n>1)个相等的块(子表)，并建立一个相应的"索引表"，对每个块建立一个索引项，其中包括两项内容：关键字项(其值为该子表内的最大关键字)和项指针(指示该子表的第一个记录在表中的位置)。索引表中的结点指向一个块，并且按其关键字有序。整个表或者有序或者按块有序，所谓"按块有序"，就是指第 j 块中所有记录的关键字均大于第 j-1 块中的所有关键字(j=2, 3, ..., n)，而每块内部所有记录不一定有序。即块内无序，但块与块之间有序。整个查找过程分成两步进行，第一步确定待查记录所在的块，第二步则在相应的块内进行查找。表及索引表的组织如图 8.2 所示。应该注意的是，每一块中的记录并不一定是有序的。如果块中的记录是有序的，就按折半查找方式查找；如果块中的记录是无序的，就用顺序表的查找方法。

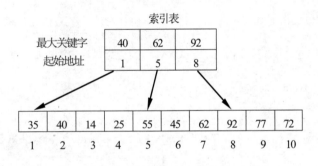

图 8.2 表及索引表的组织

如图 8.2 所示的索引顺序表包括 3 个块。第 1 块的起始地址为 1，块内最大关键字为 40；第 2 块的起始地址为 5，块内最大关键字为 62；第 3 块的起始地址为 8，块内最大关键字为 92。

索引表的结构可描述如下：

```
#define MAX_INDEX 10
typedef struct
{
    keytype maxkey;
    int first;
} indextype;
typedef struct
{
    indextype index[MAX_INDEX+1];    /* index[0]作为哨兵或空闲 */
    int length;                      /* 索引表长度 */
} Indexlist;
```

由于索引表是有序的，所以确定关键字所在的块时，既可用顺序查找，也可用折半查找。确定块的过程是用给定的关键字 key 与索引项的最大关键字 maxkey 相比较，找出第一个 maxkey 大于等于 key 的索引项。若线性表中存在关键字为 key 的记录，则它一定位于该索引项所指的块内。在图 8.2 中，若 key=55，由于 40<key<62，故应在第 2 块内查找 55。若找不出这样的索引项，则线性表中一定不存在关键字为 key 的记录。如当 k=96 时，不存在 maxkey 域大于 key 的索引项，所以线性表中一定没有关键字为 96 的记录，查找失败。查出索引项之后，根据该索引项可以得到块的起始地址。那么块的结束地址应如何确定呢？若查出的索引项不是索引表中的最后一项，则该块的结束地址为下一块的起始地址减 1，否则块的结束地址为线性表的记录数，即整个线性表的结束地址。块起始地址和结束地址确定好之后，即可在块内进行查找，若找到相应的记录，则查找成功，否则，查找失败。在块内查找时，可根据块中记录是否有序来决定采用顺序查找还是折半查找。

分块顺序查找算法如下：

```
int Search_blk(Seqlist L, Indexlist id, keytype key)
/*在 L 中分块顺序查找关键字等于 key 的元素，查找成功函数值返回元素在表中的位置，否则返回 0*/
{
    for (i=1; i<=id.length&&id.index[i].maxkey<key; ++i);
                                      /*顺序查找索引表 id*/
    if (i > id.length) return 0;      /*所有表元素查找完，没找到匹配的元素*/
    low = id.index[i].first;          /*确定查找块的首地址*/
    if (i==id.length) high=L.length;/*待查记录在表的最后一块，确定块的尾地址*/
    else
        high = id.index[i+1].first-1;/*确定块的尾地址为后一块首地址减 1 的位置*/
    for (j=low; j<=high; ++j)
        if (id.index[j].keymax == key)
            return j;                 /*在第 i 块中从 low 到 high 查找关键字等于 key 的记录*/
    return 0;
}
```

可以看出，在关键字无序时，可利用分块查找来缩小比较范围，而不必在整个表上进行比较。一般情况下，为了进行分块查找，可将长为 m 的线性表均匀地分成 n 块，每块含有 s 个记录，即 n=m/s。假设每个记录的查找概率相等，则每块的查找概率为 1/n，块内记录的查找概率为 1/s，所以有：

$$ASL=\frac{1}{n}\sum_{i=1}^{n}i+\frac{1}{s}\sum_{i=1}^{s}i$$
$$=\frac{n+1}{2}+\frac{s+1}{2}$$
$$=\frac{1}{2}\left(\frac{m}{s}+s\right)+1$$

一般来说，分块查找的性能优于顺序查找，但不如折半查找。

若分块后，块内记录也是有序的，则在块内也可用折半查找。但是若块内记录有序时，则整个表就是有序表，这时最好直接用折半查找。

当索引表中的索引项太多时，对索引表也可以分块。结果就形成了二级索引。若二级索引项仍比较多，则可构造三级索引以至多级索引。若索引表和块内记录都用顺序查找，则线性表和索引表也可以用链表来存储。

上述三种查找方法中，折半查找的效率最高。但折半查找要求线性表中的记录按关键字有序，且必须顺序存储，这就要求线性表的元素基本不变，否则当在线性表上进行插入、删除操作时，为保持表的有序性，必须移动元素。

顺序查找适用于链表，插入、删除时不必移动元素。但顺序查找的效率较低。分块查找在插入、删除时，也需要移动元素，且需要维护索引表。至于分块查找是否适用于链表，要视索引表上及块内的查找方法而定。

【例 8.1】将计算机班学生的考试成绩升序排列，查找某个分数在排序序列中的排序序号，并输出该成绩在班级中的序号。

解题分析：可以将学生的考试成绩存放在一个线性表中，线性表的长度为学生人数。查找关键字的数据类型是：

```
typedef int KeyType;                          /*查找关键字*/
```

选择顺序存储结构，在顺序存储结构上创建一个线性表，然后将数据插入线性表中。线性表数据元素及线性表类型如下：

```
typedef struct                                /*查找表元素的类型*/
{
   KeyType key;
   char  name[20];
} Elemtype;
typedef struct                                /*查找表的类型*/
{
   Elemtype data[MaxSize];
   int len;
} SeqList;
```

算法设计如下。

(1) InitList (L)：初始化查找。

(2) OutputList(L)：输出表 L 中的所有数据元素。

(3) InsertList(L, x)：在有序表 L 中插入数据元素值 x。

(4) BinarySearch(L, x)：在有序表 L 中折半查找关键字为 x 的记录。

用 C 语言设计并实现本题目的代码如下：

```
#define MaxSize 100
typedef int KeyType;                  /*查找关键字*/
typedef struct                        /*查找表元素的类型*/
{
   KeyType key;
   char  name[20];
} Elemtype;
typedef struct                        /*查找表的类型*/
{
   Elemtype data[MaxSize];
```

```
    int len;
} SeqList;
void InitList(SeqList *L)                    /*初始化查找表 L*/
{
    L->len = 0;                              /*定义初始数据元素个数*/
}
int InsertList(SeqList *L, int x)
/*在有序表 L 中插入数据元素值 x，插入成功返回 1，插入失败返回 0*/
{
    int i;
    if(L->len >= MaxSize)
    {
        printf("顺序表已满，无法插入！\n");
        return 0;
    }
    else
    {
        for(i=L->len; L->data[i].key>x&&i>0; i--)
            L->data[i+1].key = L->data[i].key;      /*移动元素*/
        L->data[i+1].key = x;                       /*插入元素*/
        L->len++;                                   /*元素个数加 1*/
        return 1;
    }
}
int BinarySearch(SeqList L, KeyType x)  /*在有序表 L 中查找关键字为 x 的记录*/
{
    int low=0, high=L.len-1, mid;        /*确定初始查找区间的上下界*/
    while(low <= high)
    {
        mid = (low + high) / 2;          /*确定初始查找区间的中心位置*/
        if(L.data[mid].key == x)
            return mid;                              /*查找成功*/
        else if(L.data[mid].key < x)
            low = mid + 1;
        else if(L.data[mid].key > x)
            high = mid - 1;
    }
    return -1;                                       /*查找失败*/
}
main()
{
    SeqList L; KeyType x; int i, a[]={2,4,5,6,7,8,9,11,23,45};
    InitList (&L);                                   /* 初始化 L */
    for(i=1; i<=10; i++)                 /*插入 10 个数据元素建立 L 表*/
    {
        if(InsertList(&L,a[i-1]) == 0)
        {
```

```
        printf("插入元素失败! \n"); return;
    }
}
printf("\n输入查找元素: \n"); scanf("%d", &x);
if((i=BinarySearch(L, x)) != -1)
    printf("查找成功：该数据元素位置为 %d ", i);
else printf("查找失败：元素不存在! ");
}
```

8.3 基于树的查找

基于树的查找法又称为树表查找法，是将待查表组织成特定树的形式并在树结构上实现查找的方法，主要包括二叉排序树、平衡二叉排序树、B 树等。

8.3.1 二叉排序树

二叉排序树又称为二叉查找树，它是一种特殊结构的二叉树。其定义为：二叉排序树或者是一棵空树，或者是具有如下性质的二叉树：

● 若它的左子树非空，则左子树上所有结点的值均小于根结点的值。
● 若它的右子树非空，则右子树上所有结点的值均大于根结点的值。
● 它的左右子树也分别为二叉排序树。

这是一个递归定义。由定义可以得出二叉排序树的一个重要性质：中序遍历一个二叉排序树时可以得到一个非递减有序序列。如图 8.3 所示的二叉树就是一棵二叉排序树，在这棵二叉排序树中，根结点比左子树上的值都小，比右子树上的值都大，且左右子树都是一棵二叉排序树。

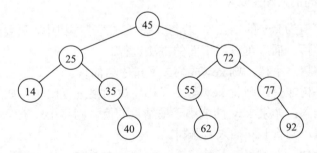

图 8.3 二叉排序树示例

若中序遍历该二叉排序树，则可得到一个递增有序序列：

{14 25 35 40 45 55 62 72 77 92}

1．二叉排序树的查找

因为中序遍历二叉排序树可得到一个有序表，所以在二叉排序树上进行查找的过程与折半查找类似，也是一个逐步缩小查找范围的过程。根据二叉排序树的特点，首先将待查关键字 key 与根结点关键字 t 进行比较，如果：

(1) 相等 k==t，则返回根结点指针。

(2) 小于 k<t，则进一步查左子树。

(3) 大于 k>t，则进一步查右子树。

显然，这是一个递归过程。可用如下递归算法来实现：

```
BiTree Search_BST(BiTree T, keytype key)
/*在根为 T 的二叉排序树中查找关键字等于 key 的元素，查找成功返回结点指针，否则返回 Null 空*/
{
    if ((!T) || key==T->data.key)
        return T;                          /*查找结束，否则在左子树中继续查找*/
    else if (key<T->data.key)
        return(Search_BST(T->lchild, key));
    else return(Search_BST(T->rchild, key));     /*在右子树中继续查找*/
}
```

根据二叉排序树的定义，二叉排序树查找的非递归算法如下：

```
BiTree Search_BST(BiTree T, keytype key)
{/*在根为 T 的二叉排序树中查找关键字为 key 的元素，成功则返回指向结点的指针，否则返回 Null*/
    T1 = T;
    while(T1)
    {
        if (T1->data.key == key) return T1; /*查找成功*/
        if (key < T1->data.key) T1 = T1->lchild; /*在左子树中查找*/
        else T1 = T1->rchild;                 /*在右子树中查找*/
    }
    return NULL;                              /*查找失败*/
}
```

2. 二叉排序树的插入和生成

已知一个关键字值为 key 的结点 s，若将其插入二叉排序树中，只要保证插入后仍符合二叉排序树的定义即可。插入可以用下面的方法进行。

(1) 若二叉排序树是空树，则 key 成为二叉排序树的根。

(2) 若二叉排序树非空，则将 key 与二叉排序树的根进行比较，如果 key 的值等于根结点的值，则停止插入；如果 key 的值小于根结点的值，则将 key 插入左子树；如果 key 的值大于根结点的值，则将 key 插入右子树。

二叉排序树是一种动态树表。其特点是，树的结构通常不是一次生成的，而是在查找过程中，当树中不存在关键字等于给定值的结点时再进行插入。新插入的结点一定是一个新添加的叶子结点，并且是查找不成功时查找路径上访问的最后一个结点的左孩子或右孩子结点。为此，需改写前面的二叉排序树的查找算法，以便能在查找不成功时返回插入位置。改写后的二叉排序树的查找算法如下：

```
int Search_BST(BiTree T, keytype key, BiTree f, BiTree *p)
{/*在根为 T 的二叉排序树中查找关键字为 key 的元素,查找成功,则 p 指向该数据结点,返回 TRUE;
否则 p 指向查找路径上访问的最后一个结点并返回 FALSE。f 存储 T 的双亲,初值为 NULL*/
```

```
    if (!T) { p = f; return FALSE; }                        /*查找不成功*/
    else
        if (key == T->data.key) { p = T; return TRUE; }       /*查找成功*/
        else if (key < T->data.key)
            return Search_BST(T->lchild, key, T, p);   /*在右子树中继续查找*/
        else return Search_BST(T->rchild, key, T, p);
}
```

二叉排序树的插入算法如下：

```
int Insert_BST(BiTree *T, Elemtype e) /*在二叉排序树 T 中查找 e.key 的数据元素*/
{
    if (!Search_BST(T, e.key, NULL, p))                    /*查找成功*/
    {
        s = (BiTree)malloc(sizeof(BiTNode));
        s->data=e; s->lchild=NULL; s->rchild=NULL;
        if (!P) T = s;                               /*被插结点*s 为新的根结点*/
        else if (e.key < p->data.key) p->lchild = s; /*被插结点*s 为左孩子*/
        else p->rchild = s;                           /*被插结点*s 为右孩子*/
        return TRUE;
    }
    else return FALSE;                                    /*查找不成功*/
}
```

可以看出，二叉排序树的插入，即是构造一个叶子结点，将其插入二叉排序树的合适位置，以保证二叉排序树的性质不变。插入时不需要移动元素。

假若给定一个元素序列，可以利用上述算法创建一棵二叉排序树。首先，将二叉排序树初始化为一棵空树，然后逐个读入元素，每读入一个元素，就建立一个新的结点并插入到当前已生成的二叉排序树中，即调用上述二叉排序树的插入算法将新结点插入。

例如，设关键字的输入顺序为{45 72 25 55 14 62 35 77}，按上述算法生成的二叉排序树的生成过程如图 8.4 所示。

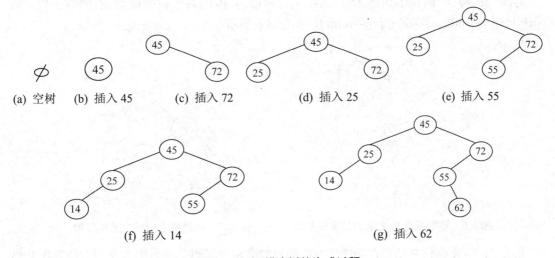

图 8.4 二叉排序树的生成过程

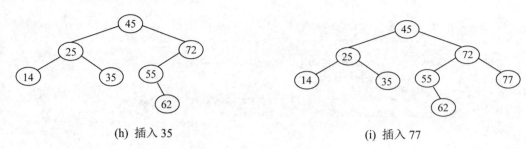

(h) 插入 35   (i) 插入 77

图 8.4   二叉排序树的生成过程(续)

3. 二叉排序树的删除

在二叉排序树中删除结点时,被删除结点有几种不同的形态,或者是一个叶子结点、或只有左子树、或只有右子树、或左右子树都有。不管是哪一种形态,在删掉该结点后,必须保证删除后所得的二叉树仍然是一棵二叉排序树。从另一个角度看,在二叉排序树中删去一个结点,相当于删除对该树进行中序遍历得到的有序序列中的一个结点。

实现二叉排序树中的删除操作,首先要查找要删除的结点。若找到删除结点指针为 p,删除结点的双亲结点为 f,假设结点 p 是结点 f 的左孩子(右孩子的情况类似),有以下三种情况:

- 若 p 为叶子结点,则可直接将其删除,f->lchild=NULL; free(p)。
- 若 p 结点只有左子树,或只有右子树,则可将 p 的左子树或右子树直接改为其双亲结点 f 的左子树,即 f->lchild=p->lchild(或 f->lchild=p->rchild); free(p)。
- 若 p 既有左子树,又有右子树,首先找到 p 结点在中序序列中的直接前驱 s 结点,如图 8.5 所示,删除值为 P 指针为 p 的结点,S 为 P 中序遍历序列中的前驱,其指针为 S,F 为 P 的双亲,其指针为 f。中序遍历该二叉树得到的序列为 $\{...C_LC...Q_LQS_LSPP_RFF_R\}$,在删去 p 结点之后,应保持其他元素之间的相对位置不变。

此时有两种处理方法。

方法一:将 P 的左子树改为 f 的左子树,而将 P 的右子树赋值给 S 的右子树。即 f->lchild=p-> lchild,s->rchild=p->rchild,如图 8.6 所示。

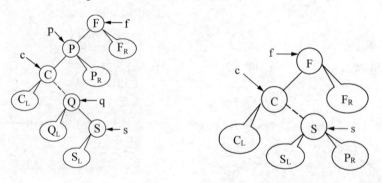

图 8.5   删除结点 P 之前的二叉排序树   图 8.6   删除 P 之后的二叉排序树

方法二:首先找到 P 结点在中序序列中的直接前驱 S 结点,然后用 S 结点的值替代 P 结点的值,再将 S 结点删除,原 S 结点的左子树改为 S 的双亲结点 Q 的右子树。p->data=s->data;

q->rchild=s->lchild; free(s)，结果如图 8.7 所示。

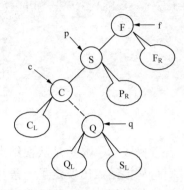

图 8.7 删除结点 P 之后的二叉排序树

二叉排序树的删除算法如下：

```
int Delete_BST(BiTree *T, keytype key)
{   /* 删除二叉排序树 T 中关键字等于 key 的结点，若成功返回 TRUE，否则返回 FALSE */
    if (!T) return FALSE;      /*二叉树为空，不存在关键字等于 key 的数据元素*/
    else
    {
        if (key == T->data.key)
            return Delete(T);           /* 找到 key 元素，调用 Delete(T) */
        else if (key < T->data.key)
            return Delete_BST(T->lchild, key);   /*在左子树中删除 key 结点*/
        else return Delete_BST(T->rchild, key); /*在右子树中删除 key 结点*/
    }
}
```

其中 Delete()删除操作过程的算法如下：

```
int Delete(BiTree *p)                    /* 采用方法二从二叉排序树中删除结点 p */
{
    if (!p->rchild)                      /* 右子树空则直接赋值左子树 */
    {
        q=p; p=p->lchild; free(q);
    }
    else
        if (!p->lchild)                  /* 左子树空只需重接它的右子树 */
        {
            q=p; p=p->rchild; free(q);  /* q 是 s 的双亲 */
        }
        else                            /* 左右子树均不空 */
        {
            q=p; s=p->lchild;
            while (s->rchild)
            {
                q=s; s=s->rchild
            }                            /* 转左，然后向右到尽头 */
            p->data = s->data;           /* s 指向被删结点的"前驱" */
```

```
            if (q != p) q->rchild = s->lchild;   /* 重接*q的右子树 */
            else q->lchild = s->lchild;   /* 如果p的左子树没有右子树，重接*q的左
子树*/
            delete s;
        }
    return TRUE;
}
```

4．二叉排序树的查找性能

在二叉排序树上进行查找，若查找成功，显然是从根结点出发走了一条从根结点到待查结点的路径。若查找不成功，则是从根结点出发走了一条从根到某个叶子结点的路径。因此二叉排序树的查找与折半查找过程类似，在二叉排序树中查找一个记录时，其比较次数不超过树的深度。但是，对长度为 n 的表而言，无论其排列顺序如何，折半查找对应的判定树是唯一的，而含有 n 个结点的二叉排序树却是不唯一的，所以对于含有同样关键字序列的一组结点，结点插入的先后次序不同，所构成的二叉排序树的形态和深度不同。而二叉排序树的平均查找长度 ASL 与二叉排序树的形态有关，二叉排序树的各分支越均衡，树的深度越浅，其平均查找长度 ASL 越小。

例如，图 8.8 为两棵二叉排序树，它们对应同一元素集合，但排列顺序不同，分别是：

- {45 72 25 14 35 77}
- {14 25 35 45 72 77}

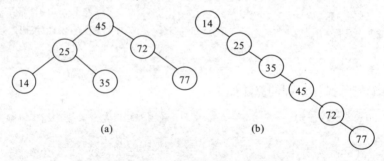

(a)   (b)

图 8.8　二叉排序树的不同形态

假设每个元素的查找概率相等，则它们的平均查找长度分别为：

$$\text{ASL}_a = \frac{1}{6}(1+2+2+3+3+3) = \frac{14}{6}$$

$$\text{ASL}_b = \frac{1}{6}(1+2+3+4+5+6) = \frac{21}{6}$$

因此，含有 n 个结点的二叉排序树的平均查找长度与树的形态有关。当先后插入的关键字有序时，构成的二叉排序树蜕变为单支树。树的深度为 n，其平均查找长度为(n+1)/2，与顺序查找相同，这是最差的情况。显然，最好的情况是二叉排序树的形态与折半查找的判定树相同，其平均查找长度与 $\log_2 n$ 成正比。

下面讨论二叉排序树的平均性能。

假设在含有 $n(n \geq 1)$ 个关键字的序列中，i 个关键字小于第一个关键字，n-i-1 个关键字

大于第一个关键字，则由此构造而得的二叉排序树在 n 个记录的查找概率相等的情况下，其平均查找长度为

$$P(n,i)=\frac{1}{n}\{1+i\times[P(i)+1]+(n-i-1)[P(n-i-1)+1]\}$$

其中，P(i)为含有 i 个结点的二叉排序树的平均查找长度，则 P(i)+1 为查找左子树中每个关键字时所用比较次数的平均值，P(n-i-1)+1 为查找右子树中每个关键字时所用比较次数的平均值。又假设表中 n 个关键字的排列是"随机"的，即任一个关键字在序列中将是第 1 个，或第 2 个，……，或第 n 个的概率相同，则可对上式从 i 等于 0 至 n-1 取平均值。

$$P(n)=\frac{1}{n}\sum_{i=0}^{n-1}P(n,i)=1+\frac{1}{n^2}\sum_{i=0}^{n-1}[iP(i)+(n-i-1)P(n-i-1)]$$

容易看出上式括弧中的第一项和第二项对称。又当 i=0 时 iP(i)=0，则上式可改写为

$$P(n)=1+\frac{2}{n^2}\sum_{i=1}^{n-1}iP(i)\qquad n\geqslant 2$$

显然，P(0)=0，P(1)=1。

可以推得

$$\sum_{j=0}^{n-1}jP(j)=\frac{n^2}{2}[P(n)-1]=(n-1)P(n-1)+\sum_{j=0}^{n-2}jP(j)$$

则
$$\frac{n^2}{2}[P(n)-1]=(n-1)P(n-1)+\frac{(n-1)^2}{2}[P(n-1)-1]$$

所以
$$P(n)=\left(1-\frac{1}{n^2}\right)P(n-1)+\frac{2}{n}-\frac{1}{n^2}$$

由 P(1)=1 得

$$P(n)=2\frac{n+1}{n}\left(\frac{1}{2}+\frac{1}{3}+...+\frac{1}{n}\right)-1$$

$$=2\left(1+\frac{1}{n}\right)\left(\frac{1}{2}+\frac{1}{3}+...+\frac{1}{n}\right)+\frac{2}{n}-1$$

则当 n≥2 时，

$$P(n)\leqslant 2\left(1+\frac{1}{n}\right)\ln n$$

就平均性能而言，二叉排序树上的查找和折半查找相差不大，并且二叉排序树上的插入和删除结点十分方便，无须移动大量结点。因此，对于需要经常做插入、删除、查找运算的表，宜采用二叉排序树结构。由此，人们也常常将二叉排序树称为二叉查找树。

【例 8.2】判断一棵二叉树是否是二叉排序树。

解题分析：先创建一棵二叉树，用二叉链表的形式存储。如果一棵二叉树是二叉排序树，那么中序遍历结果是有序的，分别对形成的不同二叉树判断其中序遍历是否为有序的，从而确定是否是二叉排序树。分别以二叉排序树和非二叉排序树的数据输入。

算法设计如下。

(1) createtree()：按先序序列创建二叉树。

(2) inordert()：中序遍历二叉树。

(3) visit()：建立中序遍历数组。

用 C 语言实现本题目的代码如下：

```c
#include <stdlib.h>
#define maxadj 20
typedef int Elemtype;              /* Elemtype 结构类型的定义 */
Elemtype adj[maxadj];              /*定义整型数组，用于存储中序遍历二叉树的结点*/
int i=0, j=0;                      /*定义全局变量，用于记录数组中的元素个数*/
typedef struct tnode              /*二叉树结点的定义*/
{
    Elemtype data;                /*树中结点的数据元素*/
    struct tnode *lchild;         /*定义左子树*/
    struct tnode *rchild;         /*定义右子树*/
} tnode;
tnode* createtree(tnode **t)     /*按先序序列创建二叉树，函数返回根结点指针*/
{
    (*t) = (tnode*)malloc(sizeof(tnode));    /*动态开辟结点空间*/
    scanf("%d", &((*t)->data));              /*输入关键字*/
    if((*t)->data == 0)                       /*若关键字是 0*/
    {
        free(*t);                             /*释放此结点*/
        *t = 0;                               /*赋空值*/
    }
    else                                       /*若关键字不是 0*/
    {
        createtree(&((*t)->lchild));          /*递归创建左子树*/
        createtree(&((*t)->rchild));          /*递归创建右子树*/
    }
}
void visit(tnode *mm)              /*将结点关键字放到 adj[]数组中*/
{
    adj[0]++;                      /* adj[0]加 1 */
    i++;                           /* i 加 1，便于从第一个存储 */
    adj[i] = mm->data;             /*将结点关键字放到 adj[]数组中*/
}
void inordert(tnode *m)           /*中序遍历根指针为 m 的二叉树*/
{                                  /*每中序遍历一次就调用此函数，放到 adj[]数组中*/
    if(m != 0)                     /*树不为空*/
    {
        inordert(m->lchild);       /*中序遍历左子树*/
        visit(m);                  /*访问根结点*/
        inordert(m->rchild);       /* 中序遍历右子树*/
    }
}
main()
{
    char pd;                       /*定义字符型变量用于循环程序*/
    tnode *p;                      /*定义树*/
    printf(" 按照先序遍历输入你要判定的二叉树：\n");
    createtree(&p);                /*调用子函数创建树*/
```

```
    printf("\n");                    /*回车换行*/
    inordert(p);                     /*调用子函数中序遍历树*/
    if(adj[0] == 0)                  /*如若数组中未存入数据*/
    {
        printf(" 输入的是空树");
        return;                      /*结束*/
    }
    for(i=1; i<adj[0]; i++)          /*此循环用于比较数组中的元素*/
    {
        if(adj[i] < adj[i+1]);       /*前一个值小于后一个数值*/
        else
        {
            printf("\n 输入的二叉树不是二叉排序树");
            break;                   /*跳出循环*/
        }
    }
    if(i == adj[0]) printf("\n 输入的二叉树是二叉排序树");
    getchar();
}
```

注意本题目输入数据时，空用 0 替代。二叉树建立时，输入序列为：45、25、0、0、72、55、0、0、0。

8.3.2 平衡二叉排序树

平衡二叉排序树又称为 AVL 树。一棵平衡二叉排序树或者是空树，或者是具有下列性质的二叉排序树：

- 左子树与右子树的高度之差的绝对值小于等于 1。
- 左子树和右子树也是平衡二叉排序树。

引入平衡二叉排序树的目的是为了提高查找效率，其平均查找长度为 o($\log_2 n$)。

在下面的描述中，需要用到结点的平衡因子 BF(balance factor)这一概念，定义为结点的左子树深度与右子树深度之差。显然，对一棵平衡二叉排序树而言，其所有结点的平衡因子只能是-1、0 或 1。当在一个平衡二叉排序树上插入一个结点时，有可能导致失衡，即出现绝对值大于 1 的平衡因子。图 8.9 中给出了一棵平衡的二叉排序树和一棵失去平衡的二叉排序树。

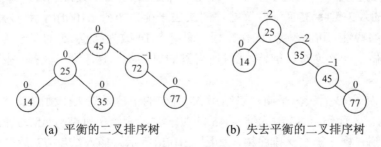

(a) 平衡的二叉排序树 (b) 失去平衡的二叉排序树

图 8.9 平衡和失去平衡的二叉排序树

若希望由任何初始序列构成的二叉排序树都是平衡二叉排序树,因为平衡二叉排序树上任何结点的左右子树的深度之差都不超过1,则可以证明它的深度和 $\log_2 n$ 是同数量级的(其中 n 为结点个数)。由此,它的平均查找长度也和 $\log_2 n$ 同数量级。

下面通过实例,直观说明失衡情况以及相应的调整方法。

已知表中关键字序列为{14 25 35 45 72 77},生成平衡二叉排序树的具体过程如图 8.10 所示。

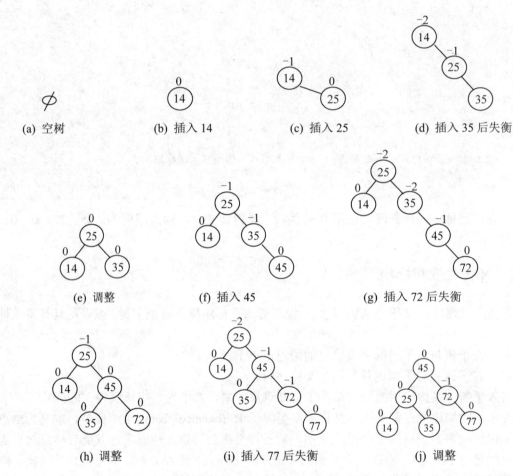

图 8.10　平衡二叉排序树的生成过程

图 8.10(a)为空树,插入关键字 14、25 后,仍然是平衡二叉排序树,如图 8.10(b)和图 8.10(c)所示,插入关键字 35 后,二叉排序树失去平衡,如图 8.10(d)所示。为恢复平衡并保持二叉排序树的特性,可将结点 25 作为根,而结点 14 改为结点 25 的左子树。这相当于以结点 25 为轴,做了一次逆时针旋转,此时所得到的仍然是一棵平衡二叉排序树,如图 8.10(e)所示。

插入结点 45、72 后失去平衡,以结点 35 为根的子树是失去平衡的最小子树,将结点 45 作为子树的根,而结点 35 改为结点 45 的左子树,相当于以结点 45 为轴,做了一次逆时针旋转,得到一棵平衡二叉排序树,如图 8.10(h)所示。插入结点 77 后又失去平衡,以结点 25 为根的子树是失去平衡的最小子树,将结点 45 作为子树的根,而结点 25 为根的子树改为结点 45 的左子树，结点 35 改为结点 25 的右子树，相当于以结点 45 为轴，做了一次逆时针旋转，得到一棵平衡二叉排序树。

一般情况下，只有新插入结点的祖先结点的平衡因子受影响，即以这些祖先结点为根的子树有可能失衡。下层的祖先结点恢复平衡，将使上层的祖先结点恢复平衡，因此应该调整最下面失衡的子树。因为平衡因子为 0 的祖先不可能失衡，所以从新插入结点开始向上，遇到的第一个其平衡因子不等于 0 的祖先结点为第一个可能失衡的结点，如果失衡，则应调整以该结点为根的子树。失衡的情况不同，调整的方法也不同。失衡类型及相应的调整方法可归纳为以下四种。

1) LL 型

假设最低层失衡结点为 A，在结点 A 的左子树的左子树上插入新结点后，导致失衡，如图 8.11(a)所示。为恢复平衡并保持二叉排序树的特性，可将 A 改为 B 的右子树，B 原来的右子树 B_R 改为 A 的左子树，如图 8.11(b)所示。这相当于以 B 为轴，对 A 做了一次顺时针旋转。

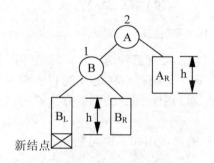
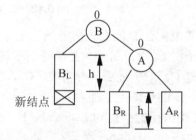

(a) 插入新结点后失去平衡　　　　　　　　(b) 调整后恢复平衡

图 8.11　二叉排序树的 LL 型平衡旋转

在一般二叉排序树的结点中增加一个存放平衡因子的域 bf，就可以表示平衡二叉排序树。下面我们约定：表示结点的字母同时也可以用来表示指向结点的指针。

LL 型失衡的特点为 A->bf = 2，B->bf = 1。那么，相应调整操作可用如下语句实现：

```
B = A->lchild;   A->lchild = B->rchild;
B->rchild = A;   A->bf = 0;   B->bf = 0;
```

最后，重新调整平衡的判定树，如图 8.11(b)所示，新的根结点 B 应接到原来 A 处。设原来 A 的父指针为 FA，若 FA 非空，则用 B 代替 A 做 FA 的左孩子或右孩子；否则 A 就是根结点，此时应令根指针 t 指向 B。代码如下：

```
if(FA == NULL) t = B;
else if(A == FA->lchild) FA->lchild = B;
    else FA->rchild = B;
```

2) LR 型

假设最低层失衡结点为 A，在结点 A 的左子树的右子树上插入新结点后，导致失衡，如图 8.12(a)所示。

图中假设在结点 C_R 下插入新结点，如果是在结点 C_L 下插入新结点，对树的调整方法相同，只是调整后 A、B 的平衡因子不同。为恢复平衡并保持二叉排序树的特性，可首先将 B 改为 C 的左子树，而 C 原来的左子树改为 B 的右子树；然后将 A 改为 C 的右子树，C 原来的右子树改为 A 的左子树，如图 8.12(b)所示。这相当于对 B 做了一次逆时针旋转，对 A 做了一次顺时针旋转。

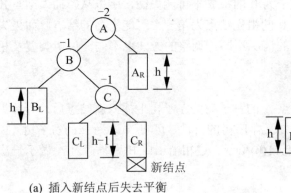

(a) 插入新结点后失去平衡   (b) 调整后恢复平衡

图 8.12 二叉排序树的 LR 型平衡旋转

事实上，在 B 的右子树上插入一个新结点的时候，会有三种情况，一种是插在右子树 C 的左子树 C_L 下，另一种是插在右子树 C_R 的右子树下，还有一种是 B 的右子树为空，新结点就是 C。对于最后一种情况，C_L、C_R、A_R、B_L 均为空，对树的调整方法依然相同，调整后 A、B 的平衡因子都为 0。

LR 型失衡的特点为 A->bf=2，B->bf=-1。相应的操作用如下语句来完成：

```
B = A->lchild; C = B->rchild;  B->rchild = C->lchild;
A->lchild = C->rchild;         C->lchild = B; C->lchild = A;
```

针对上述 3 种不同情况，修改 A、B、C 的平衡因子(设新插入的结点为 S)：

```
if(S->key < C->key)
{ A->bf=-1; B->bf=0; C->bf=0; }      /* 在 C 的左子树下面插入 S */
if(S->key > C->key)
{ A->bf=0; B->bf=1; C->bf=0; }       /* 在 C 的右子树下面插入 S */
if(S->key == C->key)
{ A->bf=0; B->bf=0; C->bf=0; }       /* C 本身就是插入的新结点 S */
```

最后，新的根结点 C 应接到原来 A 处。设原来 A 的父指针为 FA，若 FA 非空，则用 C 代替 A 作为 FA 的左子树或右子树；否则 A 就是根结点，此时应令根指针 t 指向 C。

代码如下：

```
if(FA == NULL)
    t = C;
else if(A == FA->lchild)
    FA->lchild = C;
else
    FA->rchild = C;
```

3) RR 型

RR 型与 LL 型对称。假设最低层失衡结点为 A，在结点 A 的右子树的右子树上插入新结点后，导致失衡，如图 8.13(a)所示。为恢复平衡并保持二叉排序树特性，可将 A 改为 B 的左子树，B 原来的左子树改为 A 的右子树，如图 8.13(b)所示。这相当于以 B 为轴，对 A 做了一次逆时针旋转。

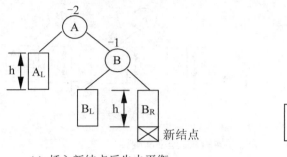 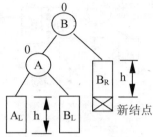

(a) 插入新结点后失去平衡   (b) 调整后恢复平衡

图 8.13　二叉排序树的 RR 型平衡旋转

RR 型失衡的特点为 A->bf = -2，B->bf =-1。那么，相应的调整操作可用如下语句：

```
B = A->rchild;       A->rchild = B->lchild;
B->lchild = A;       A->bf = 0; B->bf = 0;
```

最后，新的根结点 B 应接到原来 A 处。设原来 A 的父指针为 FA，若 FA 非空，则用 B 代替 A 做 FA 的左孩子或右孩子；否则 A 就是根结点，此时应令根指针 t 指向 B。

代码如下：

```
if(FA == NULL) t = B;
else if(A == FA->lchild) FA->lchild = B;
else FA ->rchild = B;
```

4)　RL 型

RL 型与 LR 型对称。假设最低层失衡结点为 A，在结点 A 的右子树的左子树上插入新结点后，导致失衡，如图 8.14(a)所示。为恢复平衡并保持二叉排序树特性，可首先将 B 改为 C 的右子树，而 C 原来的右子树改为 B 的左子树；然后将 A 改为 C 的左子树，C 原来的左子树改为 A 的右子树，如图 8.14(b)所示。这相当于对 B 做了一次顺时针旋转，对 A 做了一次逆时针旋转。

RL 型失衡的特点为 A->bf = -2，B->bf = 1。相应的操作用如下语句来完成：

```
B = A->rchild; C = B->lchild;  B->lchild = C->rchild;
A->rchild = C->lchild;         C->lchild = A; C->rchild = B;
```

针对上述三种不同的情况，第一种插入点为 C，第二种插入点在 C 的左子树下，第三种插入点在 C 的右子树下，修改 A、B、C 的平衡因子(设新插入的结点为 S)：

```
if(S->key < C->key)
{ A->bf = 0; B->bf = -1; C->bf = 0; }          /* 在 C 的左子树下面插入 S */
if(S->key > C->key)
{ A->bf = 1; B->bf = 0; C->bf = 0; }           /* 在 C 的右子树下面插入 S */
if(S->key == C->key)
{ A->bf = 0; B->bf = 0; C->bf = 0;}            /* C 本身就是插入的新结点 S */
```

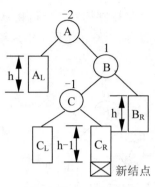
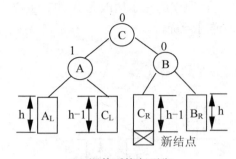

(a) 插入新结点后失去平衡　　　　　　　(b) 调整后恢复平衡

图 8.14　二叉排序树的 RL 型平衡旋转

最后，新的根结点 C 应接到原来 A 处。设原来 A 的父指针为 FA，若 FA 非空，则用 C 代替 A 做 FA 的左孩子或右孩子；否则 A 就是根结点，此时应令根指针 t 指向 C。

代码如下：

```
If(FA == NULL) t = C;
else if(A == FA->lchild) FA->lchild = C;
else FA->rchild = C;
```

综上所述，在一个平衡二叉排序树上插入一个新结点 S 时，主要包括以下三步。

(1) 查找应插位置，同时记录离插入位置最近的可能失衡结点 A(A 的平衡因子不等于 0)。

(2) 插入新结点 S，并修改从 A 到 S 路径上各结点的平衡因子。

(3) 根据 A、B 的平衡因子，判断是否失衡以及失衡类型，并做相应的处理。

平衡二叉排序树的类型定义如下：

```
typedef struct BSTNode
{
    Elemtype data;
    int bf;                          /*结点的平衡因子*/
    struct BSTNode *lchild, *rchild;    /*左、右孩子指针*/
} BSTNode, *BSTree;
```

在一个平衡二叉排序树上插入一个新结点 S 并且失衡时调整的算法如下：

```
void ins_avl(BSTree *T, Elemtype e) /*在平衡二叉排序树插入元素 e，插入后仍平衡*/
{
    A=a; B=b;                        /*A 与 a、B 与 b 表示同一结点*/
    S = (BSTree)malloc(sizeof(BSTNode));
    s->data.key=e; s->bf=0;
    s->lchild = s->rchild = NULL;
    if (!T) T=s;
    else   /* 查找插入位置 fp，记录距离插入点最近并且平衡因子不为 0 的可能失衡结点 A  */
    {
        a=T; fa=NULL; p=T; fp=NULL;
        while (p != NULL)
```

```
{
    if (p->bf != 0) { a=p; fa=fp; }
    fp = p;
    if (e < p->data.key) p = p->lchild;
    else p = p->rchild;
}
if (e < fp->data.key) fp->lchild = s;              /*插入新结点*/
else fp->rchild = s;
/*确定结点B，修改平衡因子*/
if (e < a->data.key) { b=a->lchild; ++a->bf; }
else { b=a->rchild; --a->bf; }
/*修改结点B到结点s路径上各结点的平衡因子*/
p = b;
while (p != s)
    if (e < p->data.key) { p->bf=1; p=p->lchild; }
    else { p->bf=-1; p=p->rchild; }
if (A->bf==2 && B->bf==1)                          /* LL 型 */
{
    b = a->lchild;
    a->lchild = b->rchild;
    b->rchild = a;
    a->bf=0; b->bf=0;
}
else
    if (a->bf==2 && b->bf==-1)                     /* LR 型 */
    {
        b=a->lchild; c=b->rchild;
        b->rchild=c->lchild;
        a->lchild=c->rchild;
        c->lchild=b; c->rchild=a;
        if (s->data.key < c->data.key)
        { a->bf=-1; b->bf=0; c->bf=0; }
        else if (s->data.key > c->data.key)
        { a->bf=0; b->bf=1; c->bf=0; }
        else { a->bf=0; b->bf=0; }
        if (fa == NULL) T = c;
        else if (a == fa->lchild) fa->lchild = c;
        else fa->rchild = c;
    }
    else
        if (a->bf==-2 && b->bf==1)
        {
            b=a->rchild; c=b->lchild;
            b->lchild = c->rchild;
            a->rchild = c->lchild;
            c->lchild=a; c->rchild=b;
            if (s->data.key < c-<data.key)
            { a->bf=0; b->bf=-1; c->bf=0; }
            else if (s->data.key > c->data.key)
            { a->bf=1; b->bf=0; c->bf=0; }
            else { a->bf=0; b->bf=0; }
```

```
                                if (fa == NULL) T = c;
                                else if (a == fa->lchild) fa->lchild = c;
                                else fa->rchild = c;
                        }
                        else
                                if (a->bf==-2 && b->bf==-1)              /* RR 型 */
                                {
                                        b = a->rchild;
                                        a->rchild = b->lchild;
                                        b->lchild = a;
                                        a->bf=0; b->bf=0;
                                        if (fa == NULL) T = b;
                                        else if (a == fa->lchild) fa->lchild = b;
                                        else fa->rchild = b;
                                }
                }
        }
}
```

在平衡二叉排序树上进行查找的过程中，与给定值进行比较的关键字个数不超过树的深度。假设以 N_h 表示深度为 h 的平衡二叉排序树中含有的最少结点数，显然，$N_0=0$，$N_1=1$，$N_2=2$，并且 $N_h=N_{h-1}+N_{h-2}+1$。这个关系与斐波那契序列 $F_h=F_{h-1}+F_{h-2}$ 极为相似，可以利用归纳法证明。

当 $h \geqslant 0$ 时 $N_h=F_{h+2}-1$，而 $N_h \approx \dfrac{\varphi^h}{\sqrt{5}}$，其中 $\varphi = \dfrac{1+\sqrt{5}}{2}$，则 $N_h \approx \dfrac{\varphi^{h+2}}{\sqrt{5}-1}$。反之，含有 n 个结点的平衡二叉排序树的最大深度为 $\log_\varphi((n+1)\sqrt{5})-2$。因此，在平衡二叉排序树上进行查找的时间复杂度为 $O(\log_2 n)$。

8.3.3　B 树

前面介绍的查找方法仅适用于存储在计算机内存中的文件或表，统称为内查找方法。若要查找在外存储器(如磁盘)上的信息，则要用外查找方法。本节介绍的 B 树就是一种适用于外查找方法的数据结构。

1. m 路查找树

与二叉排序树类似，可以定义一种"m 叉排序树"，通常称为 m 路查找树。一棵 m 路查找树，或者是一棵空树，或者是满足如下性质的树。

(1) 每个结点最多有 m 棵子树、m-1 个关键字，其结构如下：

n	P_0	K_1	P_1	K_2	P_2	...	K_n	P_n

其中 n 为关键字个数，$P_i(0 \leqslant i \leqslant n)$ 为指向子树根结点的指针，$K_i(1 \leqslant i \leqslant n)$ 为关键字。

(2) $K_i < K_{i+1}$，$1 \leqslant i \leqslant n-1$。

(3) 子树 P_i 中的所有关键字均大于 K_i、小于 K_{i+1}，$1 \leqslant i \leqslant n-1$。

(4) 子树 P_0 中的关键字均小于 K_1，而子树 P_n 中的所有关键字均大于 K_n。

(5) 子树 P_i 也是 m 路查找树($0 \leqslant i \leqslant n$)。

从上述定义可以看出，对任一关键字 K_i 而言，P_{i-1} 相当于其"左子树"，而 P_i 相当于其"右子树"，$1 \leqslant i \leqslant n$。

如图 8.15 所示为一棵 3 路查找树，其查找过程与二叉排序树的查找过程类似。

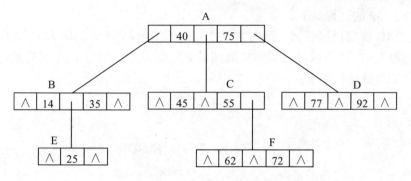

图 8.15　3 路查找树

如果要查找关键字 72，首先找到根结点 A，因为 72 介于 40 和 75 之间，所以找到结点 C，又因为 72 大于 55，所以找到结点 F，最后在 F 中找到 72。

显然，如果 m 路查找树为平衡树时，其查找性能会更好。1970 年 Bayer 提出了一种多叉平衡树，称为 B 树。下面要讨论的 B 树便是一种平衡的 m 路查找树。

2．B 树及其查找

一棵 B 树是一棵平衡的 m 路查找树，它或者是空树，或者是满足如下性质的树。

(1)　树中每个结点最多有 m 棵子树。

(2)　若根结点是非叶子结点，则至少有两棵子树。

(3)　除根结点之外的所有非叶子结点至少有 $\lceil m/2 \rceil$ 棵子树。

(4)　所有叶子结点出现在同一层上，并且不含信息，通常称为失败结点。失败结点为虚结点，在 B 树中并不存在，指向它们的指针为空指针。引入失败结点是为了便于分析 B 树的查找性能。

如图 8.16 所示为一棵 4 阶的 B 树，其查找过程与 m 路查找树相同。

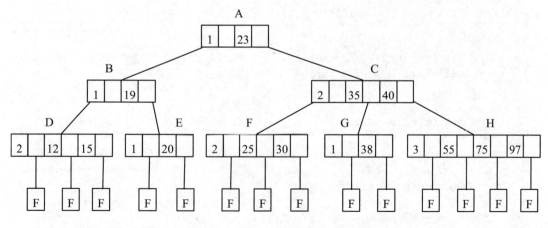

图 8.16　一棵 4 阶的 B 树

例如，查找 30 的过程如下。

首先由根指针找到根结点 A，因为 23<30，所以找到结点 C，又因为 30<35，所以找到结点 F，最后在结点 F 中找到 30。

又如，查找 32 的过程如下。

首先由根指针找到根结点 A，因为 23<32，所以找到结点 C，又因为 32<35，所以找到结点 F，又因为 30<32，所以最后找到失败结点 F，表示 32 不存在，查找失败。

B 树结点的存储结构如下：

```
#define m <阶数>                        /* B 树的阶 */
typedef struct BTNode
{
    int keynum;                        /*结点中关键字个数，即结点的大小*/
    struct BTNode *parent;             /*指向双亲结点*/
    KeyType key[m+1];                  /*关键字向量，0 号单元未用*/
    struct BTNode *ptr[m+1];           /*子树指针向量*/
    Record *recptr[m+1];               /*记录指针向量，0 号单元未用*/
} BTNode, *BTree;                      /* B 树结点即 B 树的类型 */
typedef struct
{
    BTNode *pt;                        /*指向找到的结点*/
    int i;                             /* 1..m，在结点中的关键字序号 */
    int tag;                           /* 1：查找成功，0：查找失败 */
} Result;                              /*查找 B 树的结果类型*/
```

B 树的查找算法如下：

```
Result Search_BTree(BTree T, KeyType K)
/* 在 m 阶 B 树 T 上查找关键字 K，返回结果(pt、i、tag) */
/* 若查找成功，则特征值 tag=1，指针 pt 所指结点中第 i 个关键字等于 K */
/* 否则特征值 tag=0，值为 K 的关键字插入在指针 pt 所指结点第 i 和第 i+1 个关键字之间 */
{
    p=T; q=NULL; found=FALSE; i=0;    /*初始化，p 指向待查结点，q 指向 p 的双亲*/
    while (p && !found)
    /* 在 p->key[1..keynum]中查找 i，使 p->key[i] <= K<p->key[i+1] */
    {
        i = Search(p, K);
        if (i>0 && p->key[i]==K) found = TRUE;  /*找到待查关键字*/
        else { q=p; p=p->ptr[i]; }
    }
    if (found) return(p, i, 1);         /*查找成功*/
    else return(q, i, 0);               /*查找不成功，返回 K 的插入位置信息*/
}
int Search(BTree T, KeyType key) /*在 T 所指结点中，寻找≤key 的最大关键字序号*/
{
    n = T->keynum;
    i = 1;
    while(i<=n && T->key[i]<=key) i++;
    return (i-1);
}
```

3. B 树查找分析

从以上算法可见，在 B 树上进行查找包含两种基本操作：

● 在 B 树中找结点。

● 在结点中找关键字。

由于 B 树通常存储在磁盘上，则前一查找操作是在磁盘上进行的(在算法中没有体现)，而后一查找操作是在内存中进行的，即在磁盘上找到指针 p 所指结点后，先将结点中的信息读入内存，然后再利用顺序查找或折半查找查询等于 K 的关键字。显然，在磁盘上进行一次查找比在内存中进行一次查找耗费时间多得多，因此，在磁盘上进行查找的次数、即待查关键字所在结点在 B 树上的层次数，是决定 B 树查找效率的首要因素。

根据 B 树的定义，第一层至少有 1 个结点；第二层至少有 2 个结点；由于除根之外的每个非终端结点至少有 $\lceil m/2 \rceil$ 棵子树，则第三层至少有 $2\lceil m/2 \rceil$ 个结点；……；依次类推，第 j+1 层至少有 $2(\lceil m/2 \rceil)^{j-1}$ 个结点。而 j+1 层的结点为叶子结点。若 m 阶 B 树中具有 N 个关键字，则叶子结点(即查找不成功的结点)为 N+1，由此有：

$$N+1 \geqslant 2*(\lceil m/2 \rceil)^{j-1}$$

反之：

$$j \leqslant \log_{\lceil m/2 \rceil}\left(\frac{N+1}{2}\right)+1$$

这就是说，在含有 N 个关键字的 B 树上进行查找时，从根结点到关键字所在结点的路径上涉及的结点数不超过 $\log_{\lceil m/2 \rceil}\left(\frac{N+1}{2}\right)+1$。

4. B 树的插入

B 树的生成也是从空树起逐个插入关键字得到的。但由于 B 树结点中的关键字的个数必须 $\geqslant \lceil m/2 \rceil - 1$，因此，每次插入一个关键字不是在树中添加一个叶子结点，而是首先在最低层的某个非终端结点中添加一个关键字，若该结点的关键字个数不超过 m-1，则插入完成，否则要产生结点的"分裂"，如图 8.17 所示。

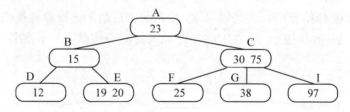

图 8.17　一棵 3 阶的 B 树

如图 8.17 所示为一棵 3 阶的 B 树(图中略去了 F 结点(即叶子结点))，假设需依次插入关键字 55 和 35。

首先通过查找确定应插入的位置。由根 A 起进行查找，确定 55 应插入在 G 结点中，由于 G 中关键字数目不超过 2(即 m-1)，故第一个关键字插入完成。插入 55 后的 B 树如图 8.18 所示。

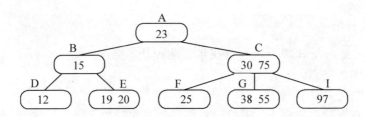

图 8.18 插入 55 后的 B 树

同样,通过查找确定关键字 35 亦应插入 G 结点中,如图 8.19 所示。

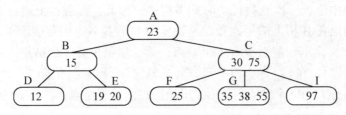

图 8.19 插入 35 后的 B 树

由于 G 结点中关键字的数目超过 2,此时需将 G 分裂成两个结点,关键字 35 及其前、后两个指针仍保留在 G 结点中,而关键字 55 及其前、后两个指针存储在新产生的结点 G1 中。同时,将关键字 38 和指示结点 G1 的指针插入其双亲结点 C 中,如图 8.20 所示。

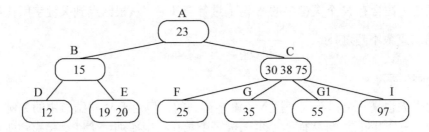

图 8.20 G 结点分裂后的 B 树

由于 C 结点中关键字的数目超过 2,此时需将 C 分裂成两个结点,关键字 30 及其前、后两个指针仍保留在 C 结点中,而关键字 75 及其前、后两个指针存储在新产生的结点 C1 中。同时,将关键字 38 和指示结点 C1 的指针插入其双亲结点 A 中,如图 8.21 所示。

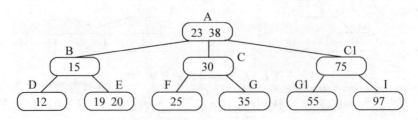

图 8.21 C 结点分裂后的 B 树

一般情况下,结点可实现如下"分裂"。

假设 p 结点中已有 m-1 个关键字,当插入一个关键字之后,结点中含有的信息为:

m	P_0	K_1	P_1	...	K_m	P_m

且其中 $K_i<K_{i+1}$，$1\leqslant i<m$。

此时可将 p 结点分裂为 p 和 p1 两个结点，其中 p 结点中含有的信息为：

[(m−1)/2]	P_0	K_1	P_1	...	$K_{\lceil m/2\rceil-1}$	$P_{[(m-1)/2]}$

p1 结点中含有的信息为：

m−([(m−1)/2]+1)	$P_{[(m-1)/2]+1}$	$K_{[(m-1)/2]+2}$	$P_{\lceil m/2+1\rceil}$	...	K_m	P_m

而关键字 $K_{\lceil m/2\rceil}$ 和指针 p1 一起插入 p 的双亲结点中。

可以利用 B 树的插入方法，从空树开始，逐个插入关键字，从而创建一棵 B 树。

例如，已知关键字集为{ 30, 23, 12, 97, 75, 19, 25, 15, 38 }，要求从空树开始，逐个插入关键字，创建一棵 3 阶 B 树。创建过程如图 8.22 所示。

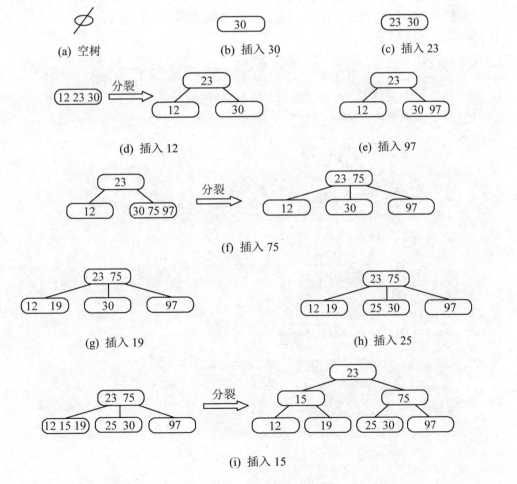

图 8.22　3 阶 B 树的生成过程

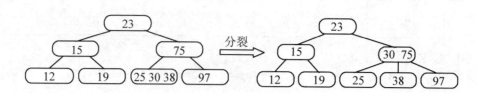

(j) 插入 38

图 8.22　3 阶 B 树的生成过程(续)

从上述 B 树的构造过程可以得出以下结论。

由于 B 树是从叶往根长，而根对每个分支是公用的，所以不论根长到多深，各分支的长度同步增长，因而各分支是平衡的。

生长的几种情况分别为：

- 最低层某个结点增大，分支数不变，且各分支深度也不变。
- 从最下层开始，发生单次或连续分裂，但根结点未分裂，此时分支数增 1(最下层增 1)，但原分支深度不变，新分支深度与原分支相同。
- 从最下层开始，连续分裂，根结点也发生分裂，产生一个新的根结点，此时分支数仍增 1(最下层结点增 1)，但新、旧分支均为原分支长度 1。

B 树的插入算法如下：

```
void Insert_Btree(BTree *T, KeyType k, BTree q, int i)
/*在 m 阶 B 树 T 中插入 k：如果 T=NULL，则生成初始根(此时 q=NULL, i=0)*/
/*否则，q 指向某个最下层非终端结点，k 应插入在该结点中 q->key[i+1]处，*/
/*插入后如果 q->keynum>m-1，则进行分裂处理*/
{
    if (!T)
    {
        T = (BTree)malloc(sizeof(BTNode));
        T->keynum=1; T->parent=NULL;
        T->key[1]=k; T->ptr[0]=NULL; T->ptr[1]=NULL;
    }
    else
    {
        x = k;                              /*将 x 插入到 q->key[i+1]处*/
        ap = NULL;                          /*将 ap 插入到 q->ptr[i+1]处*/
        finish = FALSE;
        while (q && !finish)
        {
            insert(q, i, x, ap);
            if (q->keynum<m) finish = TRUE;  /* 插入完成*/
            else
            {
                s=⌈m/2⌉; split(q,q1);                        /*分裂*/
                x=q->key[s]; ap=q1;
                q = q->parent;
                if (q1) i = search(q, x);       /*查找 x 的插入位置*/
```

```
            }
        }
        if (!finish)
        {
            new_root = (BTree)malloc(sizeof(BTNode));
            new_root->keynum=1; new_root->parent=NULL;
            new_root->key[1]=x; new_root->ptr[0]=T;
            new_root->ptr[0]=T; new_root->ptr[1]=ap;
            T=new_root;
        }
    }
}
void insert(BTree bp, int pos, KeyType key, BTree rp)
/* 在bp->key[pos+1]处插入key，在bp->ptr[pos+1]处插入rp */
{
    for (j=bp->keynum; j>=pos+1; j--)
    {
        bp->key[j+1] = bp->key[j];
        bp->ptr[j+1] = bp->ptr[j];
    }
    bp->key[pos+1] = key;
    bp->ptr[pos+1] = rp;
    bp->keynum++;
}
void split(BTree oldp, BTree *newp)                    /*分裂过程*/
{
    s=⌈m/2⌉; n=m-s;
    newp = (BTree)malloc(sizeof(BTNode));
    nwep->keynum = n;
    newp->parent = oldp->parent;
    newp->ptr[0] = oldp->ptr[s];
    for (i=1; i<n; i++)
    {
        newp->key[i] = old->key[s+i];
        newp->ptr[i] = old->ptr[s+i];
    }
    oldp->keynum = s - 1;
}
```

5．B树的删除

若在 B 树上删除一个关键字，则首先应找到该关键字所在结点，并从中删除之，若该结点为最下层的非终端结点，且其中的关键字数目不少于 $\lceil m/2 \rceil$，则删除完成，否则要进行"合并"结点的操作。

若所删关键字为非最下层的结点中的 K_i，则以指针 P_i 所指子树中的最小关键字 Y 替代 K_i，然后在相应的结点中删去 Y；或者以指针 P_{i-1} 所指子树中的最大关键字 Z 替代 K_i，然后在相应的结点中删去 Z。

例如，在如图 8.23(a)所示的 B 树上删去 30，可以用 35 替代 30，删除后得到一棵新的 B 树，如图 8.23(b)所示。

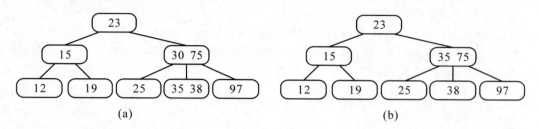

图 8.23　在 B 树非最下层中删除关键字 30

因此，下面只讨论删除最下层非终端结点中的关键字的情形。这种情形可以有下列三种可能。

(1) 被删关键字 K_i 所在结点中的关键字数目不小于 $\lceil m/2 \rceil$，则只需从该结点中删去该关键字 K_i 和相应指针(P_i 或 P_{i-1})，树的其他部分不变。例如，从如图 8.24(a)所示 B 树中删去关键字 35，删除后的 B 树如图 8.24(b)所示。

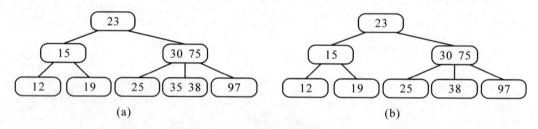

图 8.24　在 B 树中删除关键字 35

(2) 被删关键字 K_i 所在结点中的关键字数目等于 $\lceil m/2 \rceil - 1$，而与该结点相邻的右兄弟(或左兄弟)结点中的关键字数目大于 $\lceil m/2 \rceil - 1$，则需将其兄弟结点中的最小(或最大)的关键字上移至双亲结点中，而将双亲结点中小于(或大于)且紧靠该上移关键字的关键字下移至被删关键字所在结点中。例如，从图 8.25(a)中删去 25，需将其右兄弟结点中的 35 上移至双亲结点中，而将双亲结点中的 30 移至被删关键字所在结点中，形成一棵新的 B 树，如图 8.25(b)所示。

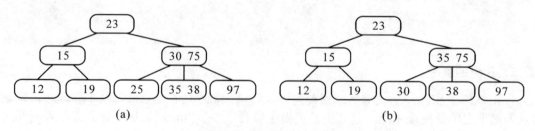

图 8.25　在 B 树中删除关键字 25

(3) 被删关键字 K_i 所在结点和其相邻的兄弟结点中的关键字数目均等于 $\lceil m/2 \rceil - 1$。假设指向该结点的指针为 P_k，则指向左兄弟结点的指针为 P_{k-1}，指向右兄弟结点的指针为 P_{k+1}，则在删去关键字 K_i 之后，将它所在结点中剩余的关键字和指针，加上双亲结点中的

关键字 K_k 一起,合并到左兄弟结点中;或者将它所在结点中剩余的关键字和指针,加上双亲结点中的关键字 K_{k+1} 一起,合并到右兄弟结点中。例如,从如图 8.26(a)所示的 B 树中删去 38,则应删该结点,并将结点中的剩余信息(指针"空")和双亲结点中的 35(或 75)一起合并到左兄弟(或右兄弟)结点中。删除后的树如图 8.26(b)所示。

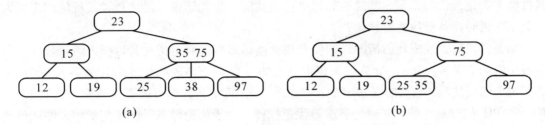

图 8.26 在 B 树中删除关键字 38

如果因此使双亲结点中的关键字数目小于 $\lceil m/2 \rceil - 1$,则依次类推做相应的处理。例如,在图 8.27(a)中的 B 树中删除关键字 12,结果如图 8.27(b)所示。此时,双亲结点关键字数目小于要求,需要合并。则把双亲结点中剩余信息(指针"空")与双亲结点的双亲结点一起合并到其双亲的兄弟结点中。删除后的结果如图 8.27(c)所示。

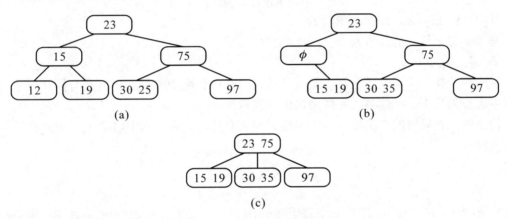

图 8.27 在 B 树中删除关键字 12

8.3.4 静态树表的查找

前面对有序表的查找性能的讨论是在"等概率"的前提下进行的,即当有序表中各记录的查找概率相等时,按图 8.1 所示判定树描述的查找过程来进行折半查找,其性能最优。如果有序表中各记录的查找概率不等,情况又如何呢?

先看一个具体例子。假设有序表中含 5 个记录,并且已知各记录的查找概率不等,分别为 p1=0.1,p2=0.2,p2=0.1,p4=0.4 和 p5=0.2。则对此有序表进行折半查找,查找成功时的平均查找长度为

$$\sum_{i=1}^{5} p_i c_i = 0.1 \times 2 + 0.2 \times 3 + 0.1 \times 1 + 0.4 \times 2 + 0.2 \times 3 = 2.3$$

但是,如果在查找时令给定值先和第 4 个记录的关键字进行比较,比较不相等时再继

续在左子序列或右子序列中进行折半查找，则查找成功时的平均查找长度为

$$\sum_{i=1}^{5} p_i c_i = 0.1 \times 3 + 0.2 \times 2 + 0.1 \times 3 + 0.4 \times 1 + 0.2 \times 2 = 1.8$$

这就说明，当有序表中各记录的查找概率不等时，按图 8.1 所示判定树进行折半查找，其性能未必是最优的。那么此时应如何进行查找呢？换句话说，描述查找过程的判定树为何类二叉树时，其查找性能最佳？

如果只考虑查找成功的情况，则使查找性能达最佳的判定树是其带权内路径长度之和取最小值的二叉树。其中，n 为二叉树上结点的个数(即有序表的长度)；h_i 为第 i 个结点在二叉树上的层次数；结点的权 $w_i = CP_i (i = 1, 2, ..., n)$。其中 P_i 为结点的查找概率，C 为某个常量。称 PH 值取最小的二叉树为静态最优查找树。由于构造静态最优树花费的时间代价较高，因此在本书中不做详细讨论，有兴趣的读者可查阅有关参考书。在此向读者介绍一种构造近似最优树的有效算法：

$$PH = \sum_{i=1}^{n} w_i h_i$$

已知一个按关键字有序的记录序列：

$$\{Rl, Rl+1, ..., Rh\}$$

其中，$R_1.key < R_{l+1}.key < ... < R_h.key$

与每个记录相应的权值为

$w_l, w_{l+1}, ..., w_h$

现构造一棵二叉树，使这棵二叉树的带权内路径长度 PH 值在所有具有同样权值的二叉树中近似为最小，称这类二叉树为次优查找树。

构造次优查找树的方法是：首先在按关键字有序的记录序列中取第 i 个记录构造根结点，使得

$$\Delta P_i = \left| \sum_{j=i+1}^{h} w_j - \sum_{j=l}^{i-1} w_j \right|$$

取最小值($\Delta P_i = \min_{l \leqslant j \leqslant h} \{\Delta P_j\}$，然后分别对于序列 $\{R_l, R_{l+1}, ..., R_{i-1}\}$ 和 $\{R_{i+1}, R_{i+2}, ..., R_h\}$ 构造两棵次优查找树，并分别设为根结点的左子树和右子树。

为便于计算 ΔP，引入累计权值和：

$$sw_i = \sum_{j=l}^{i} w_j$$

并设 $w_{l-1} = 0$ 和 $sw_{l-1} = 0$，则

$$\begin{cases} sw_{i-1} - sw_{l-1} = \sum_{j=l}^{i-1} w_j \\ sw_h - sw_i = \sum_{j=i+1}^{h} w_j \end{cases}$$

$$\begin{aligned} \Delta P_i &= \left| (sw_h - sw_i) - (sw_{i-1} - sw_{l-1}) \right| \\ &= \left| (sw_h + sw_{l-1}) - sw_i - sw_{i-1} \right| \end{aligned}$$

由此可得构造次优查找树的递归算法如下：

```
void Secondoptimal(BiTree *T, Elemtype R[], float sw[], int low, int high)
/* 由有序表 R[low..high]及其累计权值表 sw(其中 sw[0]==0)递归构造次优查找树 T */
{
    i=low; min=abs(sw[high]-sw[low]); dw=sw[high]+sw[low-1];
    for(j=low+1; j<=high; ++j)
        if (abs(dw-sw[j]-sw[j-1]) < min)
        { i=j; min=abs(dw-sw[j]-sw[j-1]); }
    T = (BiTree)malloc(sizeof(BiTNode));
    T->data = R[i];                                        /*生成结点*/
    if (i == low) T->lchild = NULL;                        /*左子树空*/
    else Secondoptimal(T->lchild, R, sw, low, i-1);        /*构造左子树*/
    if (i == high) T->rchild = NULL;                       /*右子树空*/
    else Secondoptimal(T->rchild, R, sw, i+1, high)        /*构造右子树*/
}
```

【例 8.3】已知含 9 个关键字的有序表及其相应权值如下。

关键字:　　A　B　C　D　E　F　G　H　I

权值:　　　1　1　2　5　3　4　4　3　5

按上面的算法构造次优查找树。

设计过程: 构造次优查找树时, 首先计算每个点的"左侧权值和 - 右侧权值和"。累计权值 $SW_n=28$, 第 i 个点的右侧权值和为 SW_n-SW_i, 第 i 个点的左侧权值和为 SW_{i-1}, 所以第 i 个点的 $\Delta P_i = SW_n - SW_i - SW_{i-1}$。如图 8.28(a)所示为构造次优二叉树的过程。构造的次优二叉查找树如图 8.28(b)所示。

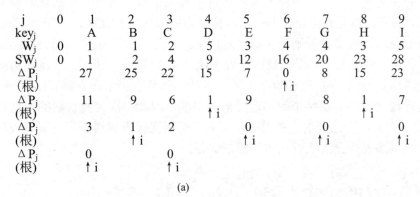

(a)

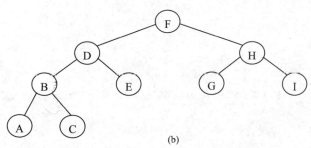

(b)

图 8.28　构造的次优二叉查找树示例

由于在构造次优查找树的过程中, 没有考察单个关键字的相应权值, 所以有可能出现被选为根的关键字的权值比与它相邻的关键字的权值小的情况。此时应进行适当调整:选取邻近的权值较大的关键字作为次优查找树的根结点。

【例 8.4】已知含 5 个关键字的有序表及其相应权值如下。

关键字:　　　A　　　B　　　C　　　D　　　E

权值:　　　　1　　　30　　　2　　　29　　　3

则按上述算法构造所得次优查找树如图 8.29(a)所示,调整处理后的次优查找树如图 8.29(b)所示。

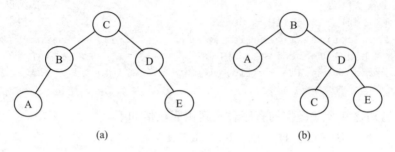

(a)　　　　　　　　　　　　　　　　(b)

图 8.29　根的权小于子树根权的情况

容易算得,前者的 PH 值为 132,后者的 PH 值为 105。

大量的实验研究表明,次优查找树和最优查找树的查找性能之差仅为 1%~2%,很少超过 3%,而且构造次优查找树的算法的时间复杂度为 $O(n\log_2 n)$,因此该算法是构造近似最优二叉查找树的有效算法。

从次优查找树的结构特点可见,其查找过程类似于折半查找。若次优查找树为空,则查找不成功,否则,首先将给定值 key 与其根结点的关键字相比较,若相等,则查找成功,该根结点的记录即为所求;否则将根据给定值 key 小于或大于根结点的关键字而分别在左子树或右子树中继续查找,直至查找成功或不成功为止(算法描述与二叉排序树的查找算法类似,在此省略)。由于查找过程恰是走了一条从根到待查记录所在结点(或叶子结点)的一条路径,进行过比较的关键字个数不超过树的深度,因此,次优查找树的平均查找长度和 $\log_2 n$ 成正比。可见,在记录的查找概率不等时,可用次优查找树表示静态查找树,故又称静态树表。按有序表构造次优查找树的算法如下:

```
int CreateSOSTree(BiTree *T, Seqlist ST)
/* 由有序表 ST 构造一棵次优查找树 T。ST 的数据元素含有权域 weight */
{
    if (ST.length == 0) T = NULL;
    else
    {
        FindSW(sw, ST); /* 由有序表 ST 中各数据元素的 weight 域求累计权值表 sw */
        SecondOpiamal(T, ST.r, sw, 1, ST.1ength);
    }
    return 1;
}
FindSW(float *sw, Seqlist ST) /*由 ST 中各元素的 weight 数据项求累计权值表 sw */
{
    for(i=1; i<ST.length; i++) sw[i] = 0;
```

```
for(i=1; i<ST.length; i++) sw[i] += ST.elem[i].weight;
}
```

8.4 哈 希 表

8.4.1 哈希表的概念

前面讨论的各种查找方法是建立在"比较"的基础上的。如在顺序查找时，比较的结果为=与≠两种可能；在折半查找、二叉排序树查找和 B 树查找时，比较的结果为<、=和>三种可能。查找的效率依赖于查找过程中所进行的比较次数。也就是说，记录在结构中的相对位置是随机的，与记录的关键字之间不存在确定的关系，因此，在结构中查找记录时需进行一系列与关键字的比较。

理想的情况是希望查找不经过任何比较，一次便能得到所查记录，那么就必须在记录的存储位置及其关键字之间建立一个确定的对应关系 H，使每个关键字与结构中一个唯一的存储位置相对应。因而在查找时，只需根据这个对应关系 H 找到给定值 k 的 H(k)。若结构中存在关键字与 k 相等的记录，则必定在 H(k)的存储位置上，由此，不需要进行比较便可直接取得所查记录。在此，这个对应关系 H 被称为哈希(Hash)函数，按这个思想建立的表称为哈希表。

下面举一个哈希表的最简单的例子。假设要建立一张有 20 个专业的学校各个专业学生人数统计表，每个系为一个记录，记录的各数据项为

编号	专业	人数

显然，可以用一个一维数组 C(1..20)来存放这张表，其中 C[i]是编号为 i 的专业人数。编号 i 便为记录的关键字，由它唯一确定记录的存储位置 C[i]。假如把这个数组看成是哈希表，则哈希函数 H(key)=key。然而，很多情况下的哈希函数并不如此简单。可仍以此为例，为了查看方便，应以专业名作为关键字。假设系名以汉语拼音的字符表示，则不能简单地取哈希函数 H(key)=key，而是首先要将其转换为数字，有时还要做些简单的处理。例如可以有下面这样的哈希函数。

(1) 取关键字中第一个字母在字母表中的序号作为哈希函数。例如，JISUANJI(计算机)的哈希函数值为字母 J 在字母表中的序号 10。

(2) 先求关键字的第一个和最后一个字母在字母表中的序号之和，如果其和值大于表长，则减去表长(或表长的倍数)。例如，ZIDONGHUA(自动化)的首尾字母为 Z 和 A，其和为 27，所以取 27-20=07 作为哈希函数的值。

(3) 取关键字中每个汉字的第一个拼音字母的 ASCII 码之和，然后将此数除以表长，取其余数加 1，若为 0 则取表长，将此数作为哈希函数的值。例如，KUAIJI(会计)中取 K 和 J，ASCII 码之和为 75+74=149，除以 20 取余数得 9，则 9+1=10 作为 KUAIJI 的哈希函数的值。

上述不同情况下的哈希函数的值如表 8.1 所示。

表 8.1　简单的哈希函数

Key	JISUANJI (计算机)	KUAIJI (会计)	ZIDONGHUA (自动化)	JINRONG (金融)	MAOYI (贸易)	YINGXIAO (营销)
H1(key)	10	11	26	10	13	25
H2(key)	19	20	07	17	02	20
H3(key)	12	10	11	17	07	18

从这个例子可以知道哈希函数的如下特点。

(1) 哈希函数是一个映像,因此哈希函数的设定很灵活,只要使得任何关键字由此所得的哈希函数值都落在表长允许范围之内即可。

(2) 不同的关键字可能得到同一哈希地址,即 key1≠key2,而 H(key1)=H(key2),这种现象称为冲突。具有相同函数值的关键字对该哈希函数来说称作同义词。例如,关键字 JISUANJI 和 JINRONG 不等,但 H1(JISUANJI)=H1(JINRONG)。这种现象给建表造成困难,如在第一种哈希函数的情况下,因为 JISUANJI 和 JINRONG 这两个记录的哈希地址均为 10,而 C[10]只能存放一个记录,那么另一个记录存放在表中什么位置呢?并且,从表 8.1 中的 3 个不同的哈希函数的情况可以看出,哈希函数选得合适可以减少这种冲突现象。特别是在这个例子中。只可能有 20 个记录,可以仔细分析这 20 个关键字的特性,选择一个恰当的哈希函数来避免冲突的发生。

然而,在一般情况下,冲突只能尽可能地少,而不能完全避免。因为,哈希函数是从关键字集合到地址集合的映像。通常,关键字集合比较大,它的元素包括所有可能的关键字,而地址集合的元素仅为哈希表中的地址值。假设表长为 n,则地址为 0 到 n-1。例如,在 C 语言的编译程序中可对源程序中的标识符建立一张哈希表。在设定哈希函数时考虑的关键字集合应包含所有可能产生的关键字;假设标识符定义为以字母为首的 8 位字母或数字,则关键字(标识符)的集合大小为 $C_{52}^7 \times C_{62}^7 \times 7! = 1.09388 \times 10^{12}$,而在一个源程序中出现的标识符是有限的,设表长为 1000 足矣。地址集合中的元素为 0~999。因此,在一般情况下,哈希函数是一个压缩映像,这就不可避免地会产生冲突。因此,在建造哈希表时,不仅要设定一个"好"的哈希函数,而且要设定一种处理冲突的方法。

综上所述,可如下描述哈希表:根据设定的哈希函数 H(key)和处理冲突的方法,将一组关键字映像到一个有限的连续的地址集(区间)上,并以关键字在地址集中的"像"作为记录在表中的存储位置,这种表便称为哈希表,这一映像过程称为哈希造表或散列,所得存储位置称哈希地址或散列地址。

下面分别就哈希函数和处理冲突的方法进行讨论。

8.4.2　哈希函数的构造方法

构造哈希函数的方法很多。在介绍各种方法之前,首先需要明确什么是"好"的哈希函数。若对于关键字集合中的任一个关键字,经哈希函数映像到地址集合中任何一个地址的概率是相等的,则称此类哈希函数为均匀的哈希函数。换句话说,就是使关键字经过哈希函数得到一个"随机的地址",以便使一组关键字的哈希地址均匀分布在整个地址区间中，从而减少冲突。

构造哈希函数的原则如下所述。

(1) 函数本身便于计算。

(2) 计算出来的地址分布均匀，即对任一关键字 k，H(k)对应不同地址的概率相等，目的是尽可能减少冲突。

常用的构造哈希函数的方法主要有以下几种。

1. 直接定址法

取关键字或关键字的某个线性函数值为哈希地址。即

$$H(key)=key \quad 或 \quad H(key)=a \cdot key+b$$

其中，a 和 b 为常数(这种哈希函数叫作自身函数)。

例如，有一个从 1 岁到 100 岁的人口数字统计表，其中，年龄作为关键字，哈希函数取关键字自身，如表 8.2 所示。

表 8.2　直接定址哈希函数示例 1

地址	01	02	03	…	25	26	27	…	100
年龄	1	2	3	…	25	26	27		
人数	3000	2000	5000	…	1050	…	…	…	…
……	…	…	…	…	…	…	…	…	…

这样，若要询问 25 岁的人有多少，则只要查表的第 25 项即可。

又如，有一个新中国成立后出生的人口调查表，关键字是年份，哈希函数取关键字加一常数 H(key)=key+(-1948)，如表 8.3 所示。

表 8.3　直接定址哈希函数示例 2

地址	01	02	03	…	25	26	27	…
年份	1949	1950	1951	…	1973	1974	1975	…
人数	…	…	…		15000			…
……	…	…	…	…	…	…	…	…

这样，若要查 1973 年出生的人数，则只要查第(1973-1948=)25 项即可。

由于直接定址所得地址集合和关键字集合的大小相同，因此，对于不同的关键字不会发生冲突。但实际中能使用这种哈希函数的情况很少。

2. 数字分析法

假设关键字是以 r 为基的数(如，以 10 为基的十进制数)，并且哈希表中可能出现的关键字都是事先知道的，则可取关键字的若干数位组成哈希地址。

例如有 80 个记录，其关键字为 8 位十进制数。假设哈希表的表长为 100_{10}，则可取两位十进制数组成哈希地址。原则是使得到的哈希地址尽量避免产生冲突，则需从分析这 80 个关键字着手。假设这 80 个关键字中的一部分如下所列：

8	1	3	4	6	5	3	2
8	1	3	7	2	2	4	2
8	1	3	8	7	4	2	2
8	1	3	0	1	3	6	7
8	1	3	2	2	8	1	7
8	1	3	3	8	9	6	7
8	1	3	5	4	1	5	7
8	1	3	6	8	5	3	7
8	1	4	1	9	3	5	5

...

① ② ③ ④ ⑤ ⑥ ⑦ ⑧

从对关键字全体的分析中可以发现：第①②位都是 81，第③位只可能取 3 或 4，第⑧位只可能取 2、5 或 7，对于 0～9 十个数字，①②③⑧四列的分布不均匀，因此这 4 位都不可取。由于中间的 4 位可看成是近乎随机的，因此可取其中任意两位，或取其中两位与另外两位的叠加，求和后舍去进位作为哈希地址。

3. 平方取中法

取关键字平方后的中间几位作为哈希地址，这是一种较常用的构造哈希函数的方法。通常在选定哈希函数时不一定能知道关键字的全部情况，取其中哪几位都不一定合适，而一个数平方后的中间几位数与数的每一位都相关，由此使随机分布的关键字得到的哈希地址也是随机的。取的位数由表长决定。

例如，为 BASIC 源程序中的标识符建立一个哈希表。假设 BASIC 语言中允许的标识符为一个字母，或一个字母和一个数字。在计算机内可用两位八进制数表示字母和数字，如图 8.30(a)所示。取标识符在计算机中的八进制数作为它的关键字。假设表长为 $512=2^9$，则可取关键字平方后的中间 3 位二进制数作为哈希地址。图 8.30(b)中列出了一些标识符及它们的哈希地址。

4. 折叠法

将关键字分割成位数相同的几部分(最后一部分的位数可以不同)，然后取这几部分的叠加和(舍去进位)作为哈希地址，该方法称为折叠法。关键字位数很多，而且关键字中每一位上数字分布大致均匀时，可以采用折叠法得到哈希地址。

例如，每一种图书都有一个国际标准图书编号(ISBN)，它是一个 10 位的十进制数字，若要以其作为关键字建立一个哈希表，当馆藏书种类不到 10000 时，可采用折叠法构造一个 4 位数的哈希函数。在折叠法中，数位叠加可以有移位叠加和间界叠加两种方法。

(1) 移位叠加是将分割后的每一部分的最低位对齐，然后相加。

(2) 间界叠加是从一端向另一端沿分割界来回折叠，然后对齐相加。

国际标准图书编号 0-442-20586-4 的哈希地址如图 8.31 所示。

A	B	C	...	Z	0	1	2	...	9
01	02	03	...	32	60	61	62	...	71

(a)

记　录	关 键 字	平　方	地　址
A	0100	0010000	010
I	1100	1210000	210
J	1200	1440000	440
I0	1160	1370400	370
P1	2061	4310541	310
P2	2062	4314704	314
Q1	2161	4669921	669
Q2	2162	4674244	674
Q3	2163	4678569	678

(b)

图 8.30　平方取中法示例

	5864			5864
	4220			0224
+	04		+	04
	10088			6092

图 8.31　折叠法示例

则移位叠加 H(key)=0088，间界叠加 H(key)=6092。

5. 除留余数法

取关键字被某个不大于哈希表表长 m 的数 p 除后所得余数为哈希地址。即

$$H(key)=key \text{ MOD } p，\quad p\leqslant m$$

这是一种最简单，也是最常用的构造哈希函数的方法。它不仅可以对关键字直接取模 (MOD)，也可在折叠、平方取中等运算之后取模。

值得注意的是，在使用除留余数法时，对 p 的选择很重要。若 p 选得不好，容易产生同义词。请看下面的例子。

假设取标识符在计算机中的二进制表示为其关键字(标识符中每个字母均用两位八进制数表示)，然后对 $p=2^6$ 取模。这个运算在计算机中只要移位便可实现，将关键字左移直至只留下最低的 6 位二进制数。这等于将关键字的所有高位值都忽略不计。因而使得所有最后一个字符相同的标识符，如 a1、i1、temp1、cp1 等均成为同义词。

若 p 含有质因子 pf，则所有含有 pf 因子的关键字的哈希地址均为 pf 的倍数。

例如，当 p=21(=3*7)时，下列含因子 7 的关键字对 21 取模的哈希地址均为 7 的倍数：

关键字	28	35	63	77	105
哈希地址	7	14	0	14	0

假设有两个标识符 xy 和 yx，其中 x、y 均为字符，又假设它们的机器代码(6 位二进制数)分别为 c(x) 和 c(y)，则上述两个标识符的关键字分别为

$$key1=2^6c(z)+c(y) \text{ 和 } key2=2^6c(y)+c(x)$$

假设用除留余数法求哈希地址，且 p=tq，t 是某个常数，q 是某个质数。则当 q=3 时，这两个关键字将被散列在差为 3 的地址上。因为：

[H(key1)−H(key2)] MOD q

={[2^6c(x)+c(y)] MOD p− [2^6c(y)+c(x)] MOD p} MOD q

={2^6c(x) MOD p+c(y) MOD p−2^6c(y) MOD p−c(x) MOD p} MOD q

={2^6c(x) MOD q+c(y) MOD q−2^6c(y) MOD q−c(x) MOD q} MOD q

(因对任一 x 有(x MOD (t*q)) MOD q=(x MOD q) MOD q)

当 q=3 时，上式为：

={(2^6 MOD 3)c(x) MOD 3+c(y) MOD 3−(2^6 MOD 3)c(y) MOD 3−c(x)MOD 3} MOD3

=0 MOD 3

由经验得知：一般情况下，可以选 p 为质数或不包含小于 20 的质因素的合数。

6. 随机数法

选择一个随机函数，取关键字的随机函数值为其哈希地址，即 H(key)=random(key)，其中 random 为随机函数。通常，当关键字长度不等时，采用此法构造哈希函数较恰当。

实际工作中需视不同的情况采用不同的哈希函数。通常，考虑的因素有以下几个方面。

(1) 计算哈希函数所需时间(包括硬件指令的因素)。

(2) 关键字的长度。

(3) 哈希表的大小。

(4) 关键字的分布情况。

(5) 记录的查找频率。

8.4.3 处理冲突的方法

在前面曾提及均匀的哈希函数可以减少冲突，但不能避免，因此，如何处理冲突是哈希造表不可缺少的另一方面。

假设哈希表的地址集为 0~(n−1)，冲突是指由关键字得到的哈希地址为 j(0≤j≤n−1) 的位置上已存有记录，则"处理冲突"就是为该关键字的记录找到另一个"空"的哈希地址。在处理冲突的过程中可能得到一个地址序列 Hi，i=1, 2, ..., k，Hi∈[0, n−1]。

即在处理哈希地址的冲突时，若得到的另一个哈希地址 H1 仍然发生冲突，则再求下一个地址 H2，若 H2 仍然冲突，再求得 H3。依次类推，直至 Hk 不发生冲突为止，则 Hk 为记录在表中的地址。

常用的处理冲突的方法有下列几种。

1. 开放定址法

Hi=(H(key)+di) MOD m，i=1, 2, ..., k(k≤m−1)。其中，H(key)为哈希函数；m 为哈希表

表长；di 为增量序列，可有下列 3 种取法。

(1) di=1, 2, 3, ..., m-1，称线性探测再散列。

(2) di=1^2, -1^2, 2^2, -2^2, ..., $\pm k^2$ ($k \leq m/2$)，称二次探测再散列。

(3) di=伪随机数序列，称伪随机探测再散列。

例如，在长度为 11 的哈希表中已填有关键字分别为 17、60、29 的记录(哈希函数 H(key)=key MOD 11)，现有第四个记录，其关键字为 38，由哈希函数得到哈希地址为 5，产生冲突。若用线性探测再散列的方法处理时，得到下一个地址 6，仍冲突；再求下一个地址 7，仍冲突；直到哈希地址为 8 的位置为"空"时止，处理冲突的过程结束，记录填入哈希表中序号为 8 的位置。若用二次探测再散列，则应该填入序号为 4 的位置。类似地可得到伪随机再散列的地址，如图 8.32 所示。

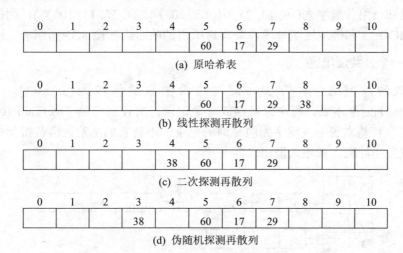

图 8.32 插入关键字为 38 的记录

从上述线性探测再散列的过程中可以看到一个现象：当表中 i、i+1、i+2 位置上已填有记录时，下一个哈希地址为 i、i+1、i+2 和 i+3 的记录都将填入 i+3 位置，这种在处理冲突过程中发生的两个第一个哈希地址不同的记录争夺同一个后继哈希地址的现象称作"二次聚集"，即在处理同义词的冲突过程中又添加了非同义词的冲突，显然，这种现象对查找不利。但另一方面，用线性探测再散列处理冲突可以保证做到：只要哈希表未填满，总能找到一个不发生冲突的地址 Hk，而二次探测再散列只有在哈希表长 m 为形如 4j+3(j 为整数)的质数时才可能，随机探测再散列，则取决于伪随机数列。

2. 再哈希法

Hi=RHi(key)，i=1, 2, ..., k

RHi( )是不同的哈希函数，即在同义词产生地址冲突时计算另一个哈希函数地址，直到冲突不再发生。这种方法不易产生"聚集"，但增加了计算的时间。

3. 链地址法

将所有关键字为相同哈希值的记录存储在同一线性单链表中。假设某哈希函数产生的哈希地址在区间[0, m-1]上，则设立一个指针型向量，数据类型如下：

```
#define m <表长>
#define NULLKEY <空记录关键字>
typedef struct hashnode
{
   Elemtype data;
   struct hashnode *next;
} Hashlink[m];
```

Hashlink 向量共有 m 个空间，对应共有 m 个数据。每个分量有数据域 data 和指针域 next，指针域的初始状态都是空指针。凡哈希地址为 i 的记录都插入到向量 i 的指针链表中。在链表中的插入位置可以在表头或表尾，也可以在中间，只要保持同哈希值的关键字在同一线性链表中按关键字有序即可。

例如，已知一组关键字为(19, 14, 23, 01, 68, 20, 84, 27, 55, 11, 10, 79)，则按哈希函数 H(key)=key MOD 13 和链地址法处理冲突构造所得的哈希表如图 8.33 所示。

4. 建立一个公共溢出区

这也是处理冲突的一种方法。假设哈希函数的值域为[0，m-1]，则设向量 HashTable[0..m-1]为基本表，每个分量存放一个记录，另设立向量 OverTable[0..V]为溢出表。所有关键字和基本表中关键字为同义词的记录，不管它们由哈希函数得到的哈希地址是什么，一旦发生冲突，都填入溢出表。

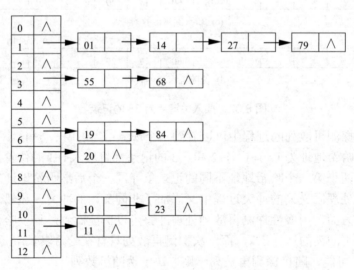

图 8.33　链地址法处理冲突时的哈希表

8.4.4　哈希表的实现

哈希表的实现首先需要初始化一个哈希表作为存储结构，然后按哈希函数的计算值将记录存入相应的地址中。当哈希表建完后，主要的操作有：已知关键字的记录进行查找、插入、删除运算。当结束操作时，释放哈希表。

查找过程与哈希表的创建过程是一致的。当查找关键字为 K 的元素时，首先计算 H0=Hash(K)。如果单元 H0 为空，则所查元素不存在；如果单元 H0 中元素的关键字为 K，则找到所查元素；否则重复下述解决冲突的过程：按解决冲突的方法，找出下一个哈希地址 Hi，如果单元 Hi 为空，则所查元素不存在；如果单元 Hi 中元素的关键字为 K，则找到所查元素。

1. 线性探测解决冲突实现哈希表

下面的例子给出了哈希表的存储结构及相应的算法。

哈希表的存储结构如下：

```
#define MIN <最小值>                        /* 取负数如-32768*/
#define NULLKEY <空记录关键字>
typedef struct
{
    Elemtype *elem;
    int count;
    int maxsize;
} HashTable;
```

初始化算法如下：

```
int InitHash(HashTable *HT, int m)        /*初始化长度为 m 的线性表*/
{
    HT->maxsize = m;
    HT->elem = (Elemtype*)malloc(m * sizeof(Elemtype));
    if(HT->elem == NULL) return 0;
    else
    {
        HT->count = 0;
        return 1;
    }
}
```

销毁哈希表算法如下：

```
void Destroy(HashTable *HT)
{
    free(HT->elem);
}
```

查找算法如下：

```
int Hashsearch(HashTable HT, KeyType key)
/*查找关键字为 key 的记录，查找成功则返回哈希地址，否则返回负数*/
{
    H0=Hash(key); i=1;                          /*用 Hash()函数求哈希地址*/
    while (HT.elem[H0].key!=NULLKEY && HT.elem[H0].key!=key)
    {                              /*有冲突，用线性探测再散列解决冲突*/
        H0 = (H0+i)% HT.maxsize;                /*计算哈希地址*/
        i++;
        if (i >= HT.maxsize) return MIN;              /*哈希表满*/
    }
    if (HT.elem[H0].key==key) return H0;                /*查找成功*/
```

```
    else return -Hi;                        /*哈希地址为空返回负数*/
}
```

插入算法如下：

```
int Insert(HashTable *HT, Elemtype x)      /*在哈希表中插入 x 元素*/
{
    int i = Hashsearch(HT, x);             /* 在哈希表中查找 x，结果赋值给 i */
    if(i>0 || HT->maxsize==HT->count)
        return 0;                          /*表满或 x 元素存在，不进行插入*/
    if(i==MIN) i = hash(x.key);            /*对插入位置赋初值*/
    else i = -i;
    HT->elem[i].elem = x;                  /*插入 x 表长加 1*/
    HT->maxSize++;
    return 1;
}
```

删除算法如下：

```
int Delete(HashTable *HT, DataType x)      /*在哈希表中删除 x 元素*/
{
    int i = Hashsearch(HT, x);             /*计算哈希地址*/
    if(i >= 0)                             /* x 存在，删除 x，返回 1 */
    {
        HT->ht[i].elem = NULL;
        HT->maxSize--;
        return 1;
    }
    else return 0;                         /* x 不存在，返回 0 */
}
```

2. 链地址解决冲突实现哈希表

链地址解决冲突实现哈希表的存储结构如下：

```
#define m <表长>
#define NULLKEY <空记录关键字>
typedef struct hashnode
{
    Elemtype data;
    struct hashnode *next;
} Hashlink[m];
```

查找算法如下：

```
struct hashnode* Hashsearch(Hashlink HT, KeyType key)
/*查找关键字为 key 的记录，查找成功则返回哈希地址，否则返回空*/
{
    H0 = Hash(key);      /* 用 Hash()函数求哈希地址 */
    if (HT[H0].data.key == key) return &HT[H0]; /*查找成功则返回哈希地址*/
    else                                        /*有冲突，在链表中查找*/
        for (p=HT[H0].next; p; p=p->next)
```

```
            if (p->data.key == key) break;
    return p;              /* p 隐含两种结果。空：没找到；非空：在链地址中查找成功 */
}
```

8.4.5 哈希表的查找分析

由于冲突的存在，哈希法仍需进行关键字比较，因此仍需用平均查找长度来评价哈希法的查找性能。哈希法中影响关键字比较次数的因素有三个：哈希函数、处理冲突的方法以及哈希表的装填因子。

哈希表的装填因子α的定义为

$$\alpha = \frac{\text{表中元素个数}}{\text{表长}}$$

α可描述哈希表的装满程度。显然，α越小，发生冲突的可能性越小，而α越大，发生冲突的可能性也越大。假定哈希函数是均匀的，则影响平均查找长度的因素只剩下两个——处理冲突的方法以及α。以下按处理冲突的不同方法，分别列出相应的平均查找长度。

(1) 线性探测再散列。

查找成功时：$S_{nl} = \frac{1}{2}\left(1 + \frac{1}{1-\alpha}\right)$

查找失败时：$U_{nl} = \frac{1}{2}\left(1 + \frac{1}{(1-\alpha)^2}\right)$

(2) 伪随机探测再散列、二次探测再散列以及再哈希法。

查找成功时：$S_{nr} = -\frac{1}{\alpha}\ln(1-\alpha)$

查找失败时：$U_{nr} = \frac{1}{1-\alpha}$

(3) 链地址法。

查找成功时：$S_{nc} = 1 + \frac{\alpha}{2}$

查找失败时：$U_{nc} = \alpha + e^{-\alpha}$

从以上讨论可知：哈希表的平均查找长度是装填因子α的函数，而与待散列元素数目无关。因此，无论元素数目 n 有多大，都能通过调整α，使哈希表的平均查找长度较小。

此外，还可以通过计算的方法得出用哈希法查找的平均查找长度。

例如，已知一组关键字序列(19, 14, 23, 01, 68, 20, 84, 27, 55, 11, 10, 79)，按哈希函数 H(key) = key % 13 和线性探测处理冲突构造所得哈希表 HT，如图 8.34 所示。

地址：	0	1	2	3	4	5	6	7	8	9	10	11	12
关键字：		14	01	68	27	55	19	20	84	79	23	11	10
计算次数：		1	2	1	4	3	1	1	3	9	1	1	3

图 8.34 哈希表 HT

查找 19 时，通过计算 H(19)=6，HT[6].key 非空且值为 19，则查找成功，因此查找关键字 19 仅需要计算 1 次地址就可以找到。

同样，查找关键字 14、68、20、23、11，均需要计算 1 次地址就可以找到。

查找关键字 01 时，通过计算 H(01)=1，HT[1].key 非空且值为 14≠01，则找第一次冲突处理后的地址 H1=(1+1) % 16=2，此时，HT[2].key 非空且值为 01，查找成功，因此查找关键字 01 时，需要计算 2 次地址才可以找到。

同理，查找关键字 27、55、84、79、10 时，分别需要计算 4、3、3、9、3 次地址才可以找到。

手工计算等概率情况下查找成功的平均查找长度规则如下：

$$ASL_{succ} = \frac{1}{\text{表中元素个数}n} \sum_{i=1}^{n} C_i$$

其中，C_i 为查找每个元素时所需的比较次数。

据此计算公式，对如图 8.34 所示的哈希表，采用线性探测再散列法处理冲突，计算出在等概率查找的情况下其查找成功的平均查找长度为

$$ASL_{succ} = \frac{1}{12}(1 \times 6 + 2 + 3 \times 3 + 4 + 9) = 2.5$$

手工计算等概率情况下查找不成功的平均查找长度规则如下：

$$ASL_{unsucc} = \frac{1}{\text{哈希函数取值个数}r} \sum_{i=1}^{r} C_i$$

其中，C_i 为函数取值为 i 时确定查找不成功时的比较次数。

据此计算公式，对如图 8.34 所示的哈希表，采用线性探测再散列法处理冲突，计算出在等概率查找的情况下其查找不成功的平均查找长度为

$$ASL_{unsucc} = \frac{1}{13}(1 + 13 + 12 + 11 + 10 + 9 + 8 + 7 + 6 + 5 + 4 + 3 + 2) = 7$$

单 元 测 试

1. 单选题 静态查找表中有 n 个结点，当顺序查找表中元素时，平均查找次数为_____。

    A. 1   B. n*n   C. (n+1)/2   D. $\log_2 n$

2. 单选题 按输入的关键字先后顺序，建立一棵二叉排序树。为使二叉排序树的高度尽量低，在如下的关键字序列中，最好按_____顺序排列。

    A. 随机   B. 基本有序   C. 从大到小   D. 从小到大

3. 单选题 顺序查找和折半查找可以选择的存储结构有哪些，下面正确的选项为_____。

    A. 它们只能是顺序存储结构

    B. 它们既可以选择顺序存储结构，也可以选择链式存储结构

    C. 它们只能是链式存储结构

    D. 顺序查找两种存储结构都可以，折半查找只能采用顺序存储结构

4. 单选题 静态查找表和动态查找表的区别是_____。

A. 动态查找表只进行插入和删除操作，不能做查询和检索操作

B. 动态查找表能进行插入、删除、查询和检索操作

C. 静态查找表只进行插入和删除操作

D. 静态查找表能进行插入、删除、查询和检索操作

5. 单选题 下列选项中，说法正确的选项为_____。

A. n 个结点建立的二叉排序树，高度一定不大于 n

B. 由同样的 n 个结点建立的两种查找表，一种是二叉排序树，另一种是顺序表。那么二叉排序树的查找效率一定高于顺序表的查找效率

C. 平衡二叉树是一种动态查找树

D. 二叉排序树中查找效率低的树一定不是平衡二叉树

6. 填空题 关键字集合(60，70，50，40，30，55，58)按顺序输入构成一棵二叉排序树，该二叉排序树根结点的平衡因子为_____。

7. 填空题 平衡二叉树是指_____。

8. 填空题 设关键字集合(87，54，70，75，26，63，29，32，52，53，78)，将它们散列在 0-12 的空间，哈希函数可以设计为_____。

9. 填空题 10 个结点的查找表，当进行折半查找时，二次找到的结点序号为_____。

10. 填空题 查找表有 100 个元素，进行折半查找时，最多查找次数为_____。

11. 填空题 有序列：18,7,29,3,12,60,25,34，按序输入建立二叉排序树，树的高度为_____。

12. 填空题 有输入序列：60,50,70,40,30，建立二叉排序树，指出第一次出现失衡的结点及失衡种类_____。

13. 填空题 对于查找表,树型的查找效率一定比线性的查找效率高,这种说法正确吗? 举例说明_____。

14. 填空题 建立哈希表时，首先要先建立一个哈希函数，同时给出一种_____。

15. 填空题 当平衡的二叉排序树中插入一个结点后，二叉排序树可能产生多个不平衡点，在多个不平衡的结点中，应该选择旋转的结点为_____。

习 题

1. 若对大小均为 n 的有序的顺序表和无序的顺序表分别进行查找，试在下列情况下分别讨论两者在等概率时的平均查找长度是否相同？

(1) 查找不成功，即表中没有关键字等于给定值 K 的记录。

(2) 查找成功且表中只有一个关键字等于给定值 K 的记录。

2. 画出对长度为 10 的有序表进行折半查找的平衡二叉树，并求其等概率时查找成功的平均查找长度。

3. 试画出含 12 个结点最大深度的平衡二叉树，画出一棵满足条件的树。

4. 试写一个判别给定二叉树是否为二叉排序树的算法。设此二叉树以二叉链表作为存储结构，且树中结点的关键字均不同。

5. 编写算法，求出指定结点在给定的二叉排序树中所在的层数。

6. 编写算法，在给定的二叉排序树上找出任意两个不同结点的最近公共祖先(若在两结点 A、B 中，A 是 B 的祖先，则认为 A 是 A、B 的最近公共祖先)。

7. 已知图 8.35 中二叉排序树的各结点的值依次为 32~40，请给出各结点的值。

8. 按给定序列{46, 25, 78, 62, 18, 34, 12, 40, 73}，顺序构造一棵二叉排序树。

9. 按给定序列{3, 5, 7, 11, 13, 10, 17}顺序构造一棵平衡二叉排序树。

10. 写出将两棵二叉排序树合并为一棵二叉排序树的算法。

11. 设有 3 阶 B 树如图 8.36 所示。画出在该树上插入关键字 33 后的 B 树；画出在该树上删除关键字 43 后的 B 树。

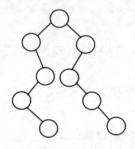

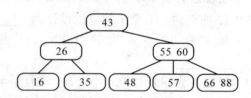

图 8.35　二叉排序树　　　　　　　　　　图 8.36　3 阶 B 树

12. 设有 n 个关键字，它们具有相同的 Hash 函数值，用线性探测法把这 n 个关键字存入到 Hash 地址空间中要做多少次探测？

13. 已知记录关键字集合为(53, 17, 19, 61, 98, 75, 79, 63, 46, 49)，要求散列到地址区间(100, 101, 102, 103, 104, 105, 106, 107, 108, 109)内，若产生冲突，则用开放定址法的线性探测法解决，要求写出选用的散列函数、形成的散列表，计算出查找成功时平均查找长度与查找不成功时的平均查找长度(设等概率情况)。

14. 已知某哈希表的装载因子小于 1，哈希函数 H(key)为关键字(标识符)的第一个字母在字母表中的序号，处理冲突的方法为线性探测开放定址法。试编写一个按第一个字母的顺序输出哈希表中所有关键字的算法。

实　　验

实验一　简单的顺序表查找。

(1) 问题描述：利用顺序查找算法，在线性表 list 中查找给定值 key(学号、姓名、年龄等)。例如，先选择查找项——学号、姓名或年龄，显示查找到的记录。

(2) 基本要求：输入学生信息，建立线性表；对查找项找到的相应记录按格式输出。

(3) 测试数据：查找表如图 8.37 所示。

(4) 程序运行结果如下：

选择查找项输入数据为：0<回车>，这时要查找的学生属性为：学号。

输入学号为 03，输出结果如图 8.37 所示。

选择查找项输入数据为：1<回车>，这时要查找的学生属性为：姓名。

查找成功，输出结果如图 8.38 所示，查找失败，输出结果如图 8.39 所示。

选择查找项输入数据为：2<回车>，这时要查找的学生属性为：平均成绩。

输入平均成绩为 80，查找平均成绩大于 80 的数据元素，输出结果如图 8.40 所示。

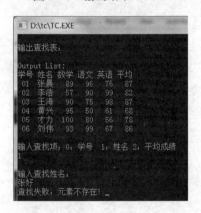

图 8.37 输出结果 1

图 8.38 输出结果 2

图 8.39 输出结果 3

图 8.40 输出结果 4

(5) 程序清单如下：

```
#define MaxSize 100
#include "stdio.h"
#include "string.h"
typedef struct                       /*查找表元素的类型*/
{
    char no[5];
    char name[20];
    int score[3];
    int sum;
} Elemtype;
typedef struct                       /*查找表的类型*/
{
    Elemtype data[MaxSize];
```

```
        int len;
} SeqList;
void InitList(SeqList *L)                /* 初始化查找表 L */
{
    L->len = 0;                          /*定义初始数据元素个数*/
}
int OutputList(SeqList L)                /*将查找表 L 中的所有数据元素输出*/
{
    int i;
    printf("\nOutput List:");
    printf("\n 学号 姓名 数学 语文 英语 平均");
    for(i=0; i<L.len; i++)               /*输出第 i 个数据元素*/
    {
        printf("\n %s %s", L.data[i].no, L.data[i].name);
        printf("\n %4d %4d", L.data[i].score[0], L.data[i].score[1]);
        printf("\n%4d %4d", L.data[i].score[2], L.data[i].sum);
    }
}
int InsertList(SeqList *L, Elemtype x)
/* 在有序表 L 中插入数据元素值 x，插入成功返回 1，插入失败返回 0 */
{
    int i, sum=0;
    if(L->len >= MaxSize)
    {
        printf("顺序表已满无法插入! \n");
        return 0;
    }
    else
    {
        strcpy(L->data[L->len].no, x.no);              /*元素插入表尾*/
        strcpy(L->data[L->len].name, x.name);
        for(i=0; i<3; i++)
        {
            sum += x.score[i];
            L->data[L->len].score[i] = x.score[i];
        }
        L->data[L->len].sum = sum/3;        /*计算平均成绩*/
        L->len++;                           /*插入元素后表长度加 1*/
        return 1;
    }
}

int Searchname(SeqList L, char *x)    /*在有序表 L 中，查找关键字为 x 的记录*/
{
    int i = 0;
    while(i < L.len)
    {
        if(strcmp(L.data[i].name,x) == 0) return i; /*查找成功*/
        i++;
```

```c
    }
    return -1;                                      /*查找失败*/
}
int Searchno(SeqList L, char *x)        /*在有序表 L 中查找关键字为 x 的记录*/
{
    int i = 0;
    while(i < L.len)
    {
        if(strcmp(L.data[i].no,x) == 0)
            return i;                           /*查找成功*/
        i++;
    }
    return -1;                              /*查找失败*/
}
int Searchscore(SeqList L, int x)        /*在有序表 L 中查找关键字为 x 的记录*/
{
    int i=0, j=0;
    while(i < L.len)
    {
        if(L.data[i].sum > x) j++;         /*查找成功*/
        i++;
    }
    return j;                              /*查找失败*/
}
main()
{
    SeqList L;
    char x[20]; int i,j;
    Elemtype a[] = {{"01", "张晨", 89, 96, 76}, {"02", "李浩", 57, 90, 99},
                {"03", "王海", 90, 75, 98}, {"04", "黄兴", 95, 50, 61},
                {"05", "才力", 100, 80, 56}, {"06", "刘伟", 93, 99, 67}};
    InitList (&L);                              /* 初始化 L */
    for(i=1; i<=6; i++)                  /*插入 10 个数据元素建立 L 表*/
    {
        if(InsertList(&L,a[i-1]) == 0)
        { printf("插入元素失败! \n"); return; }
    }
    printf("\n 输出查找表: \n");
    OutputList(L);
    printf("\n\n 输入查找项: 0: 学号  1: 姓名 2: 总成绩\n"); scanf("%d", &i);
    switch (i)
    {
    case 0:
        printf("\n 输入查找学号: \n"); scanf("%s", x);
        if((i=Searchno(L, x)) != -1)
            printf("查找成功: 该数据元素位置为%d ", i+1);
        else printf("查找失败: 元素不存在! ");
        break;
    case 1:
```

```
        printf("\n 输入查找姓名: \n"); scanf("%s", x);
        if((i=Searchname(L, x)) != -1)
            printf("查找成功: 该数据元素位置为%d ", i+1);
        else printf("查找失败: 元素不存在! ");
        break;
    case 2:
        printf("\n 输入查找总成绩: \n"); scanf("%d", &i);
        j=Searchscore(L, i); printf("\n 成绩>%d 的学生有%d 个 ", i, j);
    }
}
```

实验二　索引表的查找。

(1) 问题描述: 利用分块查找算法在线性表(学生情况表)list 中查找给定值 key(学号)的结点, 并将该结点的部分数据进行修改。

例如, 输入学号为"20110", 选择课程名为"统计", 输入修改成绩为"99"; 在学生情况表中查找学号为"20120"的学生记录, 将该学生记录的统计成绩修改为99。

(2) 基本要求: 输入学号、选择课程名、输入修改后的成绩, 在数据文件 score.txt 中查找相应的记录进行修改, 将修改后的线性表(学生情况表)的数据输出到文件 score.txt 中。

(3) 测试数据: 为提高分块查找的可操作性, 算法中的输入数据可由数据文件 score.txt 提供, 假设 score.txt 中的数据如图 8.41 所示(数据在 score.txt 文件中的存放以空格分隔)。

输入欲修改成绩的学生号为 20110<回车>, 选择欲修改成绩的课程:

1 高数 2 英语 3 会计 4 统计, 输入 4, 输入该课程的修改成绩 99。

程序运行后 score.txt 中的学号是 20110 的学生的统计成绩已修改为 99。

(4) 程序运行结果。

没执行程序前, score.txt 的状态如图 8.41 所示, 执行程序后, 结果如图 8.42 所示。

(5) 提示: 分块查找的查找过程应分如下两步进行。

① 先在线性表中确定待查找的结点属于哪一块。由于块与块之间按关键字大小有序, 因此, 块间查找可采用二分查找算法。

图 8.41　　　　　　　　　　图 8.42

② 在所确定的块内查找待查结点, 由于块内结点即可无序亦可有序, 因此, 块内查找一般可采用顺序查找算法。找到指定结点后, 按要求修改结点中的有关数据。

(6) 程序清单如下:

```c
#include "stdio.h"
#define M 18                            /*线性表长*/
#define B 3                             /*将线性表分成 B 块*/
#define s 6                             /* 每块内结点数为 S */
typedef char keytype;
typedef struct                          /*定义学生的结点结构*/
{
    char num[8], name[10];
    int chin, phy, chem, eng;
} STUDENT;
typedef struct                          /*定义线性表的结点结构*/
{
    keytype key[8]; STUDENT stu;
} TABLE;
typedef struct                          /*定义索引表的结点结构*/
{
    keytype key[8]; int low, high;
} INDEX;
TABLE list[M];                          /*说明线性表变量*/
INDEX inlist[B];                        /*索引表变量*/
void readtxt(void)                      /* 构造线性表 list 及索引表 inlist */
{
    FILE *fp; int i,d; char max[8];
    if((fp=fopen("score.txt","r")) == NULL)/*以只读方式打开 score.txt 文件*/
    { printf("文件没打开! "); return; }
    for (i=0; i<M; i++)                 /* 将 score.txt 中的数据输入到线性表 list */
    {
        fscanf(fp, "%s %s ", list[i].stu.num, list[i].stu.name);
        fscanf(fp, "%d %d ", &list[i].stu.chin, &list[i].stu.phy);
        fscanf(fp, "%d %d ", &list[i].stu.chem, &list[i].stu.eng);
        strcpy(list[i].key, list[i].stu.num);
    }
    for (i=0; i<B; i++)                         /* 构造索引表 inlist */
    {
        inlist[i].low = i + (i * (s - 1));
        inlist[i].high = i + (i + 1) * (s - 1);
    }
    strcpy(max, list[0].stu.num); d = 0;
    for (i=1; i<M; i++)
    {
        if (strcmp(max,list[i].stu.num) < 0) strcpy(max, list[i].stu.num);
        if ((i+1)%6 == 0)
        {
            strcpy(inlist[d].key, max); d++;
            if (i < M-1) strcpy(max, list[i+1].stu.num);
            i++;
        }
    }
```

```
    }
    fclose(fp);                              /*关闭 score.txt 文件*/
}
void modify(char *key, int kc, int cj)  /*动态分块查找*/
{
    int low1=0, high1=B-1, mid1, i, j, flag=0;
    while (low1<=high1 && !flag)
    {
        mid1 = (low1+high1)/2;
        if (strcmp(inlist[mid1].key,key) == 0) flag = 1;
        else if(strcmp(inlist[mid1].key,key) > 0) high1 = mid1 - 1;
        else low1 = mid1 + 1;
    }
    if (low1 < B) { i=inlist[low1].low; j=inlist[low1].high; }
    while (i<j && strcmp(list[i].key,key)) i++;
    if (strcmp(list[i].key,key) == 0)
        if (kc==1) list[i].stu.chin = cj;
        else if(kc==2) list[i].stu.phy = cj;
        else if (kc==3) list[i].stu.chem = cj;
        else if(kc==4) list[i].stu.eng = cj;
}
void writetxt(void)                             /*输出*/
{
    FILE *fp; int i;
    if((fp=fopen("score.txt","w")) == NULL) /*以写方式打开 score.txt 文件*/
    { printf("文件没打开! "); return; }
    for (i=0; i<M; i++)                   /*将修改后的数据输出到 score.txt 文件中*/
    {
        fprintf(fp, "%s  %s ", list[i].stu.num, list[i].stu.name);
        fprintf(fp, "%d %d ", list[i].stu.chin, list[i].stu.phy);
        fprintf(fp, "%d %d\n", list[i].stu.chem, list[i].stu.eng);
    }
    fclose(fp);                              /*关闭 score.txt 文件*/
}
void main()                              /*主程序 */
{
    int kc, cj; char key[8];
    printf("请输入欲修改成绩的学生号: \n"); gets(key);
    printf("选择欲修改成绩的课程: 1. 高数 2. 英语 3. 会计 4. 统计");
    scanf("%d", &kc); printf("输入该课程的修改成绩: "); scanf("%d", &cj);
    readtxt();                              /*调用输入数据函数*/
    modify(key, kc, cj);                     /*调用分块查找及数据修改函数*/
    writetxt();                             /*调用输出数据函数*/
}
```

第9章 排　　序

本章要点：

- 排序的分类。
- 各种排序算法的基本思想。
- 排序算法的设计与实现。
- 排序算法的效率分析。

9.1　概　　述

数据处理的核心运算就是排序，如果数据是按关键字大小有序排列的，就可以提高处理数据的效率。排序是计算机程序设计中的一种基础性操作，研究和掌握各种排序方法非常重要。

排序是程序设计中的一种重要运算，功能是将一组数据元素(记录)的任意序列重新排列成一个按关键字有序的序列。

为了便于讨论，首先给出排序的定义。

给定具有 n 个记录 R_1, R_2, ..., R_n 的文件，每个记录 R_i 都有一个关键字 $K_i(1 \leqslant i \leqslant n)$ 且对任意两个关键字 K_i 和 K_j 都存在如下一种关系：

① $K_i > K_j$。② $K_i = K_j$。③ $K_i < K_j$。

排序问题就是按照关键字值的某种关系，寻找一个排列 S，使得

$$K_{S(i)} \leqslant K_{S(i+1)} \quad 或 \quad K_{S(i)} \geqslant K_{S(i+1)} \quad (1 \leqslant i \leqslant n-1)$$

从而可得到文件中各记录的一种排序：$R_{S(1)}$, $R_{S(2)}$, ..., $R_{S(n)}$。

简而言之，排序就是按关键字值的递减($K_{S(i)} \leqslant K_{S(i+1)}$)或递增($K_{S(i)} \geqslant K_{S(i+1)}$)次序，把文件中的各记录依次排列起来，使得一个无序文件变成有序文件的一种操作。

上述排序定义中的关键字 K_i 可以是记录 R_i 的一个关键字或者是若干数据项的组合。若 K_i 是唯一的，则排序后得到的结果是唯一的；若 K_i 是不唯一的，假设 $K_i = K_j(1 \leqslant i \leqslant n, 1 \leqslant j \leqslant n, j \neq i)$，且在排序前的序列中若 R_i 领先于 R_j(即 $j < j$)，在排序后的序列中 R_i 仍领先于 R_j，则称所用的排序方法是稳定的；反之，若可能使排序后的序列中 R_j 领先于 R_i，则称所用的排序方法是不稳定的。简单地说，排序是否稳定的区分点在于相同关键字的记录在排序前后的相对位置是否改变。无论是稳定的还是不稳定的排序方法，均能完成排序。在应用排序的某些场合，对排序的稳定性是有特殊要求的。

通常，在排序的过程中需要进行下列两种基本操作：

- 比较两个关键字的大小。
- 将记录从一个位置移至另外一个位置。

要排序文件记录序列，有三种常见的存储表示方法。

1) 顺序结构

要排序的初始文件的各个记录，按其自然顺序存放在连续的一块内存空间中，如图9.1所示。由于在这种存储方式中，记录之间的次序关系由其存储位置来决定，所以排序过程中一定要移动记录才行。

2) 链式结构

排序文件的每个记录(数据元素)作为链表结构存储，并按原始次序链接，如图9.2所示。排序时，不用移动记录元素，而只需要修改指针。这种排序方式被称为链表排序。

3) 地址向量结构

将要排序文件的各个记录存储到内存的各块中，这些存储块的地址是不连续的。按各记录的原始次序，将这些块的首地址依次存入内存的一块连续单元中，这样由各块的首地址组成一个向量，这个向量就是地址向量，如图9.3所示。这样在排序过程中不移动记录本身，而修改地址向量中记录的"地址"，排序结束后，再按照地址向量中的值调整记录的存储位置。这种排序方式被称为地址排序。

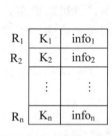 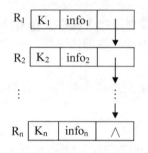 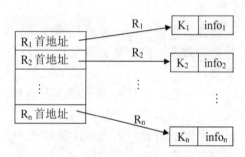

图9.1 顺序结构　　　图9.2 链式结构　　　图9.3 地址向量结构

排序的应用十分广泛，它是信息处理中经常使用的一种重要运算。研究高效的排序算法是计算机应用中重要的研究课题之一，由此产生了许多排序算法。

根据待排序的记录数量不同与记录所处的位置不同，可以将排序分为内部排序和外部排序两大类。在排序过程中，所有待排序记录都放在内存中进行的排序称为内部排序(Internal Sort)；而若待排序的记录很多，排序时不仅要使用内存，而且还要使用外部存储器，这种排序方法就称为外部排序(External Sort)。本章主要讨论内部排序的常用算法，其中有的算法思想也可推广到外部排序。

内部排序的方法很多，按照排序所用策略的不同，排序方法通常分为5类，即插入排序、交换排序、选择排序、归并排序、计数排序。

如果按内部排序过程中所需要的工作量来区分，则可分为3类。

- 简单排序方法：其时间复杂度为$O(n^2)$。
- 先进的排序方法：其时间复杂度为$O(n\log_2 n)$。
- 基数排序：其时间复杂度为$O(d \cdot n)$。

但对于一个具体的算法而言，有的往往是几种基本方法的结合，难以把它归类。评价排序算法优劣的标准主要有两条：一条是算法的运算量，另一条是执行算法所需要的附加存储空间，而算法的运算量则主要通过关键字的比较次数和记录的移动次数来反映。下面介绍5种基本的排序方法，并对它们的比较次数和移动次数做简单的分析。除特别说明外，本章中均按各记录关键字非递减次序来处理排序。

本章中除特殊说明外，所采用的存储结构均为顺序结构。为了讨论方便，假设待排记录的关键字均为整数，顺序结构中的数组中下标从 1 的位置开始存储(下标为 0 的位置存储监视哨，或空闲不用)。

数据类型定义如下：

```
#define MAXSIZE 100
typedef int keytype;                    /*关键字为整型数据*/
typedef struct                          /*数据元素(记录)数据类型*/
{
    keytype key;                        /*关键字项*/
    Elemtype otheritem;                 /*其余的数据项*/
} rcdtype;
typedef struct                          /*排序表的数据类型*/
{
    rcdtype r[MAXSIZE+1];               /* r[0]可用作哨兵单元或空闲 */
    int length;                         /*顺序表长度*/
} SeqList;
```

9.2 插 入 排 序

插入排序的基本思想是：在一个已排好序的记录子集的基础上，每一次将下一个待排序的记录有序地插入到已排好序的记录子集中，直到将所有待排记录全部插入为止。

9.2.1 直接插入排序

直接插入排序是一种最基本的插入排序方法。其基本操作是将第 i 个记录插入到前面 i-1 个已排好序的记录中，具体过程为：将第 i 个记录的关键字 K_i 依次与其前面记录的关键字 K_{i-1}，K_{i-2}，...，K_1 进行比较，将所有关键字大于 K_i 的记录依次向后移动一个位置，直到遇见一个关键字小于或者等于 K_i 的记录 K_j，此时 K_j 后面位置的数据已经移到下一个位置上，将第 i 个记录 K_i 插入到 j+1 位即可。完整的直接插入排序是从 i=2 开始的，首先将第 1 个记录视为已排好序的一个元素子集合，然后将第 2 个记录插入到该子集合中形成两个元素的有序子集。如此循环，即可实现完整的直接插入排序。图 9.4 给出了一个完整的直接插入排序示例，图中括号内为当前已排好序的记录子集合。

初始关键字：	{**45**	62	35	77	92	55	14	35
i=2	{**45**	**62**}	35	77	92	55	14	35
i=3	{**35**	**45**	**62**}	77	92	55	14	35
i=4	{**35**	**45**	62	**77**}	92	55	14	35
i=5	{**35**	**45**	62	77	**92**}	55	14	35
i=6	{**35**	**45**	55	**62**	77	**92**}	14	35
i=7	{**14**	**35**	45	55	**62**	77	**92**}	35
i=8	{**14**	**35**	35	45	**55**	62	77	**92**}

图 9.4 直接插入排序示例

假设待排序记录存放在 r[1..n]中，为了提高效率，附设一个监视哨 r[0]，使得 r[0]始终存放待插入的记录。监视哨的作用有两个：一是备份待插入的记录，以便前面关键字较大的记录后移；二是为了在查找插入位置的过程中避免数组下标出界。

直接插入排序的算法如下：

```
void InsertSort(SeqList *L)          /*将表 L 中的记录进行插入排序，结果放 L 中*/
{
    for (i=2; i<=L.length; ++i)       /*从第二个元素开始排序*/
       if (L.r[i].key < L.r[i-1].key) /*第 i 个记录小于前面记录插入到适当位置*/
       {
           L.r[0] = L.r[i];           /*暂时将第 i 个结点复制到哨兵*/
           for (j=i-1; L.r[0].key<L.r[j].key; --j)
              L.r[j+1] = L.r[j];       /*记录后移的目的是给插入元素找位置*/
           L.r[j+1] = L.r[0];          /*插入到正确位置*/
       }
}
```

该算法的要点是：①使用监视哨 r[0]临时保存待插入的记录；②从后往前查找应插入的位置；③查找与移动在同一循环中完成。

下面分析算法的性能。

从空间来看，它只需要一个记录的辅助空间；从时间来看，排序的基本操作为：比较两个关键字的大小和移动记录。在一趟排序中，循环次数取决于待插记录的关键字与前 i-1 个记录的关键字之间的关系，若 r[i].key≥r[i-1].key，则循环只进行一次关键字比较，而不移动记录。若 r[i].key<r[1]则待插记录关键字要与有序子序列 r[1..i-1]中[i-1]个记录的关键字和监视哨中的关键字进行比较，并将 r[1..i-1]中的 i-1 个记录后移。在整个排列过程(n-1趟插入)中，当待排序列中记录按关键字非递减有序排列(简称正序)时所需进行关键字间比较的次数达最小值 n-1 $\left(即\sum\limits_{i=2}^{n}1\right)$，记录移动的次数也达最小值 2(n-1) $\left(即\sum\limits_{i=2}^{n}2\right)$ (每趟只对待插入记录 r[i]作二次移动)；反之，当待排序列中按关键字非递增有序排列(简称逆序)时，总的比较次数达最大值，(n+2)(n-1)/2 $\left(即\sum\limits_{i=2}^{n}i\right)$，记录移动的次数也达最大值(n+4)(n-1)/2 $\left(即\sum\limits_{i=2}^{n}(i+1)\right)$；若待排序记录是随机的，即待排序列中的记录可能出现的各种排列的概率相同，则可取上述最小值和最大值的平均值，作为直接插入排序时所需进行关键字间的比较次数和移动记录的次数，约为 $n^2/4$。由此，直接插入排序的时间复杂度为 $O(n^2)$。

排序算法的稳定性必须从算法本身加以证明。直接插入排序方法是稳定的排序方法。在直接插入排序算法中，由于待插入元素的比较是从后向前进行的，循环的判断条件就保证了后面出现的关键字不可能插入到与前面相同的关键字之前。

直接插入排序算法简便，比较适用于待排序记录数目较少且基本有序的情况。当待排记录数目较大时，直接插入排序的性能不是很好。下面例 9.1 是在直接插入排序的基础上，为减少"比较"和"移动"这两种操作的次数，对排序算法所做的进一步改进。

【**例 9.1**】对整数序列运用插入排序方法实现排序。如有序列：23，4，11，26，89，33，77，56，98，86，插入排序后结果为：4，11，23，26，33，56，77，86，89，98。

题目分析：实现插入排序可以采用顺序存储结构或链式存储结构。具体过程：输入 n 个数据元素，然后对 n 个数据元素实现插入排序。

设计算法如下。

- ListInitiate(L)：初始化顺序表 L。
- InsertSort(L)：对表 L 中的记录进行插入排序。
- Input(L)：输入线性表 L。
- Output(L)：输出线性表 L。

用 C 语言实现顺序表上的插入排序程序代码，参见电子文档的习题解答与实验部分。

用 C 语言实现链式存储结构上的插入排序的程序代码如下：

```c
typedef int Elemtype;
typedef struct Node
{
    Elemtype data;
    struct Node *next;
} LNode;

LNode* ListInitiate()                   /*初始化一个只有哨兵结点的空链表*/
{
    LNode head;
    if((&head = (LNode*)malloc(sizeof(LNode))) == NULL) exit(1);
    head.next = NULL;                   /* 置链尾标记 NULL */
    return &head;
}

LNode* ListInsert(LNode *head, int n)   /*创建 n 个结点的链表*/
{
    LNode *p, *q; int i;
    p = head;                           /* p 指向首元结点 */
    printf("\n 输入数据元素");
    for(i=0; i<n; i++)                  /*生成新结点由指针 q 指示*/
    {
        if((q=(LNode*)malloc(sizeof(LNode))) == NULL) exit(1);
        scanf("%d", &q->data);
        q->next = p->next;              /*给指针 q->next 赋值*/
        p->next = q;                    /*给指针 p->next 重新赋值*/
    }
    return head;
}

LNode* InsertSort(LNode *head)          /*创建 n 个结点的链表*/
{
    LNode *p, *q, *t, *s;
    p = head->next; q = p->next;
    p->next = NULL;                     /* p 指向首元结点 */
```

```
    while(q)                          /* 生成新结点由指针 q 指示 */
    {
        t=q; q=q->next; p=head;
        while(s = p->next)
        {
            if(t->data <= s->data) break;
            p = p->next;                    /*给指针 q->next 赋值*/
        }
        t->next = p->next;
        p->next = t;                        /*给指针 p->next 重新赋值*/
    }
}


Output(LNode *L)
{
    LNode *p = L->next;
    printf("\n 输出线性链表: ");
    while(p)
    {
        printf(" %3d ", p->data);
        p = p->next;
    }
    printf("\n");
}
Destroy(LNode *head)
{
    LNode *p, *p1;
    p = head;
    while(p != NULL)
    {
        p1=p; p=p->next; free(p1);
    }
    head = NULL;
}

main()
{
    LNode L; int n;                       /*定义线性表存放排序元素*/
    printf("\n\n");
    &L = ListInitiate();
    Output(&L);                           /*初始化线性表*/
    printf("输入元素个数！\n");
    scanf("%d", &n);                      /* 输入排序元素的个数 n */
    L = *ListInsert(&L, n);               /* 输入 n 个数据元素 */
    Output(&L);                           /* 输出 n 个数据元素 */
    InsertSort(&L);                       /* 对 L 表插入排序 */
    printf("\n 排序后, ");
    Output(&L);                           /*输出 L 表*/
}
```

9.2.2 折半插入排序

前面介绍过，关于顺序表有三种查找方法，对有序表可以进行折半查找，其性能优于顺序查找。那么直接插入排序算法中的"搜索"操作可以改变为在区间[1, i-1]上进行折半查找来实现。如此进行的插入排序称为折半插入排序(Binary Insertion Sort)。

算法如下：

```
void Binsertsort(SeqList *L)      /*对表 L 中的记录折半插入排序，结果放在 L 中*/
{
    for (i=2; i<=L.length; i++)       /*从第二个元素开始排序*/
    {
        L.r[0] = L.r[i];                 /* 暂存待排序记录到 L.r[0] */
        low=1; high=i-1;
        while (low <= high)          /*在 r[low..high]中折半查找插入位置*/
        {
            m = (low + high) / 2;
            if (L.r[0].key < L.r[m].key) high = m-1; /*插入点在低半区*/
            else low = m+1;                          /*插入点在高半区*/
        }
        for (j=i-1; j>=high+1; j--) L.r[j+1] = L.r[j];  /*记录依次后移*/
        L.r[high+1] = L.r[0];                   /*完成记录插入*/
    }
}
```

采用折半插入排序法，可减少关键字的比较次数。每插入一个记录，需要比较的次数最大值为折半判定树的深度，如插入第 i 个记录时，最多进行 $\log_2 i$(向上取整)次比较，因此插入 n-1 个记录的平均关键字的比较次数为 $O(n\log_2 n)$。而记录的移动次数不变，并未改变移动记录的时间耗费。因此，折半插入排序的时间复杂度仍为 $O(n^2)$。

9.2.3 二路插入排序

所谓二路插入排序，是在折半插入排序的基础上的进一步改进，目的是减少排序过程中移动记录的次数，为此需要 n 个记录的辅助空间。

具体做法如下。

另设一个与 r 同类型的数组 d，首先将 r[1]赋值给 d[1]，并将 d[1]看成是在排好序的序列中处于中间位置的记录，然后从 r 中第 2 个记录起依次插入到 d[1]之前或之后的有序序列中。

先将待插记录的关键字和 d[1]的关键字进行比较，若 r[i].key < d[1].key，则将 r[i]插入到 d[1]之前的有序表中；反之，则将 r[i]插入到 d[1]之后的有序表中。

在实现算法时，可将 d 看成是一个循环向量，并设两个指针 first 和 final，分别指示排序过程中得到的有序序列中的第一个记录和最后一个记录在 d 中的位置。二路插入排序过程如图 9.5 所示。

初始关键字：　　　45　　62　　35　　77　　92　　55　　14　　35

数组 d 状态变化：

	1	2	3	4	5	6	7	8		
初始状态：	{45}								final=1	first=9
i=2	{45	62}							final=2	first=9
i=3	{45	62}					{35}		final=2	first=8
i=4	{45	62	77}				{35}		final=3	first=8
i=5	{45	62	77	92}			{35}		final=4	first=8
i=6	{45	55	62	77	92}		{35}		final=5	first=8
i=7	{45	55	62	77	92}	{14	35}		final=5	first=7
i=8	{45	55	62	77	92}	{14	35	35}	final=5	first=6

图9.5　二路插入排序示例

二路插入排序的算法如下：

```
void Srsort(SeqList *L)              /* L 表存放待排序记录，结果保存在 L 表中 */
{
    rcdtype d[L.length+1];           /* d 为临时数组 */
    d[1] = L.r[1];
    first=L.length+1; final=1;
    for (i=2; i<=L.length; ++i)
    {
        if (L.r[i].key < d[1].key)
        {
            low = first;
            high = L.length;             /*插入位置在 first ~ L.length 之间*/
        }
        else { low=1; high=final; }  /*插入位置在 1~final 之间*/
        while (low <= high)              /*折半查找插入位置*/
        {
            m = (low + high) / 2;
            if (L.r[i].key < d[m].key) high = m - 1;
            else low = m + 1;
        }
        if (L.r[i].key < d[1].key)
        /*判断查找插入位置是 d[1]前面的表还是后面的表*/
        {
            for (j=first; j<low; ++j) d[j-1] = d[j];  /*在 d[1]前面的表插入*/
            d[low-1] = L.r[i];
            --first;
        }
        else
        {
            for (j=final; j>high; --j) d[j+1] = d[j];  /*在 d[1]后面的表插入*/
            d[high+1] = L.r[i];
            ++final;
        }
```

```
    }
    j = first;
    for (i=1; i<=L.length; ++i)                    /*将数组 d 复制到表 L 的 r 向量中*/
    {
        L.r[i] = d[j]; ++j;
        if (j > L.length) j = 1;
    }
}
```

在二路插入排序中，移动记录的次数约为 $n^2/8$。因此，二路插入排序只能减少移动记录的次数，而不能绝对避免移动记录。并且，当 r[i] 是待排序记录中的最小或最大的记录时，二路插入排序就会完全失去它的优越性。若希望在排序过程中不移动记录，只有改变存储结构，下面进行表插入排序。

9.2.4 表插入排序

表插入排序是采用静态链表存储结构进行插入排序的方法。表插入排序的基本思想是：在有序子静态链表(已经排序好的元素组成的静态链表)中，查找待插入记录应插入的位置，然后将待插入记录插入静态链表。由于静态链表的插入操作只修改指针域，不移动记录，所以表插入排序可提高排序效率。表插入排序的类型说明如下：

```
typedef struct
{
    keytype key;                    /*关键字*/
    Elemtype otheritem;
    int next;                       /*静态指针*/
} SLnode;
typedef struct
{
    SLnode r[MAXSIZE];
    int length;
} Listtype;
```

为了插入方便，用 r[0] 作为哨兵结点，并构成循环链表，即 r[0].next=1 指向静态循环链表的第一个结点，r[1].next=0。然后从 i=2 起，依次将第 i 个结点插入链表。表插入排序的过程如图 9.6 所示。表插入排序的算法如下：

```
void TBsort(Listtype L)                    /*表插入排序*/
{
    L.r[0].next=1; L.r[1].next=0;
    for (i=2; i<=L.length; ++i)
    {
        p=L.r[0].next; q=0;                /* p 指向第一个元素，q 是 p 的前驱 */
        while (p>0 && L.r[p].key<=L.r[i].key)
        {
            q = p;
            p = L.r[p].next;
        }
```

```
     L.r[q].next=i; L.r[i].next=p;     /* 在 p 所指元素前插入第 i 个元素 */
    }
}
```

		0	1	2	3	4	5	6	7	8
初始状态		X	45	62	35	77	92	55	14	<u>35</u>
		1	0	—	—	—	—	—	—	—
i=2		X	45	62	35	77	92	55	14	<u>35</u>
		1	2	0	—	—	—	—	—	—
i=3		X	45	62	35	77	92	55	14	<u>35</u>
		3	2	0	1	—	—	—	—	—
i=4		X	45	62	35	77	92	55	14	<u>35</u>
		3	2	4	1	0	—	—	—	—
i=5		X	45	62	35	77	92	55	14	<u>35</u>
		3	2	4	1	5	0	—	—	—
i=6		X	45	62	35	77	92	55	14	<u>35</u>
		3	6	4	1	5	0	2	—	—
i=7		X	45	62	35	77	92	55	14	<u>35</u>
		7	6	4	1	5	0	2	3	—
i=8		x	45	62	35	77	92	55	14	<u>35</u>
		7	6	4	8	5	0	2	3	1

图 9.6　表插入排序示例

从表插入排序的过程可见，表插入排序的基本操作仍是将一个记录插入到已排好序的有序表中。与直接插入排序相比，不同之处仅是以修改指针值代替移动记录，排序过程中所需进行的关键字间的比较次数相同。因此，表插入排序的时间复杂度仍是 $O(n^2)$。

另一方面，表插入排序的结果只是求得一个有序链表，只能对它进行顺序查找，不能进行随机查找，为了能应用有序表的折半查找，尚需对记录进行重新排列。重排记录的做法是：顺序扫描有序链表，将链表中第 i 个结点移动至数组的第 i 个分量中。

根据头结点中指针域的指示，链表的第一个结点，即关键字最小的结点是数组中下标为 7 的分量，其中记录应移至数组的第一个分量中，则将 L.r[1] 和 L.r[7] 互换，并且为了不中断静态链表中的"链"，即在继续顺链扫描时仍能找到互换之前在 L.r[1] 中的结点，令互换之后 L.r[1] 中指针域的值改为"7"。推广至一般情况，若第 i 个最小关键字的结点是数组中下标为 p 且 p 小于 i 的分量，则互换 L.r[i] 和 L.r[p]，且令 L.r[i] 中指针域的值改为 p；由于此时数组中所有小于 i 的分量中已是"到位"的记录，则当 p<i 时，沿着链表顺序继续查找，直到 p≥i 为止。如图 9.7 所示为重排记录的全部过程。

下面的算法描述了上述重排记录的过程。容易看出，在重排记录的过程中，最坏情况是每个记录到位都必须进行一次记录的交换，即三次移动记录，所以重排记录至多需进行 3(n-1) 次记录的移动，并不增加表插入排序的时间复杂度。

高职高专立体化教材　计算机系列

	0	1	2	3	4	5	6	7	8
初始状态	X	45	62	35	77	92	55	14	35
	7	6	4	8	5	0	2	3	1
i=1	X	**14**	62	35	77	92	55	**45**	35
p=7 q=3	7	**7**	4	8	5	0	2	**6**	1
i=2	X	14	**35**	**62**	77	92	55	45	35
p=3 q=8	7	7	**3**	**4**	5	0	2	6	1
i=3	X	14	35	**35**	77	92	55	45	**62**
p=8 q=1	7	7	3	**8**	5	0	2	6	**4**
i=4	X	14	35	35	**45**	92	55	**77**	62
p=7 q=6	7	7	3	8	**7**	0	2	**5**	4
i=5	X	14	35	35	45	**55**	**92**	77	62
p=6 q=2	7	7	3	8	7	**6**	**0**	5	4
i=6	X	14	35	35	45	55	**62**	77	**92**
p=8 q=4	7	7	3	8	7	6	**8**	5	**0**
i=7	X	14	35	35	45	55	62	**77**	92
p=7 q=5	7	7	3	8	7	6	8	**7**	0
i=8	X	14	35	35	45	55	62	77	**92**
p=8 q=0	7	7	3	8	7	6	8	7	**0**

图 9.7 重排记录的全部过程示例

具体算法如下:

```
void arrange(Listtype L)              /*将有序静态链表转换成有序向量表*/
{
    p = L.r[0].next;                  /* P 指向第一个记录 */
    for (i=1; i<L.length; i++)
    {
        while (p < i)
            p = L.r[p].next;          /*找到第 i 个记录,p 指示其在 L 中的当前位置*/
        q = L.r[p].next;              /* q 指向下一待排序数据 */
        if (p != i)
        {
            temp = L.r[p];
            L.r[p] = L.r[i];
            L[i] = temp;              /*交换记录,使第 i 个记录到位*/
            L.r[i].next = p;
        }
        p = q;                        /*指向下一个待排序记录*/
    }
}
```

9.2.5 希尔排序

希尔排序(Shell's Methed)又称缩小增量排序(Diminishing Increment Sort),是一种基于插

入思想的排序方法，但在时间效率上较前述几种排序方法有较大的改进。它利用了直接插入排序的最佳性质。将待排序的关键字序列分成若干个较小的子序列，对子序列进行直接插入排序，再改变分组进行组内排序，直到使整个待排序序列有序。在时间耗费上，较直接插入排序法的性能有较大的改进。其算法时间复杂度为 $O(n^2)$，但是，若待排记录序列为"正序"时，其时间复杂度可提高至 $O(n)$。

在进行直接插入排序时，若待排序记录序列已经有序时，直接插入排序的时间复杂度可以提高到 $O(n)$。可以设想，若待排序记录序列基本有序时，即序列中具有特性 $L.r[i].key < Max\{L.r[j].key\}$ $(1 \leqslant j \leqslant i)$ 的记录较少时，直接插入排序的效率会大大提高。希尔排序正是从这一点出发对直接插入排序进行了改进。

希尔排序的基本思想是：先将待排序记录序列分割成若干个"较稀疏的"子序列，分别进行直接插入排序。经过上述粗略调整，整个序列中的记录已经基本有序，最后再对全部记录进行一次直接插入排序。

具体实现时，首先选定两个记录间的距离 d_1，在整个待排序记录序列中将所有间隔为 d_1 的记录分成一组，进行组内直接插入排序，然后再取两个记录间的距离 $d_2 < d_1$，在整个待排序记录序列中，将所有间隔为 d_2 的记录分成一组，进行组内直接插入排序，直至选定两个记录间的距离 $d_t = 1$ 为止，此时只有一个子序列，即整个待排序记录序列。

一个希尔排序过程的示例如图 9.8 所示。

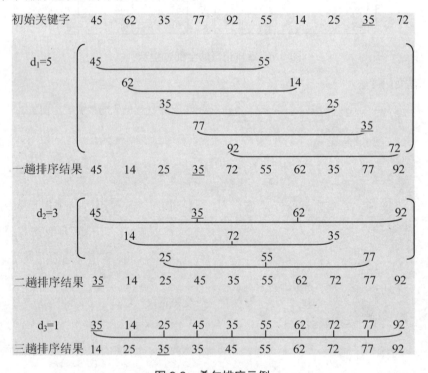

图 9.8　希尔排序示例

第一趟希尔排序时 d=5，将关键字分成 5 个序列 $\{R_1, R_6\}$，$\{R_2, R_7\}$，…，$\{R_5, R_{10}\}$。分别对每个子序列进行直接插入排序，得到一趟排序结果：45、14、25、35、72、55、62、35、77、92。

第二趟排序时 d=3，关键字分为 3 个子序列：$\{R_1, R_4, R_7, R_{10}\}$，$\{R_2, R_5, R_8\}$，$\{R_3, R_6, R_9\}$

分别进行直接插入排序，结果如图9.8中二趟排序结果所示。

最后一趟直接插入排序时 d=1，进行插入排序。至此希尔排序结束，整个序列的记录排序完成。希尔排序全部过程 d 取三次不同的值，每有一个取值便形成一个分组。在组内进行插入排序，组间不断缩短增量，这就是希尔排序。

从上述排序过程可见，希尔排序的一个特点是：子序列的构成不是简单地"逐段分割"，而是将相隔某个"增量"的记录组成一个子序列。图9.8中，第一趟排序时的增量为5，第二趟排序时的增量为 3，由于在前两趟的插入排序中记录的关键字进行比较，因此关键字较小的记录就不是一步一步地往前挪动，而是跳跃式地往前移，从而使得在进行最后一趟增量为 1 的插入排序时，序列已基本有序，只要做记录的少量比较和临近记录移动即可完成排序，因此希尔排序的时间复杂度较直接插入排序低。

希尔排序的算法如下：

```
void Shellinsert(SeqList *L, int dk)      /*对顺序表 L 做一趟希尔排序, dk 为增量*/
{
    for(i=dk+1; i<=L.length; ++i)
        if (L.r[i].key < L.r[i-dk].key)    /*对第 i 个元素在组内实现插入排序*/
        {
            L.r[0] = L.r[i];               /*暂存在 L.r[0]*/
            for (j=i-dk; j>0&&(L.r[0].key<L.r[j].key); j-=dk)
                L.r[j+dk] = L.r[j];        /*在组内记录后移, 查找插入位置*/
            L.r[j+dk] = L.r[0];            /*第 i 个元素插入相应位置*/
        }
}
void Shellsort(SeqList *L, int da[], int t)
/*按 da 给定的值对 L 表进行 t 趟排序*/
{
    for(k=0; k<t; ++k) Shellinsert(L, da[k]);    /*一趟增量为 da[k]的排序*/
}
```

当 dk=1 时，排序的过程与直接插入排序的过程相同。在希尔排序中，各子序列的排序过程相对独立，但具体实现时，并不是先对一个子序列进行完全排序，再对另一个子序列进行排序。当顺序扫描整个待排序记录序列时，各子序列的记录将会反复轮流出现。根据这一特点，希尔排序从第一个子序列的第二个记录开始，顺序扫描待排序记录序列，对首先出现的各子序列的第二个记录，分别在各子序列中进行插入处理；然后对随后出现的各子序列的第三个记录，分别在各子序列中进行插入处理，直到处理完各子序列的最后一个记录。

为了分析希尔排序的优越性，引出逆转数的概念。对于待排序序列中的某个记录的关键字，它的逆转数是指在它之前比此关键字大的关键字的个数。

例如，对上例中待排序序列 45，62，35，77，92，55，14，25，<u>35</u>，72 而言，其逆转数如下：

关键字	45	62	35	77	92	55	14	25	<u>35</u>	72
逆转数 N_i	0	0	2	0	0	3	6	6	5	2

对直接插入排序法而言，n 个记录的 n 个关键字的逆转数之和为 $\sum_{i=1}^{n} N_i$，这时逆转数之

和就是排序过程中插入某一个待排序记录所需要移动记录的次数。因为，若插入第 i 个记录，其前必有 N_i 个记录需要移动。这样一次比较，一次移动，每次只是减少一个逆转数。但对于希尔排序而言，一次比较，一次移动后减少的逆转数不止一个。

例如，上例中待排序序列在未经过希尔排序之前，它的逆转数之和为 24，经过一趟希尔排序后，它的逆转数之和为 10：

关键字	45	14	25	35	72	55	62	35	77	92
逆转数 N_i	0	1	1	0	1	1	5	0	0	

经过二趟希尔排序后，它的逆转数之和为 4：

关键字	35	14	25	45	35	55	62	72	77	92
逆转数 N_i	0	1	1	0	2	0	0	0	0	0

经过三趟希尔排序后，它的逆转数之和为 0：

关键字	14	25	35	35	45	55	62	72	77	92
逆转数 N_i	0	0	0	0	0	0	0	0	0	0

当 dk=1 时，尽管一趟希尔排序相当于直接插入排序，但因为逆转数很小，所以移动次数相对于简单的直接插入排序而言也会减少。由此可见，希尔排序是一个较好的插入排序方法。希尔排序能迅速减少逆转数，尽管当间隔为 1 时，希尔排序相当于直接插入排序，但此时的关键字序列的逆转数已经很小，序列已经基本有序，使用的恰好是直接插入的最佳性质。在希尔排序过程中，相同关键字记录的领先关系发生变化，则说明该排序方法是不稳定的。

希尔排序的分析是一个复杂的问题，因为它的时间耗费是所取的"增量"序列的函数。到目前为止，尚未有人求得一种最好的增量序列。但经过大量研究，也得出了一些局部的结论。有人指出，当增量序列为 $da[k]=2^{t-k+1}-1$ 时，希尔排序的运行时间复杂度为 $O(n^{3/2})$，其中 t 为排序趟数，$1 \leqslant k \leqslant t \leqslant \lfloor \log_2(n+1) \rfloor$。还有人在大量的实验基础上推出：当 n 在某个特定范围内时，希尔排序所需的比较和移动次数约为 $n^{1.3}$，当 n→∞ 时，可减少到 $n(\log_2 n)^2$。增量序列可以有各种取法，但需要注意：应使增量序列中的值没有除 1 之外的公因子，并且最后一个增量值必须等于 1。

9.3 交 换 排 序

交换排序的基本思想是：比较待排序记录的关键字，若为逆序，则进行交换。重复这种比较、交换工作，直至记录有序。基于交换的排序法是一类通过交换逆序元素进行排序的方法。下面首先介绍基于简单交换思想实现的冒泡排序法，在此基础上给出了改进方法——快速排序法。

9.3.1 冒泡排序

冒泡排序是一种简单的交换类排序方法，它是通过相邻的数据元素的交换，逐步将待排序序列变成有序序列的过程。冒泡排序的基本思想是：从头扫描待排序记录序列，在扫描的过程中依次比较相邻的两个元素的大小。以升序为例，在第一趟排序中，对 n 个记录进行如下操作。

若相邻的两个记录的关键字比较，逆序时就交换位置。在扫描的过程中，不断地将相邻两个记录中关键字大的记录向后移动，最后将待排序记录序列中的最大关键字记录交换到待排序记录序列的末尾，这也是最大关键字记录排序完应该存储的位置。然后进行第二趟冒泡排序，对前 n-1 个记录进行同样的操作，其结果是使次大的记录被放在第 n-1 个记录的位置上。

一般地，第 i 趟冒泡排序是从 L.r[1]到 L.r[n-i+1]依次比较相邻两个记录的关键字，并在"逆序"时交换相邻记录，其结果是这 n-i+1 个记录中关键字最大的记录被交换到第 n-i+1 的位置上。如此反复，直到记录排好序为止(若在某一趟冒泡过程中，没有发现一个逆序，则可结束冒泡排序)。

所以冒泡过程最多进行 n-1 趟。在冒泡排序的过程中，关键字较小的记录好比水中气泡逐趟向上飘浮，而关键字较大的记录好比石块往下沉，每一趟有一块"最大"的石头沉到水底，故起名为冒泡排序。

如图 9.9 所示为冒泡排序过程的示例。

```
初始关键字:    45，62，35，77，92，55，14，25，35，72

              45，62，35，77，92，55，14，25，35，72
              45，62，35，77，92，55，14，25，35，72
两个相邻       45，35，62，77，92，55，14，25，35，72
的关键字       45，35，62，77，92，55，14，25，35，72
比较，如果     45，35，62，77，92，55，14，25，35，72
后面的小       45，35，62，77，55，92，14，25，35，72
就交换两       45，35，62，77，55，14，92，25，35，72
个记录        45，35，62，77，55，14，25，92，35，72
              45，35，62，77，55，14，25，35，92，72
一趟排序结果:  45，35，62，77，55，14，25，35，72，92
二趟排序结果:  35，45，62，55，14，25，35，72，77，92
三趟排序结果:  35，45，55，14，25，35，62，72，77，92
四趟排序结果:  35，45，14，25，35，55，62，72，77，92
五趟排序结果:  35，14，25，35，45，55，62，72，77，92
六趟排序结果:  14，25，35，35，45，55，62，72，77，92
```

图 9.9　冒泡排序过程的示例

冒泡排序算法如下：

```
void Bubblesort(SeqList *L)                    /*冒泡排序*/
{
    change = TRUE;                             /*设置标志，当无交换时结束排序*/
```

```
for (i=1; i<=n-1&&change; ++i)
{
    change = FALSE;
    for (j=1; j<=n-i; ++j)                    /*比较相邻元素是否有序*/
        if (L.r[j].key > L.r[j+1].key)
        {
            L.r[j]←→>L.r[j+1];               /*交换逆序的相邻元素*/
            change = TRUE;
        }
}
}
```

分析起泡排序的效率，容易看出，此算法中的外循环最多执行 n-1 次。在第 i 次外循环中，内循环要执行 n-i 次，也就是要进行 n-i 次比较，最大比较次数为：

$$\sum_{i=1}^{n-1}(n-i)=\frac{n(n-1)}{2}=\frac{n^2}{2}$$

总的移动次数为 3n(n-1)/2 次，因此该算法的时间复杂度为 O(n²)，空间复杂度为 O(1)。另外，冒泡排序法是一种稳定的排序方法。

9.3.2　快速排序

快速排序法是由霍尔(Hoare)提出的。这是目前内部排序中速度较快的方法，故又称快速排序。在冒泡排序中，由于扫描过程中只对相邻的两个记录进行比较，因此在互换两个相邻记录时只能消除一个逆序。如果能通过两个(不相邻的)记录的交换，消除待排序记录中的多个逆序，则会大大加快排序的速度。快速排序方法的实现就是想通过一次交换而消除多个逆序的过程。

快速排序的基本思想是：从待排序记录序列中选取一个记录(通常选取第一个记录)，其关键字设为 K_1，然后将其余关键字小于 K_1 的记录移到前面，而将关键字大于 K_1 的记录移到后面，结果将待排序记录序列分成两个子表，最后将关键字为 K_1 的记录插到其分界线的位置处。将这个过程称作一趟快速排序。通过一次划分后，就以关键字为 K_1 的记录为分界线，将待排序序列分成了两个子表，且前面子表中所有记录的关键字均不大于 K_1，而后面子表中的所有记录的关键字均不小于 K_1。对分割后的子表继续按上述原则进行分割，直到所有子表的表长不超过 1 为止，此时待排序记录序列就变成了一个有序表。

假设待排序的序列为{L.r[s], L.r[s+1], ..., L.r[t]}，首先任意选取一个记录(通常可选第一个记录 L.r[s])作为枢轴(或支点)，然后重新排列其余记录，将所有关键字比它小的记录都安置在它的位置之前，所有关键字大的记录都安置在它的位置之后。"枢轴"记录所在的位置作分界线，将序列分割成两个序列{L.r[s], L.r[s+1], ..., L.r[i-1]}和{L.r[i+1], L.r[i+2], ..., L.r[t]}。这个过程称作一趟快速排序(或一次划分)。按下列步骤执行，实现上述序列的快速排序。

(1) 若 s≥t，则不用排序，返回(此时下标序号有误)，否则转步骤(2)。

(2) 令 i=s, j=t, L.r[0]=L.r[i] (哨兵暂存枢轴点)。

(3) 若 L.r[j].key≥L.r[0].key 且 i<j，则 j=j-1，转步骤(3)，否则 L.r[i]=L.r[j]，转步骤(4)(后

面的元素比枢轴点的值小，就将该元素交换到枢轴点前)。

(4) 若 L.r[j].key≤L.r[0].key 且 i<j，则 i=i+1，转步骤(4)，否则 L.r[j]=L.r[i]，转步骤(5)(前面的元素比枢轴点的值大，就将该元素交换到枢轴点)。

(5) 重复执行步骤(3)、(4)。直至 i=j 时，执行步骤(6)。

(6) i 即为分界线的位置，L.r[i]=L.r[0]。

快速排序过程的示例如图 9.10 所示。

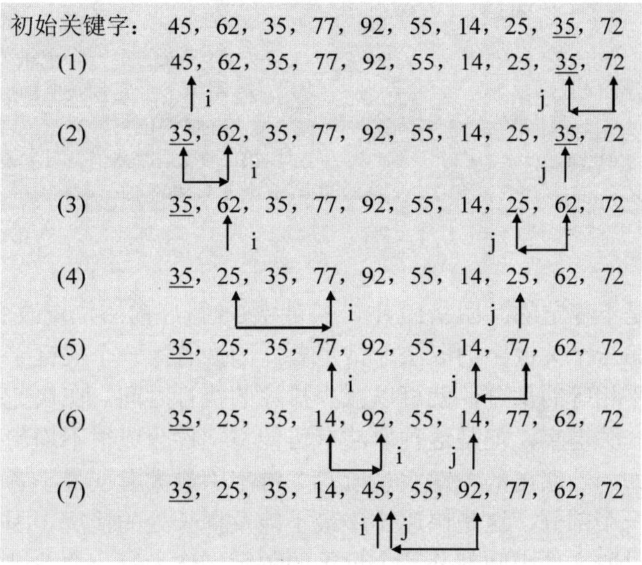

```
初始关键字：  45，62，35，77，92，55，14，25，35，72
   (1)        45，62，35，77，92，55，14，25，35，72
                 ↑i                              j  ↑
   (2)        35，62，35，77，92，55，14，25，35，72
               ↑    ↑i                          j ↑
   (3)        35，62，35，77，92，55，14，25，62，72
                 ↑i                       j ↑
   (4)        35，25，35，77，92，55，14，25，62，72
                   ↑           i        j ↑
   (5)        35，25，35，77，92，55，14，77，62，72
                       ↑i     j  ↑
   (6)        35，25，35，14，92，55，14，77，62，72
                   ↑      i  j ↑
   (7)        35，25，35，14，45，55，92，77，62，72
                       i↑ ↑j      ↑
```

图 9.10　快速排序过程的示例

一趟快速排序后，以 45 为枢轴点将原始记录按关键字分为两部分，其中前面的记录关键字小，后面的记录关键字大，结果为

{35，25，35，14}45{55，92，77，62，72 }

对一趟排序完的结果，按同样的方式，对 45 前后两个序列分别进行一趟快速排序，得到两序列分别如下：

前半部分为{14，25，35}35{}

后半部分为{}55{92，77，62，72}

二趟快速排序结果为{{14，25，35}35{}}45{{}55{92，77，62，72}}

三趟快速排序结果为{{{}14{25，35}}35{}}45{{}55{{72，77，62}92}}}

四趟快速排序结果为{{{}14{{}25{35}}}35{}}45{{}55{{{62}72{77}}92{}}}}

一趟快速排序算法如下：

```
int Partition(SeqList *L, int i, int j)
{    /*以表 L.r[i..j]的第 i 个记录为枢轴，进行一趟快速排序，排序后返回枢轴点位置*/
    while (i < j)                      /*从表两端交替地向中间扫描，i=j 时为枢轴点*/
    {
        while (i<j && L.r[j].key>=L.r[0].key) j--;
        L.r[i++] = L.r[j];                        /*将比枢轴小的记录移到低端*/
        While (i<j && L.r[i].key<=L.r[0].key) i++;
        L.r[j++] = L.r[i];                        /*将比枢轴大的记录移到高端*/
```

```
        }
        return i;                                    /*返回枢轴位置*/
}
```

快速排序算法如下:

```
void Quicksort(SeqList *L, int i, int j)  /*对表L中i~j的记录进行快速排序*/
{
    if (i < j)
    {
        L.r[0] = L.r[i];                  /*用子表的第一个记录作为枢轴点*/
        p = Partition(L,i,j);             /*用第i个元素做枢轴点实现一趟快速排序*/
        L.r[p] = L.r[0];                  /*枢轴到位*/
        Quicksort(L, i, p-1);             /*以第i个元素为枢轴,对i到p-1部分快速排序*/
        Quicksort(L, p+1, j);             /*对以第i个元素为枢轴一趟排序的后半部分快速排序*/
    }
}
```

快速排序方法是不稳定的。图 9.10 中，关键字 35 排序前后位置改变了。

快速排序中，第一个关键字的取法非常重要。因为若第一个关键字的选取能够使其余的记录分成两个几乎相等的部分，就可以减少排序的执行时间。在快速排序算法中，是取待排序记录的第一个关键字，但是这种取法有可能将文件分成很不均匀的两部分，从而增加了排序时间。例如，若选出的关键字是所有关键字中最大者或最小者，则只能使文件中的其余记录成为另一个部分，这是快速排序最不能发挥长处的情况。因此，当待排序的记录几乎有序时，可以取文件中间部分某个记录的关键字作为第一个关键字。另外一种取法是取文件的第一个、最后一个和中间一个这 3 个关键字的中间值作为第一个关键字。

此外，在排序中当分割成的子文件太小而不值得再分时，可用其他方法如直接插入排序对这些小的子文件进行排序，这样做效果更好。

分析快速排序的时间耗费，共需进行多少趟排序，取决于递归调用深度。

(1) 快速排序的最好情况是每趟将序列一分两半，正好在表中间，将表分成两个大小相等的子表。同折半查找 $\lfloor \log_2 n \rfloor$，总的比较次数 $C(n) < n + 2C(n/2)$。

(2) 快速排序的最坏情况是已经排好序，第一趟经过 n-1 次比较，第 1 个记录定在原位置，左部子表为空表，右部子表为 n-1 个记录。第二趟 n-1 个记录经过 n-2 次比较。第 2 个记录定在原位置，左部子表为空表，右部子表为 n-2 个记录，依次类推，共需进行 n-1 趟排序，其比较次数为

$$\sum_{i=1}^{n-1}(n-i) = \frac{n(n-1)}{2} \approx \frac{n^2}{2}$$

执行次数为

$$T(n) \leqslant C_n + 2T(n/2) \leqslant 2n + 4T(n/4) \leqslant 3n + 4T(n/8) \leqslant n\log_2 n + nT(1) \approx O(n\log_2 n)$$

其中，C_n 是常数，表示 n 个记录排序一趟所需时间。

快速排序所需时间的平均值为 $Targ(n) \leqslant K_n \ln(n)$，这是目前内部排序方法中所能达到的最好的平均时间复杂度。但是若初始记录序列按关键字有序或基本有序时，快速排序将蜕变为冒泡排序，其时间复杂度为 $O(n^2)$。改进方法是可采用其他方法选取枢轴，以弥补缺陷。

9.4 选 择 排 序

选择排序的基本思想是：每一趟在 n-i+1(i=1, 2, ..., n-1) 个记录中选取关键字最小的记录作为有序序列中的第 i 个记录，即每次都从待排序的记录中选出一个记录，并将该记录放在排序后它应在的位置上。

9.4.1 简单选择排序

简单选择排序的基本思想：第 i 趟简单选择排序是指通过 n-i 次关键字的比较，从 n-i+1 个记录中选出关键字最小的记录，并与第 i 个记录进行交换。共需进行 i-1 趟比较，直到所有记录排序完成为止。例如，进行第 i 趟选择时，从当前候选记录中选出关键字最小的 k 号记录，并与第 i 个记录进行交换。排序的关键字为：45, 62, 35, 77, 92, 55, 14, 25, <u>35</u>, 72。

图 9.11 给出了一个简单选择排序过程示例。

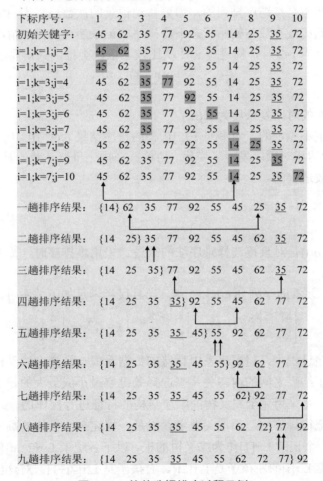

图 9.11 简单选择排序过程示例

在图 9.11 中，前半部分给出了第一趟选择排序的过程，这时 i=1。通过第一趟选择排序，选择出了最小的记录，用变量 k 记载记录的下标，并且 i!=k 时 i 与 k 位所在的记录进行交换，到此第一趟选择排序完成。

简单选择排序算法如下：

```
void Selectsort(SeqList *L)              /*对表 L 的简单选择排序*/
{
    for (i=1; i<L.length; ++i)
    {
        k=i;                             /* k 中记载最小关键字的下标，初值为 i */
        for (j=i+1; j<=L.length; ++j)
            if (L.r[k].key > L.r[j].key) k = j;   /*条件成立则 j 中关键字更小*/
        if (k != i) L.r[k]←→L.r[i];      /*交换选择的元素到第 i 个位置*/
    }
}
```

简单选择排序算法分析：在简单选择排序过程中，所需移动记录的次数比较少。在好的情况下，待排序记录的初始状态就已经是有序排列了，不需要移动记录。最坏情况下，待排序记录的初始状态是按逆序排列的，需要移动记录的次数最多为 3(n-1)。简单选择排序过程中需要进行的比较次数与初始状态下待排序的记录序列的排列情况无关。当 i=1 时，需进行 n-1 次比较；当 i=2 时，需进行 n-2 次比较，依次类推，共需要进行的比较次数为

$$\sum_{i=1}^{n-1}(n-i)=\frac{n(n-1)}{2}\approx\frac{n^2}{2}$$

即进行比较操作的时间复杂度为 $O(n^2)$。

简单选择排序是不稳定的。如序列(10, <u>10</u>, 3)的排序结果为(3, <u>10</u>, 10)，其中两个相同的关键字 10 在排序后的相对顺序发生了变化。简单选择排序虽然花费的时间较长，但当记录数量较小时还是比较适宜的。

9.4.2 堆排序

堆排序(Heap Sort)是对直接选择排序法的改进。采用堆排序时，需要一个记录大小的辅助空间。

堆的定义：n 个元素的序列 $\{K_1, K_2, ..., K_n\}$ 当且仅当满足如下关系时，称为堆：

$$\begin{cases} k_i \leq k_{2i} \\ k_i \leq k_{2i+1} \end{cases} \quad \text{或} \quad \begin{cases} k_i \geq k_{2i} \\ k_i \geq k_{2i+1} \end{cases} \left(i = 1, 2, \cdots, \left\lfloor \frac{n}{2} \right\rfloor \right)$$

堆排序是在排序过程中，将顺序表中存储的数据看成一棵完全二叉树，利用完全二叉树中双亲结点和孩子结点之间的内在关系来选择关键字最小或最大的记录，即待排序记录仍采用顺序表存储，是采用完全二叉树的顺序结构的特征进行操作的。

具体做法是：把待排序的记录按关键字看成是一棵完全二叉树的顺序表示，每个结点表示一个记录，第一个记录 L.r[1]作为二叉树的根，以下各记录 L.r[2 ..n]依次逐层从左到右顺序排列，任意结点 L.r[i]的左孩子是 L.r[2i]，右孩子是 L.r[2i+1]。对这棵完全二叉树进行调整，使各结点的关键字值满足下面条件的完全二叉树称为堆：

$$
\text{小顶堆}\begin{cases}L.r[i].key \leqslant L.r[2i].key \\ L.r[i].key \leqslant L.r[2i+1].key\end{cases} \qquad \text{大顶堆}\begin{cases}L.r[i].key \geqslant L.r[2i].key \\ L.r[i].key \geqslant L.r[2i+1].key\end{cases}
$$

若这个堆中根结点的关键字最大，称为大顶堆。反之，如果这棵完全二叉树中任意结点的关键字小于或者等于其左孩子和右孩子的关键字(当有左孩子或右孩子时)，对应的堆为小顶堆。图 9.12 分别给出了一个大顶堆和一个小顶堆。

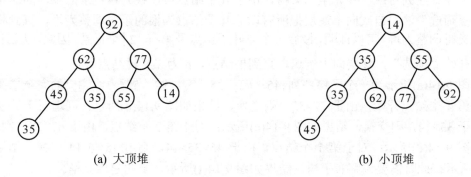

(a) 大顶堆　　　　　　　　　　　　　　　　(b) 小顶堆

图 9.12　堆示例

堆排序的过程主要是对于有 n 个记录的堆在输出堆顶之后，使得剩余 n-1 个记录又重建成一个堆，如此反复进行，便可得到一个有序序列，这个过程称为堆排序。

堆排序的过程主要需要解决两个问题：一是按堆定义初建堆；二是去掉堆顶之后重建堆。

问题 1：当堆顶改变时，如何重建堆？以小顶堆为例，说明重建堆的过程。

首先将堆顶记录与堆中最后一个记录交换，即 14 与 45 交换，如图 9.13(a)所示；然后将最后一个记录 14 脱堆，如图 9.13(b)所示，这时堆顶记录 45 为待调整记录。此时根结点 45 的左、右子树均为堆，仅需自上至下进行调整即可。

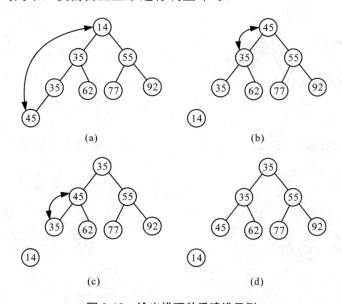

图 9.13　输出堆顶并重建堆示例

首先以堆顶记录的关键字的值和其左、右子树根结点记录的关键字值的小者比较，由于左子树根结点记录的关键字的值小于右子树根结点记录的关键字的值，且小于根结点记录的关键字的值，则将 45 和 35 交换，如图 9.13(c)所示；由于 45 替代了 35 之后破坏了左子树的"堆"，则需进行与上述相同的调整，直至叶子结点，调整后的状态如图 9.13(d)所示。此时堆顶为 n-1 元素中选择出的最小值。重复上述过程，便可得到一个非递减有序序列。上述调整方法相当于把待调整记录逐步向下"筛"的过程，一般称为"筛选"法。

问题 2：如何由一个任意序列建堆？

一个任意序列对应一棵完全二叉树，由于叶子结点可以视为单记录的堆，因而可以反复利用"筛选"法，自底向上逐层把所有以非叶子结点为根的子树调整为堆，直到将整个完全二叉树调整为堆。可以证明，最后一个非叶子结点是第 $\lfloor n/2 \rfloor$ 个记录。因此，从第 $\lfloor n/2 \rfloor$ 个记录开始"筛选"，逐层向上倒退，直到根结点，n 为二叉树结点数目。

如图 9.14(a)所示为一个无序序列{45　62　35　77　92　55　14　35}的完全二叉树。筛选从第 4 个结点开始，由于 77>35，则交换，结果如图 9.14(b)所示；同理对于第 3 个结点，由于 35>14，则交换，结果如图 9.14(c)所示；对于第 2 个结点，由于 62>35，则交换，结果如图 9.14(d)所示；对于第 1 个结点，由于 45>35>14，则用 45 与 14 交换，结果如图 9.14(e)所示；此时需要调整右子树，结果如图 9.14(f)所示，至此建堆完毕。

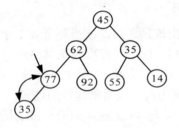

(a) 从第 4 个结点开始建堆

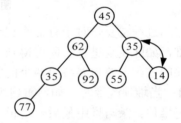

(b) 第 3 个结点重建堆

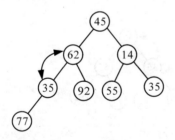

(c) 第 2 个结点重建堆

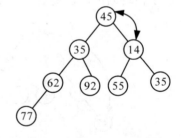

(d) 第 1 个结点重建堆

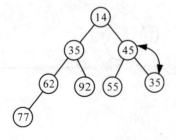

(e) 第 1 个结点右子树重建堆

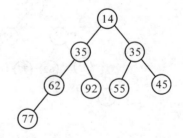

(f) 完成小顶建堆

图 9.14　建堆示例

堆排序的步骤：①将待排序记录按照堆的定义初建堆，并输出堆顶记录，②调整剩余的记录序列，利用筛选法将前 n-i 个元素重新筛选并建成为一个新堆，再输出堆顶记录，③重复执行步骤②，进行 n-1 次筛选。新筛选成的堆会越来越小，而新堆后面的有序关键字会越来越多，最后使待排序记录序列成为一个有序的序列，这个过程被称为堆排序。

为使堆排序的结果在顺序表中按记录关键字非递减有序排列，需在堆排序的算法中先建立一个大顶堆，先将堆顶与无序序列中最后一个记录交换，然后进行筛选，并建成为一个新堆，如此反复进行，直至排序结束。

堆排序的算法如下：

```
void Heapadjust(SeqList *L, int p, int q)              /*重建堆*/
{    /* L.r[p..q]除 L.r[p](根)外满足堆的定义，将 L.r[p..q]调整为一个堆 */
    temp = L.r[p];
    j = 2 * p;
    while (j <= q)
    {
        if (j<q && L.r[j].key<L.r[j+1].key)
            ++j;                                        /*选择左右堆顶的大者*/
        if (temp.key >= L.r[j]) break;                  /*找到位置跳出循环*/
        L.r[p] = L.r[j];
        p=j; j*=2;                                      /*继续二叉树的下一层筛选*/
    }
    L.r[p] = temp;
}
void Heapsort(SeqList *L)                               /*对顺序表 L 进行堆排序*/
{
    for (i=L.length/2; i>=1; --i)
        Heapadjust(L, I, L.length);                     /*初建堆*/
    for (i=L.length; i>1; --i)
    {
        L.r[1]←→L.r[i];                                 /*将堆顶与无序序列中的最后一个记录交换*/
        Heapadjust(L, 1, i-1);                          /*调整堆*/
    }
}
```

堆排序方法对记录数较少的文件并不值得提倡，但对记录数较大的文件还是很有效的，堆排序的时间主要耗费在建初始堆和调整建新堆时进行的反复"筛选"上。对深度为 k 的堆，筛选算法中进行的关键字比较次数至多为 2(k-1)次，则在建含 n 个记录、深度为 h 的堆时，总共进行的关键字比较次数不超过 4n。另外，n 个结点的完全二叉树的深度为 $\lfloor \log_2 n \rfloor +1$，则调整建新堆时调用堆调整过程 n-1 次，总共进行的比较次数不超过：

$$2\lfloor \log_2(n-1) \rfloor + \lfloor \log_2(n-2) \rfloor + ... + \lfloor \log_2 2 \rfloor < 2n(\lfloor \log_2 n \rfloor)$$

因此，堆排序在最坏情况下，其时间复杂度也为 $O(n\log_2 n)$，这是堆排序的最大优点。堆排序中只需要存放一个记录的辅助空间，因此也将堆排序称作原地排序。然而堆排序是一种不稳定的排序方法，它不适用于待排序记录数较少的情况，但对于记录数较大的文件还是很有效的。

对于层次为 $k = \lfloor \log_2 n \rfloor + 1$ 的堆，筛选过程最多执行 k 次，建堆的时间复杂度为 $O(\log_2 n)$。对于有 n 个结点的堆($2^{k-1} < n \leqslant 2^k$)，第 k 层最多有 2^{k-1} 个记录参加比较，在第 i ($1 \leqslant i \leqslant k-1$)层，有 2^{i-1} 个记录参加比较，则需要检查以它为根的子树是否为堆，每个元素的最大调整次数为记录在树中的层次(k-i)，因此重建堆共需要的调整次数为

$$\sum_{i=1}^{k-1} 2^{i-1}(k-i) \leqslant 4n$$

n 个结点调用重建堆的过程为 n-1 次，堆排序的时间复杂度为 $O(n\log_2 n)$。

【例9.2】 有 n 个整数，用堆排序方法实现 n 个整数的排序。如有：08，25，49，46，58，67，91，85，76，66 无序序列，堆排序后有序序列为：08，25，46，49，58，66，67，76，85，91。

设计分析：实现堆排序选择存储结构为顺序存储结构，可以选用数组向量或线性表的顺序存储结构。操作时首先将无序序列建成一个堆(升序建大顶堆或降序建小顶堆)，然后将堆顶与数组所形成堆的最后一个元素交换，并将最后一个元素脱堆，这样一个元素选择完成。将该元素脱堆，并对剩余的元素重建堆，循环，直到最后一个元素选择排序完成。

算法设计如下。

- Heapadjust(*a, n, h)：数组 a 从 h 元素开始重建堆。
- InitCreateHeap(*a, n)：建立数组 a 的初始堆。
- HeapSort(*a, n)：堆排序。

用 C 语言实现例 9.2 的程序代码如下：

```c
#include "stdio.h"
void Heapadjust(int a[], int n, int h)    /* 对数组 a 从 h 开始重建堆 */
{
    int i, j, flag, temp;
    i = h;                                /* i 为双亲元素下标 */
    j = 2 * i + 1;                        /* j 为 i 的左孩子元素下标 */
    temp = a[i];                          /* i 元素暂存在 temp 中 */
    flag = 0;                             /* flag 为标志 */

    while(j<n && flag!=1)                 /* 重建堆到数组的最后一个元素 n */
    {
        if(j<n-1 && a[j]<a[j+1]) j++;     /* j 存放 i 左右孩子中的大者 */
        if(temp > a[j]) flag = 1;         /* temp 找到位置 */
        else
        {
            a[i] = a[j];
            i = j;                        /* 孩子元素 j 下标，赋值给 i */
            j = 2 * i + 1;                /* 新 j 为 i 的左孩子 */
        }
    }
    a[i] = temp;
}

void InitCreatHeap(int a[], int n)        /* 对数组 a 建初始堆 */
```

```
{
    int i;
    for(i=(n-1)/2; i>=0; i--)                /* 从 i 结点对数组 a 重建堆 */
        Heapadjust(a, n, i);
}


void HeapSort(int a[], int n)                /* 对数组 a 中的 n 个数据元素堆排序 */
{
    int i, temp;
    InitCreatHeap(a, n);                     /* 对数组 a 建初始堆 */

    for(i=n-1; i>0; i--)
    {
        temp = a[0];                         /* 数组元素 a[0]与 a[i]交换 */
        a[0] = a[i];
        a[i] = temp;
        Heapadjust(a, i, 0);                 /* 从数组元素 a[0]开始重新建堆 */
    }
}


main()
{
    int n, i, a[100];
    printf("\n 输入排序个数:\n");             /*输入排序元素个数*/
    scanf("%d", &n);
    printf("输入%d 个整数:\n", n);
    for(i=0; i<n; i++)                        /*输入 n 个数据元素*/
        scanf("%d", &a[i]);
    HeapSort(a,n);                           /*对数组 a 中的 n 个数据元素进行堆排序*/

    printf("排序结果:\n");
    for(i=0; i<n; i++)                        /*输出排序结果*/
        printf("%d\t", a[i]);
}
```

9.5 归并排序

前面介绍的 3 类排序方法(插入排序、交换排序和选择排序)都是将一组记录按关键字大小排成一个有序的序列。本节介绍的归并排序法,基本思想是将两个或两个以上的有序表合并成一个新的有序表。假设初始序列含有 n 个记录,首先将这 n 个记录看成 n 个有序的子序列,每个子序列的长度为 1,然后两两归并,得到$\lceil n/2 \rceil$个长度为 2(n 为奇数时,最后一个序列的长度为 1)的有序子序列;在此基础上,再进行两两归并,如此重复,直至得到一个长度为 n 的有序序列为止。上述排序方法中总是反复将两个有序子文件归并成一个有序文件,所以称为二路归并排序。图 9.15 为一个二路归并的示例。

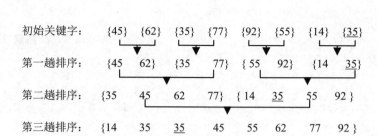

图 9.15　归并排序过程示例

在该例子中，经过三趟归并完成了排序。第一趟归并时，取归并项长度 d=1(即子序列中的记录数)。在一趟归并中要进行多次的两两归并，分别使长度为 d 的首尾相连的两个有序子序列归并为一个长度为 2d 的有序子序列。然后使 d 乘 2，再进行下趟归并。依次类推，直至得到一个长度为 n 的有序序列，排序结束。

"两两归并"是把两个首尾相接的有序子序列归并成一个有序序列。两个有序子序列的归并处理过程如下：首先比较两个子序列第一个记录的关键字。取其较小者作为新序列的第一个记录。在取出记录的那个子序列中移动指针，使其指向下一个记录，再与另一个序列中的记录进行比较。这样依次进行下去，直到两个子序列中某一个子序列的记录全部取完，然后将另一个子序列的剩余记录按顺序复制到新序列中，为了使排序具有稳定性，当两个记录的关键字相等时，应先取第一个子序列中的记录送入新序列中。

归并排序算法如下：

```
void Merge(rcdtype r1[], rcdtype *r2[], int low, int mid, int high)
{    /*将有序的 r1[low..mid]和 r1[mid+1...high]归并为有序的 r2[low..high]*/
    i=low; j=mid+1; k=low;
    while (i<=mid && j<=high)                /*两个有序序列开始合并*/
    {
        if (r1[i].key <= r1[j].key)
        {
            r2[k] = r1[i];
            ++i;
        }                                    /*值小的送入新序列中*/
        else
        {
            r2[k] = r1[j];
            ++j;
        }
        ++k;
    }
    if (i <= mid)                            /*前面序列没有合并完*/
        r2[k..high] = r1[i..mid];            /*将没有结束的子序列送入新序列中*/
    if (j <= high)                           /*后面序列没有合并完*/
        r2[k..high] = r1[j..high];
}
void Msort(rcdtype r1[], rcdtype *r2[], int low, int high)
/*将 r1[low..high]归并排序，结果存放在 r2[low..high]中*/
```

```
{
    if (low == high) r2[low] = r1[low];
    else
    {
        mid = (low+high)/2;
        /*将 r1[low..high]分为 r1[low..mid]和 r1[mid+1..high]*/

        Msort(r1, r, low, mid);
        /*将 r1[low..mid] 归并排序，结果存放在 r[low..mid]中*/

        Msort(r1, r, mid+1, high);
        /*将 r1[mid+1..high]归并排序，结果放在 r 数组中*/

        Merge(r, r2, low, mid, high);
        /*将有序的 r[low..mid]和 r[mid+1..high]归并为有序的 r2[low..high]*/
    }
}

void Mergesort(SeqList *L)                        /*对顺序表归并排序*/
{
    Msort(L.r, L.r, 1, L.length);
}
```

归并排序中，一趟归并要多次用到二路归并算法，一趟归并排序的操作是调用 $\lceil n/2d \rceil$ 次算法 Merge，将 r1[1..n]中前后相邻且长度为 h 的有序段进行两两归并，得到前后相邻、长度为 2h 的有序段，并存放在 r2[1..n]中，其时间复杂度为 O(n)。整个归并排序需进行 m(m=$\log_2 n$)趟二路归并，所以归并排序总的时间复杂度为 O(n$\log_2 n$)。在实现归并排序时，需要的辅助空间与待排记录数量相同，空间复杂度为 O(n)。

递归形式的二路归并排序的算法在形式上较简洁，但实用性很差。与快速排序和堆排序相比，归并排序的最大特点是它为一种稳定的排序方法。一般情况下，由于要求附加与待排记录等数量的辅助空间，因此很少利用二路归并排序进行内部排序。

类似二路归并排序，可设计多路归并排序法，归并的思想主要用于外部排序。

【例 9.3】对 n 个整数序列，用二路归并的方法排序。如有 12，2，34，235，36，7，55，78，98，71 无序序列，二路排序后结果为 2，7，12，34，36，55，71，78，98，235。

题目分析：对 n 个整数用二路归并的方法排序，存储结构可以选择顺序存储结构，如数组向量或线性表的顺序存储结构。可以用二路归并的方法进行归并。

算法设计如下：

```
#include "stdio.h"
#define MAXNUM 100
typedef int KeyType;
typedef struct
{
    KeyType key;                        /*排序关键字*/
} RecordNode;                /*排序表数据元素类型，其中的元素可根据实际情况添加*/
typedef struct
```

```
{
    RecordNode record[MAXNUM];
    int len;
} SortObject;                                    /*排序表类型*/
void merge(RecordNode r[], RecordNode r1[], int low, int m, int high)
{   /*二路归并算法，其中r[low]~r[m]，r[m+1]~r[high]是有序序列，归并到r1中*/
    int i=low, j=m+1, k=low;
    while (i<=m && j<=high)          /* r[low]~r[m]和r[m+1]~r[high]有序合并 */
    {
        if (r[i].key <= r[j].key)               /*将两个序列中的小者存放到r1中*/
            r1[k++] = r[i++];
        else r1[k++] = r[j++];
    }
    while (i <= m) r1[k++] = r[i++];        /*将没有合并完的部分存放到r1中*/
    while (j <= high) r1[k++] = r[j++];
}
void mergePass(RecordNode r[], RecordNode r1[], int n, int length)
{       /*将数组r进行长度为length的归并*/
    int i=0, j;
    while(i+2*length-1 < n)
    {
        merge(r, r1, i, i+length-1, i+2*length-1);
        /*将数组r从长度为1开始归并*/

        i += 2*length;
    }
    if(i+length-1 < n-1) merge(r, r1, i, i+length-1, n-1);
    else
        for(j=i; j<n; j++) r1[j] = r[j];
}
void mergeSort(SortObject *pvector)              /*对线性表实施归并排序*/
{
    RecordNode record[MAXNUM];
    int length = 1;
    while (length < pvector->len)
    {
        mergePass(pvector->record, record, pvector->len, length);
        length *= 2;
        mergePass(record, pvector->record, pvector->len, length);
        length *= 2;
    }
}
main()
{
    SortObject vector;
    int n, m, i, j, k, a[MAXNUM];
    clrscr();
    printf("\n请输入排序元素的个数 :");
```

```
    scanf("%d", &n);
    vector.len = n;
    printf("请输入 %d 个要排序的整数:\n", n);              /*输入排序元素*/
    for(m=0; m<n; m++) scanf("%d", &a[m]);
    printf("\n");
    for(k=0; k<n; k++) vector.record[k].key = a[k];
    mergeSort(&vector);                                  /*对线性表二路归并排序*/
    printf("\n 归并排序结果 :");
    for(j=0; j<n; j++)                                   /*排序结果输出*/
        printf("%d ", vector.record[j]);
    getchar();
}
```

9.6 基 数 排 序

基数排序(Radix Sorting)是与前面所述各类排序方法完全不相同的一种排序方法。在前面章节中。实现排序主要是通过关键字间的比较和移动记录这两种操作,而实现基数排序不需要进行记录关键字间的比较。基数排序是一种借助多关键字排序的思想对单逻辑关键字进行排序的方法。

9.6.1 多关键字排序

关于多关键字排序问题,可以通过一个例子来了解。例如,可以将一副扑克牌的排序过程看成由花色和面值两个关键字进行排序的问题。若规定花色和面值的顺序如下。

花色:梅花<方块<红桃<黑桃

面值:2<3<...<10<J<Q<K<A

并进一步规定花色的优先级高于面值,则一副扑克牌从小到大的顺序为:

梅花 2,梅花 3,……,梅花 A,方块 2,方块 3,……,方块 A,红桃 2,红桃 3,……,红桃 A,黑桃 2,黑桃 3,……,黑桃 A。具体进行排序时有两种做法。

一种做法是先按花色分成有序的四类,然后再按面值对每一类从小到大排序。该方法称为"高位优先"排序法。

另一种做法是分配与收集交替进行。首先按面值从小到大把牌摆成 13 叠(每叠 4 张牌),然后将每叠牌按面值的次序收集到一起,再对这些牌按花色摆成 4 叠,每叠有 13 张牌,最后把这 4 叠牌按花色的次序收集到一起,于是就得到了上述有序序列。该方法称为"低位优先"排序法。

设$(X_1, X_2, ..., X_d)$和$(Y_1, Y_2, ..., Y_d)$是两个 d 元组。当$1 \leq i < s \leq d$时,使得$X_i=Y_i$并且$X_s<Y_s$,则$(X_1, X_2, ..., X_d)<(Y_1, Y_2, ..., Y_d)$;当且仅当$1 \leq i \leq d$时,使得$X_i=Y_i$,则$(X_1, X_2, \cdots, X_d)=(Y_1, Y_2, ..., Y_d)$。

一般情况下,假设有 n 个记录的序列 $\{R_1, R_2, ..., R_n\}$,且每个记录 R_i 中含有 p 个关键字$(K_i^1, K_i^2, ..., K_i^p)$,则此 n 个记录的序列对关键字$(K^1, K^2, ..., K^p)$有序是指对于序列中任意两个记录 R_i 和 R_j $(1 \leq i < j \leq n)$,都满足下列有序关系:

$$(K_i^1, K_i^2, ..., K_i^p) < (K_j^1, K_j^2, ..., K_j^p)$$

其中，K^1为最主位关键字；K^p为最次位关键字。实现多关键字排序通常有两种方法。

第一种方法：先对最高位关键字K^1进行排序，将序列分成若干子序列，每个子序列中的记录都具有相同的K^1值，然后分别就每个子序列对关键字K^2进行排序，按K^2值不同再分成若干更小的子序列，依次重复，最后将所有子序列依次连接在一起，成为一个有序序列。这种方法称为最高位优先(Most Significant Digit First)法，简称MSD法。

第二种方法：先从最低位关键字K^p进行排序，然后再对关键字K^{p-1}进行排序，依次重复，直至对K^1进行排序后便成为一个有序序列。这种方法称为最低位优先(Least Significant Digit First)法，简称LSD法。

9.6.2 基数排序

基数排序属于上述"低位优先"排序法，通过反复进行分配与收集操作完成排序。假设记录L.r[i]的关键字K_i是由p位十进制数字构成的，即$K_i = K_i^1, K_i^2, \cdots, K_i^p$，则每一位可以视为一个子关键字，其中$K_i{}^1$是最高位，$K_i{}^p$是最低位，每一位的取值为0~9，此时基数rd=10，如果K_i是由d个英文字母构成的，则基数rd=26。

排序时先按最低位的值对记录进行初步排序，在此基础上再按次低位的值进行进一步排序，依次类推。由低位到高位，每一趟都是在前一趟的基础上，根据关键字的某一位对所有记录进行排序，直至最高位，这样就完成了基数排序的全过程。

具体实现时，一般采用链式基数排序。首先通过一个例子来说明链式基数排序的基本过程。假设对10个记录进行排序，每个记录的关键字是1000以下的正整数。每个关键字由三位子关键字构成$K^1K^2K^3$，K^1代表关键字的百位数、K^2代表关键字的十位数，K^3代表关键字的个位数，基数rd=10。在进行分配与收集操作时，需要用到队列，而且队列的数目与基数相等，所以共设10个链队列，head[i]和tail[i]分别为队列i的头指针和尾指针。基数排序过程如图9.16所示。

首先将待排序记录存储在一个链表中，如图9.16(a)所示，然后进行如下三趟分配、收集操作。

第一趟分配用最低位的子关键字K^3进行，将所有最低位的子关键字相等的记录分配到同一个队列。如，关键字K^3=0的记录030、800被分配到0号队列中，关键字K^3=1的记录被分配到1号队列等，如图9.16(b)所示。

所有的记录都分配完后，进行收集操作。收集时，改变所有非空队列的队尾结点的next指针，令其指向下一个非空队列的队头记录，从而将分配到不同队列中的记录重新链成一个链表。第一趟收集完成后，结果如图9.16(c)所示。

第二趟分配与第一趟分配、收集过程相似，用次低位子关键字K^2进行，将所有次低位子关键字相等的记录分配到同一个队列，如图9.16(d)所示。

第二趟收集完成后，结果如图9.16(e)所示。

第三趟分配用最高位子关键字K^1进行，将所有最高位子关键字相等的记录分配到同一个队列，如图9.16(f)所示。

第三趟收集完成后，结果如图9.16(f)所示。

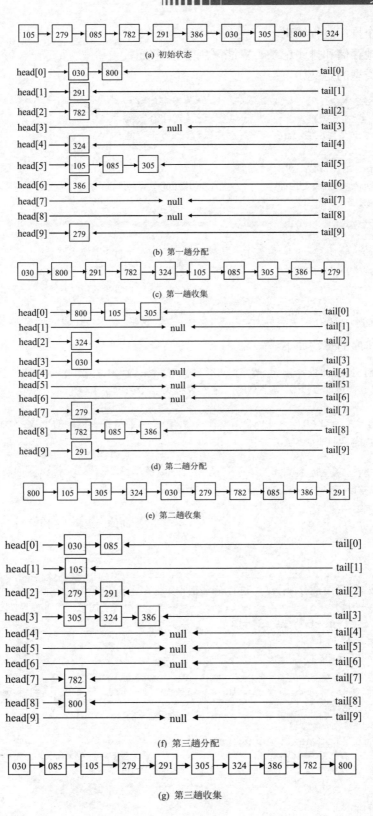

(a) 初始状态

(b) 第一趟分配

(c) 第一趟收集

(d) 第二趟分配

(e) 第二趟收集

(f) 第三趟分配

(g) 第三趟收集

图 9.16 基数排序示例

至此，整个排序过程结束。

为了有效地存储和排序记录，算法采用静态链表。

有关数据类型的定义如下：

```
#define KEY_NUM 10              /*关键字项数*/
#define RADIX 10               /*关键字基数*/
#define LIST_SPACE 100          /*静态链表空间*/
typedef struct {
    keytype key[KEY_NUM];
    Elemtype otheritem ;        /*另外的数据项*/
    int next;
} rcdtype;
typedef struct {
    rcdtype r[LIST_SPACE+1];            /* r[0]用作头结点 */
    int keynum;                         /*关键字数*/
    int length;                         /*静态链表长度*/
} SeqList;
typedef int headtail[RADIX];      /*首尾指针类型*/
```

链式基数排序的算法如下：

```
void Distribute(SeqList *L, int i, headtail *head, headtail *tail)
/*静态链表 L 已按前 i-1 关键字有序，对 L 表按第 i 个关键字 key[i]进行第 i 趟分配*/
{
    for (j=0; j<RADIX; ++j) head[j] = 0;      /*按关键字的个数RADIX初始化队列*/
    for (p=L.r[0].next; p!=0; p=L.r[p].next)
    {
        j = order(L.r[p].key[i]);      /*取第 i 个关键字 key[i]，即对应的队列号*/
        if (head[j] == 0) head[j] = p;
        else L.r[tail[j]].next = p;
        tail[j] = p;                   /*将 p 指向的结点插入到第 j 个队列*/
    }
}
void Collect(SeqList *L, int i, headtail head, headtail tail)
{      /*按第 i 个关键字 key[i]进行第 i 趟收集，即将若干个子序列链接为一个链表*/
    for (j=0; head[j]==0; ++j);              /*寻找第一个非空队列*/
        L.r[0].next = head[j];
    t = tail[j];
    while (j<RADIX)
    {
        for (++j; j<RADIX-1&&head[j]==0; ++j);    /*寻找下一个非空队列*/
        if (head[j] != 0)
        {
            L.r[t].next = head[j];
            t = tail[j];                        /*链接非空队列*/
        }
    }
    L.r[t].next = 0;
}
```

```
void Radixsort(SeqList *L)          /*对静态链表 L 进行基数排序，L.r[0]为头结点*/
{
    for (i=0; i<L.length; ++i) L.r[i].next = i+1;
    L.r[L.length].next = 0;        /*初始化*/
    for (i=0; i<L.keynum; ++i)            /* 从最低位子关键字开始，进行分配和收集*/
    {
        Distrbute(L.r, i, head, tail);    /*第 i 趟分配*/
        Collect(L.r, i, head, tail);       /*第 i 趟收集*/
    }
}
```

分析上述算法，对于 n 个待排序记录，执行一次分配和收集的时间为 $O(n+r)$，r 为基数；如果关键字有 d 位，则要执行 d 遍，所以总的运算时间为 $O(d(n+r))$。当 d 较小时，这种方法较为节省时间。另外，在基数排序中要求存放 r 个队列的头、尾指针，所需附加存储量为 2r 个存储空间。又由于在每个待排序记录还增加了一个 next 域，故总的附加存储量为 $O(n+2r)$。基数排序是稳定的。基数排序一般只适用于对整数或字符串这类有明显结构特征(即可方便地分解)的关键字的记录进行排序；而当关键字的取值范围属于某个无穷集合(如实数集)时，基数排序就显得不方便。此时用"比较"的方法来排序则显得较为方便和有效。

9.7　外部排序

在前面讨论的各种排序方法中，待排序记录及有关信息都存储在内存中，整个排序过程也全部在内存中完成，不涉及数据的内外存交换，因此统称为内部排序。若待排序的记录数 n 很大，以致内存容纳不下时，排序过程必须借用外部存储器才能完成，称这类排序为外部排序。

最常用的外部排序方法是归并排序法。这种方法由两个阶段组成：第一阶段是把文件逐段输入到内存，用有效的内排序方法对文件的各个段进行排序，经排序的文件段称为顺串，当它们生成后，立即写到外存上，这样在外存上就形成了许多初始顺串；第二阶段是对这些顺串用某种归并方法进行归并，使顺串的长度逐渐由小至大，直至变成一个顺串，即整个文件有序为止。

9.7.1　二路归并排序

假设磁盘上存有一个文件，共有 3600 个记录(A1, A2, ..., A3600)，页块长为 200 个记录，供排序使用的缓冲区可提供容纳 600 个记录的空间，现要对该文件进行排序，排序过程可按如下步骤进行。

(1) 每次将 3 个页块(600 个记录)由外存读到内存，进行内排序，整个文件共得到 6 个初始顺串 R1~R6(每一个顺串占 3 个页块)，然后把它们写入到磁盘中。

(2) 将供内排序使用的内存缓冲区分为 3 块相等的部分(即每块可容纳 200 个记录)，其中两块作为输入缓冲区，一块作为输出缓冲区，然后对各顺串进行二路归并。首先归并 R1 和 R2 这两个顺串中各自的第一个页块并分别读入到两个缓冲区中，进行归并后送入输出缓冲区。当输出缓冲区装满 200 个记录时，就把它写入磁盘；如果归并期间某个输入缓冲区空了，便立即读入同一顺串中的下一个页块，继续进行归并，此过程不断进行，直到顺串 R1 和顺串 R2 归并为一个新的顺串为止。这个经归并后的新的顺串含有 1200 个记录。在 R1 和 R2 归并完成之后，再归并 R3 和 R4，最后归并 R5 和 R6。到此为止，完成了对整个文件的一遍扫描，这意味着文件中的每一个记录被读写一次(即从磁盘上读入内存一次，并从内存写入到磁盘一次)。经一遍扫描后形成了 3 个顺串，每个顺串含有 6 个页块(共 1200 个记录)。利用上述方法，再对这 3 个顺串进行归并，即先将其中的两个顺串归并起来，结果得到一个含有 2400 个记录的顺串；然后再把该顺串和剩下的另一个含有 1200 个记录的顺串进行归并，从而得到最终的一个顺串，即为所要求的排序的文件。图 9.17 给出了这个归并过程。

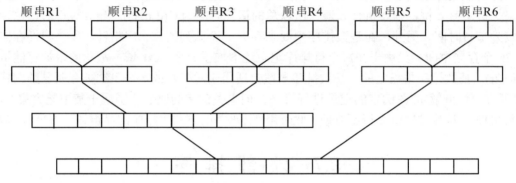

图 9.17　二路归并过程

从归并过程可见，扫描遍数对于归并过程所需要的时间起着关键的作用，在上例中，除了在内排序形成初始顺串时需做一遍扫描外，各顺串的归并还需 8/3 遍扫描。把 6 个长为 600 个记录的顺串归并为 3 个长 1200 个记录的顺串需要扫描一遍；把两个长为 1200 个记录的顺串归并为一个长为 2400 个记录的顺串需要扫描 2/3 遍，把一个长为 2400 个记录的顺串与另一个长为 1200 个记录的顺串归并在一起，需要扫描一遍。

可见，磁盘排序过程主要是先产生初始顺串，然后对这些顺串进行归并。提高排序速度可从以下两个方面来考虑：一是减少对数据的扫描遍数，采用多路归并可以达到这个目的，从而减少了输入/输出量；另一条途径是通过增大初始顺串的大小来减少初始顺串的个数，以便有利于在归并时减少对数据的扫描遍数。

9.7.2　多路归并排序

上面所示的归并过程基本上是二路归并的算法。一般来说，如果初始顺串有 m 个，则如图 9.17 所示那样的归并树就有 $\lceil \log_2 m \rceil +1$ 层，要对数据进行 $\lfloor \log_2 m \rfloor$ 遍扫描。采用多路归并可以减少扫描遍数。

在 k 路归并中，为了确定下一个要输出的记录，就需要在 k 个记录中寻找关键字值最小的那个记录，这要比二路归并复杂些。如果逐个比较每个顺串的待选记录，从而选出一个关键字值最小的记录，则每选取一个记录需要进行 k-1 次比较。为了减少这个代价，可采用下面介绍的选择树的方法来实现 k 路归并。

选择树是一种完全二叉树，图 9.18 显示了 8 路归并的选择树，其中叶子结点为各顺串在归并过程中的当前记录(图 9.18 中标出了它们各自的关键字值),其他每个结点都代表其两个子结点中(关键字值)较小的一个。因此根结点是树中的最小结点,即为下一个要输出的记录结点。这种选择树的构造可比作一种淘汰制的体育比赛,其中获胜者便是那个具有较小关键字值的记录。每场比赛的获胜者进入下一轮比赛,而根结点则代表全胜者。在非叶子结点中,可以只存关键字值及指向相应记录的指针,而不必存放整个记录内容。由于非叶子结点总是代表优胜者,因而可以把这种树称为胜方树。

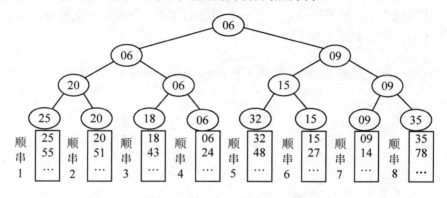

图 9.18　8 路归并选择树(胜方树)

在图 9.18 中,根结点所指记录具有最小的关键字值 06,它所指的记录是顺串 4 的当前记录,该记录即为下一个要输出的记录。该记录输出后,顺串 4 的下一个记录(其关键字值为 24)成为顺串 4 的当前记录进入选择树。这个记录进入选择树后,需要重构选择树,方法是把获得新值的结点(顺串 4 中关键字值为 24 的记录)与它的兄弟结点进行比较,较小的关键字值写到父结点,此过程一直进行到根结点,从而构成一棵新的胜方树。

在上述例子中,选定一个记录之后的胜方树与修改的过程如图 9.19 所示。

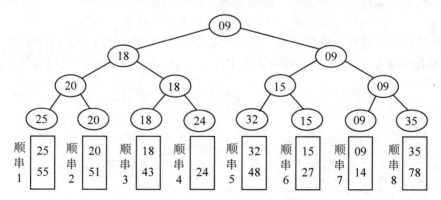

图 9.19　胜方树的修改

对一组顺串进行归并的完整过程是反复按上述方法选取记录的过程。当某个顺串的记录取尽时,则把一个比任何实际关键字值都大的值写到对应的叶子结点并参加比较,直至全部顺串都取尽时,再把下一组顺串读入,重新建立胜方树。

由上述过程可见,要选取关键字值最小的记录,只有第一个需要进行 $m-1$ 次比较(建立胜方树),此后每个只要进行 $\log_2 m$ 次比较即可,这是由于树中保持了以前的比较结果。

然而胜方树有一个缺点，即在选取一个记录之后重构选择树的修改工作比较麻烦，既要查找兄弟结点，又要查找父结点。为了减少重构选择树的代价，可以采用败方树的办法来简化重构的过程。

所谓败方树，就是在比赛树(选择树)中，每个非叶子结点均存放其两个子结点中的败方。其建立过程是：从叶子结点开始，分别对每两个兄弟结点进行比较，败者(较大的关键字值)存放在父结点中，而胜者继续参加下一轮的比较，最终结果是每个"选手"都停在自己失败的"比赛场"上。在根结点之上有一个附加的结点，存放全局优胜者。图 9.18 所示的胜方树改为败方树后如图 9.20 所示。

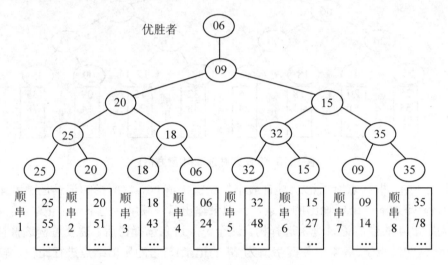

图 9.20 8 路归并选择树(败方树)

在败方树中，当输出全局优胜者记录之后，对树的修改比胜方树容易一些。修改时可将新进入树的叶子结点与父结点进行比较，大的存放在父结点，小的与上一级父结点再进行比较，此过程不断进行，直至到根，最后把新的全局优胜者存放到附加的结点。例如在图 9.20 中输出关键字值最小的记录(顺串 4 中的 6)之后，败方树的修改过程如图 9.21 所示。

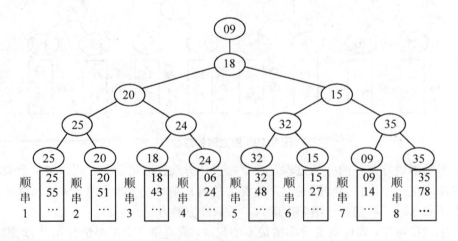

图 9.21 败方树的修改

由上述分析可见，在修改败方树时只需要查找父结点而不必查找兄弟结点，因而使败方树的修改比胜方树更容易一些。

采用多路归并可以减少对数据的扫描遍数，从而减少了输入/输出量。但也应该看到，若归并的路数 k 增大时，缓冲区就要设置得比较大。若可供使用的内存空间是固定的，则路数 k 的递增就会使每个缓冲区的容量压缩，这就意味着内外存交换的数据页块长度要缩减。于是每遍数据扫描要读写更多的数据块，这样就增加了访问的次数和时间。由此可见。k 值过大时，尽管扫描遍数减少，但输入/输出时间仍可能增加。因此 k 值要选择适当，k 的最优值与可用缓冲区的内存空间大小及磁盘的特性参数均有关系。

K 路归并存储结构如下：

```
typedef int LoserTree[k];          /*败方树非叶子结点，存放叶子结点指针*/
typedef struct
{
    keytype key;                   /*关键字*/
    Elemtype otheritem;            /*其他数据项*/
} rcdtype, External[k+1];          /*叶子结点*/
```

K 路归并算法如下：

```
void K_Merge(LoserTree *ls, External *b)
/* b[0..k-1]为败方树 ls 上的 k 个叶子结点，存放 k 个输入顺串中当前记录的关键字 */
/* 利用败方树 ls 将编号从 0 到 k-1 的 k 个输入顺串中的记录归并到输出顺串 */
{
    for (i=0; i<k; ++i)
    /*分别从 k 个输入顺串读入该串当前第一个记录的关键字到叶子结点*/
        input(b[i].key);
    CreateLoserTree(ls);          /* 建败方树 ls，选得最小关键字为 b[ls[0]].key */
    while (b[ls[0]].key != MAXKEY) /*设定的关键字的最大值*/
    {
        q = ls[0]                 /* q 指示当前最小关键字所在顺串号 */
        output(q); /*将编号为 q 的顺串中当前(关键字为 b[q].key)的记录写至输出顺串*/
        input(b[q].key,q);        /*从编号为 q 的输入顺串中读入下一个记录的关键字*/
        Adjust(ls, q);            /*调整败方树，选择新的最小关键字*/
    }
    output(ls[0]);                /*将含最大关键字 MAXKEY 的记录写至输出顺串*/
}
void Adiust(LoserTree &ls, int s)  /*从叶子 b[s]到根 ls[0]的路径调整败方树*/
{
    t = (s+k) / 2;                /* ls[t]是 b[s]的双亲结点 */
    while (t > O)
    {
        if (b[ls].key > b[ls[t]].key) s←→ls[t];   /* s 指示新的胜者 */
            t = t / 2;
    }
    ls[0] = s;
}
void CreateLoserTree(LoserTree &ls)/*从叶子到根的 k 条路径将 ls 调整成为败方树*/
{
```

```
    b[k].key = MINKEY;                  /*设 MINKEY 为关键字可能的最小值*/
    for (i=0; i<k; ++i) ls[i]=k;        /*设置 ls 中"败者"的初值*/
    for (i=k-1; i>=0; --i) adjust(ls, i);/*从 b[k-1], ...,b[0]出发调整败者*/
}
```

9.7.3　初始顺串的生成

采用前面介绍的内排序方法,可以实现初始顺串的生成,但所生成的顺串的大小正好等于一次能放入内存中的记录个数。如果采用败方树方法,可以增大初始化顺串的长度。下面简单介绍这个方法。

假定内存中可以存放 k 个记录及在此基础上所构成的败方树,并且输入/输出操作是通过输入/输出缓冲区进行的,败方树方法的基本思路如下:从输入文件中取 k 个记录,并在此基础上建立败方树,将全局优胜者送入当前的初始顺串,并从输入文件中取下一个记录进入败方树以替代刚输入的记录结点位置。若新进入败方树的记录的关键字值小于已输出记录的关键字值,则该新进入的记录不属于当前初始顺串,而属于后面的初始顺串,因而不再参加比赛,实际上可把它看作在比赛中始终为败方,这样就不会送到当前的初始顺串中,其他(属于当前初始顺串)的记录继续进行比赛;若新进入败方树的记录的关键字值大于或等于已输出记录的关键字值,则该新进入的记录属于当前初始顺串,与其他记录继续进行比赛,比赛不断进行,直至败方树中的 k 个记录都已不属于当前初始顺串,于是当前初始顺串生成结束,开始生成下一个初始顺串。这时败方树中的 k 个记录重新开始比赛,这 k 个记录都属于新的当前初始顺串,因而都参加比赛。就这样,一个初始顺串接一个初始顺串地生成,直至输入文件的所有记录取完为止。

例如,已知初始文件含有 24 个记录,它们的关键字分别为 51,49,39,46,38,29,14,61,15,30,01,48,52,03,63,27,04,13,89,24,46,58,33,76。

假设内存工作区可容纳 8 个记录,设 k=8,首先取输入文件的前 8 个记录(关键字值分别为 51,49,39,46,38,29,14,61)构成生成初始顺串 1 的初始败方树,如图 9.22 所示。

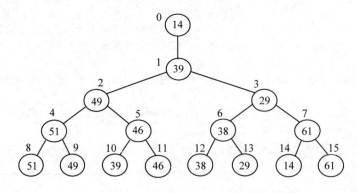

图 9.22　生成初始顺串 1 的初始败方树

这 8 个记录在败方树中的结点位置分别为结点 8~15。此时全局优胜者是关键字值为 14 的记录,它首先进入,然后取输入文件的下一个记录(关键字值为 15)进入败方树,放在结点 14 的位置。由于关键字值 15 大于刚输出记录的关键字值 14,因此该记录属于当前初始顺串,它将继续参加比赛。为叙述方便起见,略去败方树的重构过程的说明和显示,只讨论从败方树输出记录和新进入败方树的记录的情况。接下来输出的是关键字值为 15 的记录，同样被送入初始顺串 1，输入文件的下一个记录(关键字值为 30)进入败方树，放在结点 14 的位置，如前所述，由于 30>15，因此必然属于当前初始顺串，继续参加比赛。下一个输出的是关键字值为 29 的记录，被送入初始顺串 1，继续将输入文件的下一个记录(关键字值为 01)送入败方树，放在结点 13 的位置。此时，由于 01<29，因此结点 13 中存放的关键字值为 1 的记录不属于当前初始顺串(初始顺串 1)，而属于后面的初始顺串，故它不参加比赛(对当前顺串而言)，其他 7 个记录之间的比赛继续进行。比赛不断进行，直到初始顺串 1 生成过程完成。生成的初始顺串 1 为 14，15，29，30，38，39，46，48，49，51，52，61，63，89。此时败方树的状态应该是关键字值分别为 13，04，03，<u>46</u>，58，01，27，24 等 8 个记录，败方树如图 9.23 所示。初始顺串 2 的生成过程与生成初始顺串 1 的过程类似。这样一个一个地生成初始顺串，直到输入文件的所有记录取完为止。

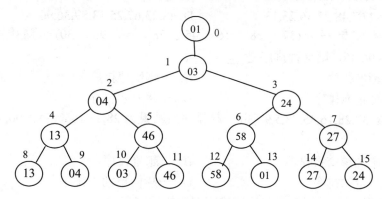

图 9.23　生成初始顺串 2 的初始败方树

生成的初始顺串 2 为：01，03，04，13，24，27，33，46，58，76。

由上述过程可见，若内存中可同时存放 k 个记录(当然还需要来存放败方树的非叶子结点及供输入/输出缓冲区用)，则生成的初始顺串长度肯定大于 k，而且往往是大很多。由上例可得，当 k=8 时，所生成的初始顺串 1 的长度为 14。这种在内存工作区一定的情况下可增大初始顺串的方法，也称为置换选择排序法，其特点是在整个排序(得到所有初始顺串)的过程中选择最小关键字和输入/输出交叉或并行进行。

单元测试

1. **填空题** 按排序操作的性质划分，一般可以将排序分为五类，分别是：_____、_____、_____、_____、_____。

2. **填空题** 稳定排序是指相同关键字的记录在排序前后的相对位置_____。

3. **填空题** 按排序的稳定性来划分，插入排序中稳定的排序有_____。

4. **填空题** 排序算法中如果不考虑极端情况，速度较快的排序有_____。

5. **填空题** shell 排序又称分组插入排序，在排序过程中，组间操作为_____，组内的操作为_____。

6. **填空题** 对一个有序序列进行排序，分别用快速排序和起泡排序的方法，那么效率较高的排序为_____。

7. 填空题 如果有 n 个元素要进行堆排序，首先要建立堆，初始建堆的第一个点为_____。

8. 填空题 如果待排序的关键字有序时，用快速排序算法实现表长 n 的排序，则时间复杂度为_____。

9. 填空题 序列(48、23、67、25、13、89、36、96)快述排序时，对第一个关键字的一次划分为_____。

10. 填空题 对序列(48、23、67、25、13、89、36、96)进行希尔排序，当 d=4 时一趟排序结果为_____。

11. 单选题 对序列(48、23、67、25、13、89、36、96)建立的大顶堆为_____。

    A. 96,89,48,25,13,67,36,23   B. 96,48,89,25,13,67,36,23

    C. 96,89,67,48,25,36,23,13   D. 48,23,67,25,13,89,36,96

12. 单选题 如果序列(37、28、16、45、78、5、96、30)一趟排序后结果为 30,28,16,5,37,78,96,45，则这种排序是_____。

    A. 一趟堆排序   B. 一趟快速排序

    C. 一趟起泡排序   D. 一趟希尔排序

13. 单选题 37,28,16,45,78,5,96,30 一趟排序后结果为 28,37,16,45,78,5,96,30，则这种排序是_____。

    A. 一趟加单交换排序   B. 一趟堆排序

    C. 一趟希尔排序   D. 一趟简单插入排序

14. 单选题 排序的时间效率与快速排序相似的排序有_____。

    A. 简单插入排序   B. 希尔

    C. 简单交换排序   D. 堆

15. 单选题 对系列 60、34、67、47、94、77、3、92、68 建立初始堆时，开始建堆的结点为_____。

    A. 47   B. 94   C. 77   D. 67

习　题

1. 给出一组关键字{12,2,16,30,8,28,4,10,20,6,18}。写出一趟希尔排序(初始增量为5)、一趟快速排序的排序过程。

2. 给出一组关键字{179,208,93,306,55,859,984,9,271,33}。写出基数排序第二趟的收集结果。

3. 分析快速排序的最大递归深度是多少？最小递归深度是多少？

4. 对由 n 个元素组成的线性表进行快速排序时，所需进行的比较次数与这 n 个元素的初始排列有关。问：

① 当 n=7 时，在最好情况下需进行多少次比较？请说明理由。

② 当 n=7 时，给出一个最好情况的初始排列的实例。

③ 当 n=7 时，在最坏情况下需进行多少次比较？请说明理由。

④ 当 n=7 时，给出一个最坏情况的初始排列的实例。

5. 针对以下情况确定非递归的归并排序的运行时间(数据比较次数与移动次数)。

① 输入的 n 个数据全部有序。

② 输入的 n 个数据全部逆向有序。

③ 随机地输入 n 个数据。

6. 给出一组关键字 {10,40,60,70,20,35,50,85,90,25,45,30}。将其调整为一个堆。

7. 已知一个堆如图 9.24 所示，当输出堆顶元素后将其调整为一个新堆。

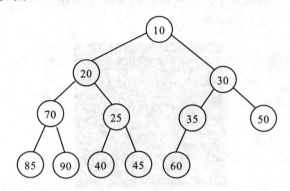

图 9.24 习题图

8. 有一种简单的排序算法，叫作计数排序(Count Sorting)。这种排序算法对一个待排序的表(用数组表示)进行排序时，将排序结果存放到另一个新的表中。假设表中所有待排序的关键码互不相同。计数排序算法针对表中的每个记录，扫描待排序的表一趟，统计表中有多少个记录的关键码比该记录的关键码小。假设针对某一个记录，统计出的计数值为c，那么，这个记录在新的有序表中的合适的存放位置即为c。

① 给出适用于计数排序的数据表定义。

② 编写实现计数排序的算法。

③ 对于有 n 个记录的表，关键字的比较次数是多少？

④ 与简单选择排序相比较，这种方法是否更好？为什么？

9. 奇偶交换排序过程如下：第一趟对所有奇数 i 操作，将 a[i] 和 a[i+1] 进行比较，若 a[i]＞a[i+1]，则将两者交换；第二趟对所有偶数 i，将 a[i] 和 a[i+1] 进行比较，若 a[i]＞a[i+1]，则将两者交换；一趟对所有奇数 i，一趟对所有偶数 i，奇偶依次轮流，直至整个序列有序为止。回答下面问题：

① 这种排序方法的结束条件怎么设置？

② 分析当初始序列为正序或逆序两种情况下，奇偶交换排序过程中所需进行的关键字比较的次数。

③ 写出奇偶交换排序的算法。

10. 设计一个用链表实现的直接选择排序算法。

11. 试以单链表为存储结构实现简单选择排序的算法。

12. 一个线性表中的元素为正整数或负整数。设计一个算法，将正整数和负整数分开，使线性表的前一半为负整数，后一半为正整数。不要求对元素排序，但要尽量减少交换次数。

实　验

实验一　双向起泡排序。

(1)　问题描述：对指定结点按关键字进行双向起泡排序(升序)。

(2)　基本要求：从键盘输入 n 个结点数据，输出 n 个结点按关键字有序排列。

(3)　测试数据。表中数据 6 个，输入数据如图 9.25 所示。

(4)　程序运行结果如图 9.25 所示。

```
input n:6
intput data:
8 beautiful
5 Mountain
4 Lishan
7 very
6 is
9 end

output data:
4 Lishan
5 Mountain
6 is
7 very
8 beautiful
9 end_
```

图 9.25　运行结果

(5)　提示如下。

①　进行如下起泡过程，直至排序结束。

②　第 i 趟起泡时，分别从两端开始，逐个比较相邻的两个元素，找出当前最小元素及最大元素，将当前最小元素放到 list[i] 中，而将当前最大元素放到 list[N-i+1] 内。

(6)　程序清单如下：

```
#include "stdio.h"
#define N 10
#define M 80
typedef char Elemtype;
typedef struct
{
    int key;
    Elemtype data[M];
} tabletype;
tabletype list[N];
sort(int n)                              /*双向起泡函数*/
{
    int i=0,j,flag=1; tabletype temp;
    while (flag)
    {
        flag = 0;                        /*结束标志位 flag 置 0*/
        for (j=i; j<n-1-i; j++)          /* 找出最小元素放入 list[i] */
        if (list[j].key > list[j+1].key) /* 发现倒序即交换并置 flag 为 1 */
        {
            temp.key = list[j].key;
```

```
                list[j].key = list[j+1].key;
                list[j+1].key = temp.key;
                strcpy(temp.data, list[j].data);
                strcpy(list[j].data, list[j+1].data);
                strcpy(list[j+1].data, temp.data);
                flag = 1;
            }
        for (j=n-2-i; j>i; j--)              /* 找出最大元素放入 list[n-i-1] */
            if (list[j].key < list[j-1].key)
            {
                temp.key = list[j].key;
                list[j].key = list[j-1].key;
                list[j-1].key = temp.key;
                strcpy(temp.data, list[j].data);
                strcpy(list[j].data, list[j-1].data);
                strcpy(list[j-1].data, temp.data);
                flag = 1;
            }
        i++;
    }
}
void main()                                 /*主函数*/
{
    int n, i;
    printf("input n:"); scanf("%d", &n);
    printf("input data:\n");
    for (i=0; i<n; i++)                      /*建立线性表*/
    {
        scanf("%d ", &list[i].key);          /*输入关键字*/
        scanf("%s", list[i].data);           /*输入结点数据*/
    }
    sort(n);                                 /* 调用双向起泡函数*/
    printf("output data:\n");
    for (i=0; i<n; i++)                      /*输出排序后的线性表*/
    {
        printf("\n%d", list[i].key);
        printf(" %s", list[i].data);
    }
}
```

实验二 递归的快速排序。

(1) 问题描述：对指定结点序列按关键字执行快速排序(非递减)过程。

(2) 基本要求：从键盘输入 n 个结点数据，输出 n 个结点，按关键字有序排列。

(3) 测试数据。表中数据 5 个，输入数据如图 9.26 所示。

(4) 程序运行结果如图 9.26 所示。

(5) 提示如下。

① 任选取一基点 K(一般选取首结点作基点)。

② 将小于 K 的记录排在 K 之前，构成子表 L₁，其他放在 K 之后，构成子表 L₂。

③ 对子表 L_1 和子表 L_2 分别执行①、②，直到排好序(所有子表长度=1)。

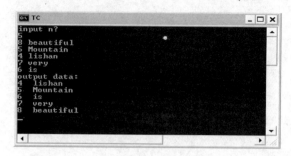

图 9.26　快速排序运行结果

(6)　程序清单如下：

```
#include "stdio.h"
#define N 10
#define M 80
typedef char Elemtype;
typedef struct
{
    int key;
    Elemtype data[M];
} tabletype;
tabletype list[N];
void quicksort(int i, int j) {
    int p; tabletype x;
    if (i < j)
    {
        x.key = list[i].key;
        strcpy(x.data, list[i].data);
        p = partition(i, j);        /*用第一个元素做枢轴点实现一趟快速排序*/
        list[p].key = x.key;
        strcpy(list[p].data, x.data);
        quicksort(i, p-1);        /*对以第一个元素为枢轴一趟排序的前半部分快速排序*/
        quicksort(p+1, j);        /*对以第一个元素为枢轴一趟排序的后半部分快速排序*/
    }
};
int partition(int t1, int t2)                        /*将 t1 到 t2 的元素快速排序*/
{
    int i=t1,j=t2, x;
    x = list[i].key;
    do
    {
        while (list[j].key>=x && i<j) j--;
        if (i < j)
        {
            list[i].key = list[j].key;
            strcpy(list[i++].data, list[j].data);
        }
```

```
        while (list[i].key<=x && i<j) i++;
        if (i < j)
        {
            list[j].key = list[i].key;
            strcpy(list[j--].data, list[i].key);
        }
    } while(i != j);
    return i;
}
void main()                                  /*主函数*/
{
    int n, i;
    printf("input n? \n");  scanf("%d", &n);  /*确定表数据个数*/
    for(i=0;i<n;i++)                          /*建立线性表*/
    {
        scanf("%d\n", &list[i].key); gets(list[i].data);
    }
    quicksort(0, n-1);                        /*调用快速排序函数*/
    printf("output data:\n");
    for (i=0; i<n; i++)                       /*输出排序后的线性表*/
    {
        printf("%d  ", list[i].key);
        puts(list[i].data);
    }
}
```

实验三 基数排序。

(1) 问题描述：对指定结点序列按关键字执行基数排序(非递减)过程。

(2) 从键盘输入 n 个结点的关键字值(注意：关键字由 d 位数字组成)。输出按关键字有序排列。

(3) 测试数据：输入结点关键字(3 位)，如图 9.27 所示。

(4) 程序运行结果如图 9.27 所示。

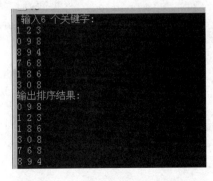

图 9.27 基数排序运行结果

(5) 提示如下。

① 结点关键字设计。各结点关键字均由 d 位数字组成。

② 确定基数。关键字各位上的取值范围是 0~r，本例取数字 0~9。

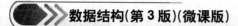

③ 分配运算。按关键字从低位向高位(或由高位向低位)排队,每趟将各位上数字相同的关键字顺序排队(共 r 个队列)。

④ 收集运算。将各队列依次首尾相连。

⑤ 重复执行步骤③、④直至所有结点关键字各位上的数字均经过一趟排序及收集运算。

(6) 程序清单如下:

```
#define N 6                          /*线性表结点数*/
#define M 10                         /*基数*/
#define D 3                          /*关键字位数*/
typedef struct                       /*静态链结点结构*/
{
    int key[D];                      /*设关键字为 D 元组*/
    int next;                        /*静态链指针*/
} NODE;
NODE list[N];                        /*定义静态链表*/
int f[M], e[M];                      /*定义队列首、尾指示器*/
int head, end;                       /*定义静态链表的首、尾指针为全局变量*/
void radixsort(void)                 /*对静态链表 list[0~n-1]进行基数排序*/
{
    int i, j, k;
    for (i=0; i<N-1; i++)            /*置 list 为单向静态链表*/
        list[i].next = i+1;
    list[N-1].next = -1;                    /*将静态链表 list 的终端结点指针置空*/
    head = 0;                               /*初始化静态链表的头指针*/
    for (j=D-1; j>=0; j--)                  /*进行第 j 趟分配与收集,共 D 趟*/
    {
        for (i=0; i<M; i++) f[i] = -1;   /*初始化队列首指针*/
        while (head != -1)               /*按关键字第 i 位上的值进行分配*/
        {
            k = list[head].key[j];       /*置队列号*/
            if (f[k] == -1) f[k] = head; /*队空时,将 list 链至队首*/
            else list[e[k]].next = head; /*队非空时,将 list 链到队尾*/
            e[k] = head;                 /*修改队尾指针*/
            head = list[head].next;      /*开始下一个结点*/
        }
        i = 0;                           /*收集第 j 趟分配的结果*/
        while (f[i] == -1) i++;          /*查找第一个非空队列*/
        head = f[i];                     /*置当前链表首指针*/
        end = e[i];                      /*初始化当前链表尾指针*/
        while (i < M-1)                  /*逐个链接非空队列*/
        {
            i++;
            if (f[i] != -1) { list[end].next=f[i]; end=e[i]; }
        }
        list[end].next = -1;                    /*本趟收集完毕,置链表终端结点指针为空*/
    }
}
```

```
void main()                                /*主程序*/
{
    int i, p;
    clrscr();
    printf("输入 %d 个关键字: \n", N);
    for (i=0; i<N; i++)                     /*确定静态链表中各结点的关键字*/
        scanf("%d%d%d,", &list[i].key[0],
            &list[i].key[1], &list[i].key[2]);
    radixsort();                            /*调用基数排序函数*/
    p = head;
    printf(" 排序结果为:\n");
    while (p != -1)                         /*输出排序后静态链表中的关键字*/
    {
        printf("%d %d %d\n",
            list[p].key[0], list[p].key[1], list[p].key[2]);
        p = list[p].next;                   /*取静态链表中的下一个结点*/
    }
}
```

参 考 文 献

1. William Ford，William Topp. Data Structures C++. Prentice Hall，Inc.，2003.

2. Gotlieb CC，Gotlieb LR. Data Types and Structures. Prentice Hall，Inc.，1978.

3. Baron RJ，Shapiro LG. Data Structures and their Implementation. Van Nostrand Reinhold Company，1980.

4. Esakov J，Weiss T. Data Structures: An Advanced Approach Using C. Prentice-Hall，Inc.，1989.

5. 严蔚敏，吴伟民. 数据结构(C 语言版)[M]. 北京：清华大学出版社，2006.

6. 谭浩强. C 程序设计[M]. 北京：清华大学出版社，2010.

7. 殷人昆. 数据结构(用面向对象方法与 C++描述)[M]. 北京：清华大学出版社，2007.

8. 耿国华. 数据结构 C 语言描述[M]. 西安：西安电子科技大学出版社，2005.

9. 张铭. 数据结构与算法实验教程[M]. 北京：高等教育出版社，1996.

10. 徐孝凯. 数据结构教程[M]. 北京：清华大学出版社，2010.

11. 唐策善，李龙澎，黄刘生. 数据结构——用 C 语言描述[M]. 北京：高等教育出版社，1995.